KB129800

# UFO의
# 비행원리

# [목차]

3

**【관련 학문 분야】**

상대성이론(가속운동계 등), ★핵물리학, ★고에너지 물리학, ★양자물리학, ★냉원자(냉양자), ★(초)끈이론, 공학(융합적 테크닉 과정에서) 등

**【키 워드】**

★양자 글루볼의 터널링, ★보스노바(Bosenova), 냉양자, 공간양자, 보스아인슈타인 응축(BEC), 강한 상호작용, 피크노뉴클리얼리액션 등

$[E = mc^2] \rightarrow [E/c^2 = m] \rightarrow [E/c^2 \rightarrow m]$. 이때 '→'는 에너지가 질량으로 변환되는 과정을 뜻하며, 이 식을 설명하기 위해서 책을 씁니다.

| 서언 |

우리는 UFO를 연상하면 신기함, 호기심, 넘볼 수 없는 비행원리, 자연현상, 조작설, 초광속 불가의 모순되고 허황된 일로 생각합니다. 그래서 UFO 비행 원리가 어떻고 하면서 이를 언급하면 일단 거부반응부터 일어납니다. 필자 역시 마찬가지였습니다.

그런데 1999년에 우연한 사건으로 부인할 수 없는 UFO의 실존을 확인했습니다. 이에 호기심이 발동하여 UFO 엔진의 구동 원리에 몰두해 연구 및 특허 출원했습니다.

1999년 당시 필자가 특허 출원한 내용 중에는 옳은 생각이 있습니다. 9~10쪽의 D.16, D.17이 옳은 생각으로 1999년 특허청에 제출했습니다. 2014년 6월 미국에서 LDSD 실험을 완료했습니다. 그 외형만 다르고 원리는 동일합니다. LDSD는 팽이나 자이로스코프 원리고, 본 도면은 삿갓 모양 비행체를 회전시키는 UFO의 원리입니다. 둘 모두 포논과 원심력을 이용해 비행체의 수평을 유지, 복원하는 원리입니다.

[LDSD의 실험 목적은 두 가지; ① 풍선 낙하 시 공기저항 실험과 ② 수평 유지복원의 원리인 팽이(자이로스코프)의 원리를 실험입니다. ☞ 9~10쪽의 D.2, D.16, D.17이 수평 유지 원리의 도면입니다.]

반면, 1999년 당시 특허 출원한 UFO의 비행원리는 오류였습니다. 겨우 2개월 동안 생각해 당시에 출원했던 UFO의 비행원리는 버리고, 그 후 물리학을 탐구하여 새로 이룬 것이 이 책입니다.

연구에 따른 수많은 좌절을 겪으며, 다시 일어나고 상상하여 드디어 그 원리를 하나씩 찾아 UFO 엔진의 구동원리를 완성하였습니다.

본고에 지엽적인 티끌은 있을지라도 큰 줄기의 흐름은 틀림이 없을 것입니다. 현상을 분석하고, 과학원리를 인용하여 귀납적 연역적으로 20여 가지를 통해 증명할 것입니다. 본질적 내용에 비해 요지의 서술이 다소 장황한데, 이는 쉬운 이해를 위한 이유 세 가지 때문입니다.

첫째, 일반인이 쉽게 이해하도록 먼저 기본 개념을 설명하고 나서, 본격적으로 설명 및 심화, 증명하는 형식의 순서로 구성하였으며,

둘째, 중요 부분은 알맞은 자리에서 연계해 재차 설명해야 했으며,

셋째, 이미 정립된 과학적 원리와 상충될 것으로 오해할만한 부분 (초광속과 비행체 파손)이 있어서 이를 자세히 설명해 서술했습니다.

그리고 역발상의 이해나 새로운 개념, 거부감을 갖기 쉬운 파인만의 초광속 등이 있어서 이를 체계화하여 가며 먼저 과학적으로 해설하고, 또 이어서 현상적인 경우를 해설하다 보니 반복되는 내용이 많습니다. 독자에 따라 이해 능력이 다양하므로 과학적 및 현상적 여러 경우로 해설해야 결국 다수의 독자가 이해를 이루기 쉬울 것으로 생각합니다. 물리학자 등 전문가 여러분은 이 점을 널리 양지하시기 바랍니다.


2017년 4월 27일에 책명을 'UFO의 구동원리'로 초판을 발행 후, 당시 약 260여 명의 물리학자에게 책을 (물리학과의 행정실을 통해) 배부했었습니다. 그 후 5년이 경과한 2022년 5월에, 미국 의회에서 UFO 엔진 개발과 관련된 예산안이 (일반예산안에 포함시켜) 통과된 바 있습니다. 이는 책을 배부했었던 것과 관련이 있을 겁니다. 책에 쓰지 못할 사연이 있으며, 세월이 말해줄 것입니다. UFO의 비행원리는 본고만이 유일합니다(이 책을 읽으면 동의할 겁니다).

또한 이 원리로 **에너지와 온난화를 해소할 수 있으므로** 특정한 국가나 개인의 것이 될 수 없습니다. 이를 빨리 해소하지 못하면, 우리 모두 지구적 재난에 이르기 때문입니다(**180쪽**, 365쪽 참조).

초판 발행 6년 후, 책명 'UFO의 구동원리'를 **UFO의 비행원리**'로 바꾸고, 보완해 재간행합니다. 첨삭된 부분이 많아 표지에 [개정판] 표시는 하지 않았지만, 엔진이나 그 원리의 본질 내용은 동일합니다.

늘 야근 후에 탐구하느라, 지치고 탈진해 미진했던 부분과 망설였던 내용도 과감히 추가했습니다. 이미 알려진 작용반작용 등은 간략히 하고, 핵심적 내용에는 자-글 효과, 피크노뉴클리얼리액션, 타키온을 해석해 추가하고, 글루볼의 터널링 등 기존의 내용은 보완했습니다. 독자들이 거부감을 갖기 쉬운 초광속과 글루볼의 터널링 등은 더욱 세심히 설명했습니다. 이 책은 1999년 7월부터 꼭 24년 동안 탐구한 결과입니다.

필자가 세상을 떠난 후라도 이 흡수엔진은 꼭 일반화될 것입니다. 진리는 인내와 시간이 절로 밝혀준다는 스피노자의 명언을 믿습니다. 중세에 전기, 휴대폰, 미사일을 얘기하면 정신 나간 사람이라 했겠죠. 이들은 **전자(전자기력)를 조작**해 현대문명의 기반을 이룬 것들입니다. 그러나 흡수엔진은 **강력 시스템(글루온)을 조작하여** 실용화될 것입니다.

필자는 냉양자에 자기장을 걸면, 폭발처럼 보이는 **보스노바를 해석**하고, 수많은 물리학자가 이룬 **여러 과학원리를 융합한 것에 불과**합니다. 본고에 미진한 부분이나 오류가 있다면, 여러분께서 많이 꾸짖고 시정하여 지적해 주시면 큰 영광으로 알고 감사히 받겠습니다.

# ※ 이 책을 쉽고 간략하게 읽는 법(15쪽을 꼭 먼저 읽을 것!)

**물리학자 등 전문가는 목차에서 '★★'이 표시된 부분만 읽으시면 됩니다**(현상적 과학적 증명이 20여 가지이니 헛수고는 아닐 겁니다).

목차에서 '★★'이 표시된 부분을 읽고 나서 의구심이 들면, '♥♥'이 표시된 부분을 더 읽으십시오. 그리하면 흡수엔진(UFO엔진)의 원리가 **냉양자 상태에서 '쿼크와 글루볼의 진동을 가속시키는 조건'에 따른 '살아 있는' 강력(속박력)-글루볼의 터널링**임을 이해할 것입니다.

'♥♥'이 표시된 부분을 읽고 나서도 의구심이 들면, **후술하는 보스노바** (내파 후, 다시 폭발)에 대한 현상을 과학적으로 설명해보시기 바랍니다. **또 에스겔서 등과 관련된 필자의 해설 및 증명 등에 대해서도 과학적으로 이의를 제기할 수 있어야 합니다.** 언어를 삼가지 않은 점 양해 바랍니다.

일반인은 (각각 독자의 이해력에 따라) **이해가 쉬운 부분만 읽으십시오.** 이해하기 **난해한 용어나 엔진의 원리가 문장 중에 일상적인 언어나 비유로 설명돼 있기 때문입니다(※ 15쪽을 꼭 먼저 읽으세요. 52쪽도 먼저 필독).** 이해가 안 되는 걸 무리해 읽으면 싫증나서 이 책을 읽을 수 없습니다. 처음에는 가볍게 읽고, 반복할 때 꼼꼼히 읽는 것도 좋은 방법입니다. 빈번한 **'○○쪽 참조'**는 (집중이 산만해지므로) **꼭 필요시만 참조하세요.**

※ 당장의 궁금증: **예각비행, 순간정지, 순간소멸의 원리**는 346~349쪽 참조. **초광속 원리**는 182, 244~247, 323~327쪽, **비행체 파손 극복**은 296쪽 참조.

# 【대표도 - 1999년】

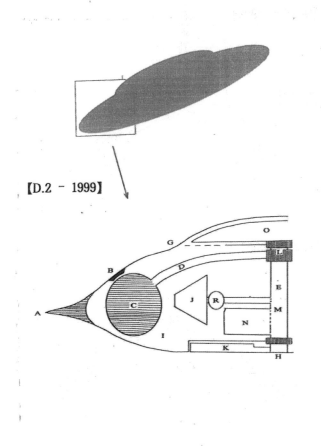

【D.2 - 1999】

# 【바퀴 안의 바퀴 - 1999년】

【D.16 - 1999】

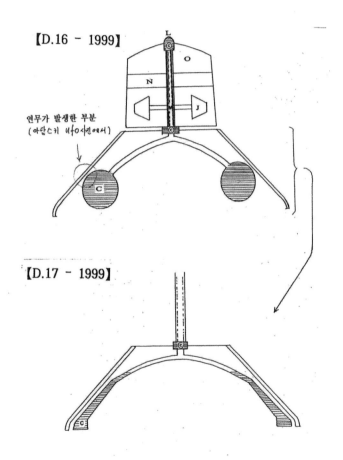

연무가 발생한 부분
(아담스키 바0사진에서)

【D.17 - 1999】

# I. 서론

먼저, 성경 에제키엘(에스겔)서를 인용한다(필자는 특정 종교가 없음). 이 인용문은 280쪽에서 UFO의 과학적 현상적인 증거로 제시된다. 굵은 글씨는 흡수 엔진(UFO 엔진)의 작동원리와 완벽하게 일치한다.

■ 내가 바라보니 북쪽에서 **북풍이 불어오면서** 광채로 둘러싸인 **큰 구름**(필자; 후술하는 비행체 냉각효과에 의한 현상)과 번쩍이는 불이 밀려드는데, 그 광채 한가운데에는 **불 속에서 빛나는 금붙이 같은 것이 보였다.**

■ 그 한가운데서 네 생물의 형상이 나타나는데, 그들의 모습은 사람의 형상과 같았다.

■ 저마다 얼굴이 넷이고, 날개도 저마다 넷이었다(필자; 로봇인 듯함).

■ 다리는 곧고 발바닥은 송아지 발바닥 같았는데, 광낸 구리처럼 반짝거렸다(필자; 로봇인 듯하다).

■ 그들의 날개 밑에는 사방으로 사람 손이 보이고, 네 생물이 얼굴과 날개가 따로 있었다.

■ 나아갈 때는 몸을 돌리지 않고 저마다 곧장 앞으로 갔다.

■ 그들의 얼굴 형상은 사람의 얼굴인데, 넷이 저마다 오른쪽은 사자의 얼굴이고 왼쪽은 황소의 얼굴이었으며 독수리의 얼굴도 있었다.

■ 그들은 저마다 곧장 앞으로 나아가는데, 몸을 돌리지 않고 어디로 든 영이 가려는 곳으로 갔다(필자; 원하는 곳으로 자유자재로 움직였다).

■ 그 생물들 가운데는 불타는 **숯불 같은 것이 있었는데**, 생물들 사이를 왔다 갔다 하는 **횃불의 모습 같았고**, 그 불에서는 **번개도 터져 나왔다**. [필자; 레이저로 냉양자화 과정에서 밀도반전에 따른 에너지 방출로 추정 된다. 우주선에서 무슨 숯불을 피우고 횃불을 밝히겠는가? **진실한 목격자 에스겔은 당시 문명의 눈높이로 UFO 작동 상황을 황망히 표현한 것이다.**]

■ 생물들 옆 땅바닥에는 네 얼굴에 따라 바퀴가 하나씩 있었다.

■ 그 바퀴들의 모습과 생김새는 빛나는 녹주석 같은데, 넷의 형상이 모두 같았으며, 그 모습과 생김새는 **바퀴 속에 또 바퀴가 돌아가듯 되어 있었다**. (필자; 필자는 성경에 이러한 내용이 있는지도 모른 채, 2000년 당시 한국원 자력연구원 집행관이던 황완 박사가 갑자기 '특허출원서 도면 【D. 17-1999】 는 성경에서 보고 상상하여 그린 도면이냐?'고 물어서 무심히 '아, 예!'하고 대답했던 부분이다. 나중에 찾아보니 정말로 위 내용이 에스겔서에 있었다.)

■ 그것들이 나아갈 때는 몸을 돌리지 않고 사방 어디로든 갔다.

■ 바퀴 테두리는 모두 높다랗고 보기에 무섭고, 네 테두리 사방에는 **눈**이 가득했다. (필자, **눈:** 266쪽 사진에서, '하부에 반半덮개가 씌워져 있을 때'의 회전추 모습이다. **수평 유지장치**로 추정된다.)

■ 그 생물들이 땅에서 떠오르면 바퀴들도 떠올랐다.

■ 어디로든 영이 가려고 하면, 생물들은 영이 가려는 그곳으로 가고 (필자; 자유자재로 움직이고), 바퀴들도 그들과 함께 떠올랐다.

■ 그 생물들 머리 위에는 빛나는 수정 같은 궁창(필자; 높은 곳의 창문)의 형상이 무섭게 자리 잡았는데, 그들 머리 위로 펼쳐져 있었다.

■ 궁창 위에는 청옥처럼 보이는 어좌 형상(필자; 조종석인 듯)이 있고, 어좌 형상 위에는 사람처럼 보이는 형상이 앉아 있었다(필자; 외계인인 듯).

■ 사방으로 뻗은 광채의 모습은 비 오는 날 구름에 나타나는 무지개처럼 보였다.

■ 그것을 보고 나는 **얼굴을 땅에 대고 엎드렸다**. (필자; **이 모습은 에스겔이 근접 거리에서 UFO와 외계인, 로봇 등을 목격했음을 시사한다.**)

(인용문 끝)


과학문명이 빈약한 2000년 전에 에스겔이 UFO를 가까운 거리에서 보고 이 상황을 '**당시 지구 문명의 눈높이로**' 묘사한 것으로 추정된다. 당시의 무기라야 활, 창검 등이 전부라서 외계인이 인간을 경계하지 않고 근거리에서 활동한 듯하다. 따라서 이는 현대문명의 눈높이로 재해석해야 한다. 당시에 미래의 지구 문명(후술하는 원리)을 예측해 그렇게 기술할 수 있었겠는가? 인용문 끝에, '그것을 보고 얼굴을 땅에 대고 엎드렸다'에서 알 수 있듯이 가까운 거리에서 목격한 것이다. 상식적으로, 100m 이상이면 얼굴을 땅에 대고 조아리지 않을 것이다. UFO와 로봇, 외계인 등을 동시에 가까이서 본 것이 틀림없다.

인용문의 굵은 글씨에는 **UFO의 실존**과 **'과학 원리'**가 숨어 있기 때문에 중요하다. 우선 **실존을 인식하는 것이 중요**하다.

우선 UFO 실존 인식이 중요한 이유는 외계에서 지구까지 오는 건 불가능해 보이는 거리기 때문이다. **지구와 최근접** 항성 센타우로스의 적색왜성 알파 C(프록시마 켄타우리)까지의 거리는 왕복 8.5광년이다. (해왕성까지는 광속으로 4시간 8분, 태양은 8분 20초, 달은 1.3초의 거리다.)
외계인은 지적 생명체며, (항성, 즉 태양과 별의 생성원리가 모두 유사하므로) 항성 주위를 공전하는 지구형 행성이 존재할 것이다. UFO는 적어도 태양계와 최근접 항성 알파 C(**왕복 약 8.5광년) 이상**의 거리에 있는 행성에서 왔을 것이므로 이는 사실상 초광속 이동을 의미한다.

그러므로 우리는 UFO의 '그 어떤 비행원리의 실존성'을 인정하고, 인류도 UFO 엔진의 구동원리를 구현할 필요가 있으므로 중요하다. 이 원리가 실현되면, 인류는 지구로부터의 속박과 자원의 고갈로부터 '진정으로' 해방되는 것을 의미하므로 중요하다. 현대문명의 기반이 전자기력에서 **'살아 있는'** 강력(핵력)으로 업그레이드되므로 중요하다.

[여담; 1999년 특허출원 당시에 궁금증이었던 UFO의 예각 비행, 순간 정지, 초광속 비행, 해파리형 사진 등은 이 책 'UFO의 구동원리'를 완성함으로써 비로소 이해되었다(사후 설명인 셈이다). 당시에 특허출원의 내용 중에는 '이러한 UFO의 비행 패턴은 이해가 안 된다'고 분명히 기술했었다. 그 당시에 겨우 2개월 동안 연구-상상해 출원했었다. 또한 특허법 및 특허 형식까지 공부해야 했다. 따라서 내용이 보잘것없고 비행원리도 오류였다. 회상하면, 순진해 웃음도 나고 용기도 가상하며 아름다운 추억이기도 하다.]

## Ⅱ. 본론

※ 먼저 188~189쪽 【핵의 구성입자】를 읽고,

이어 114~119쪽 【흡수엔진 단면도】, 【보스융축】을 꼭 익혀

**핵의 속성을 꼭 포착하세요**(※ 이때 힘들어도 절대 집중)!! 그리하면

용어와 기본원리가 이해되어 <u>책 전체를 쉽게 이해합니다</u>! **절대 중요!**

☞ 위에서 지정한 곳을 접어 두고, '**집중하여**' 설명을 자주 보세요!

[쉬운 이해를 위해 188쪽을 강조 설명하니, **필히 살피고 자주 보세요!**

핵력의 <u>매개입자-색전하</u>(색은 강력, 전하는 힘의 실체)인 글루온이 쿼
크 간을 뛰어다니면서 힘(색)을 **교환**시켜 물질입자 쿼크를 속박한다
(이때 **교환**으로 인해 힘이 **대칭**됨). 자기장의 진동으로 쿼크를 더욱 진
동시키면, 쿼크들은 **글루온(볼)을 양산한다**. 그 결과 쿼크와 글루온의
조화-균형 상태인 <u>3:3 **교환대칭**</u>이 심하게 깨진다. 즉 글루볼만 양산
되지, 핵을 새로 구성할 물질입자-쿼크는 생산되지 않는다.

**자연은 힘의 대칭(조화-균형-안정)이 깨지면, 반드시 균형 상태를 복구**
한다. 이는 미·거시를 불문한 자연의 제1섭리다! 따라서 핵은 쿼크를
새로 구성할 물질 파편을 **핵 밖에서 포획-합성해 3:3 대칭을 복구한다.**
포획할 때의 작용반작용으로 비행하는 원리를 설명하고 '**증명**'하는 것이
이 책의 내용이다.]

**대칭 = 같다. 조화, 균형, 안정**   ☜ 이 문구도 꼭 기억하세요!

와우, 벌써 책 절반을 읽었습니다! 이 말을 **나중에 이해할 겁니다. //**

본격적으로 우주의 환경과 과학 원리를 미리 간단히 알고 가자. 이러한 지식이 모두 어우러져야 비로소 흡수엔진이 탄생하기 때문이다.

1. 우주 배경

우주는 **양자(에너지)로 가득 찼으며,** 우주 구성 성분은 다음과 같다.

① 항성, 행성, 가스, 먼지, 동식물 등 양성자, 중성자, 전자로 구성되어 인류가 인지할 수 있는 **일상의 물질**은 약 4~5%에 불과하다.

② **암흑물질**은 아직 규명되지 않은 물질로서 우주 구성 성분 중에 약 23%를 차지한다. 별 지구 달 먼지 등과 같이 양성자 전자 등의 원자와 소립자로 구성되어 있지 않은 더욱 자잘한 그 어떤 물질이 23%다. 암흑물질이 관측된 바는 아직 한 번도 없지만 츠비키, 루빈과 포드의 천체 관측, 디랙이 수학 논리로 암흑물질의 존재를 증명했다.

③ 나머지 73%는 **암흑에너지**이다. 이 역시 관측된 바는 아직 없다. 암흑에너지에 의해 우주는 팽창 중이며, 광대무변한 우주에 거의 고르게 펼쳐져 있다(우주 배경복사의 등방성). 아인슈타인의 장방정식 우주상수와 허블의 우주 팽창 실측으로 암흑에너지의 존재를 증명했다.

★★ 암흑물질이든 암흑에너지이든 너무 미세해서 무엇으로도 그 실체를 알 수 없으나, 이들도 입자이고 양자장이므로 하나로 통칭해 '공간양자(끈, 양자거품 ☞ 공간의 실체)'라 한다. 필자가 구상한 UFO형 엔진은 이러한 **공간양자를 비행체의 '상대적 에너지원'으로 가정한다.**

## 2. 뉴턴의 제3법칙(작용반작용의 법칙)

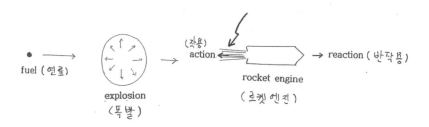

# 【D.2】【밖으로 돌출된 힘】

● 로켓 엔진, [분사 - 척력의 유형] 로켓 스타일

밖으로 돌출된 힘에 의해 **척력**이 유발된다. 혼합된 연료가 폭발하는 힘을 밖의 한 방향으로 돌출시켜 작용반작용이 발생해 비행하게 된다.

이 원리를 모르는 사람은 없다. 증기기관에서부터 최신 로켓까지 모두 고온고압, 즉 **양압** 陽壓의 에너지를 분사시켜 동력을 얻는 원리다. 지구의 로켓이나 화력 발전 등의 원리들은 모두 고온고압의 가스나 증기를 한 방향으로 돌출시킬 때의 힘을 이용해 속도와 힘을 얻는다.

흡수엔진, 즉 UFO 엔진 스타일은 이와 반대이다. 냉원자가 공간 양자(에너지)를 포획-합성할 때의 **인력의 작용반작용을 이용한다**(음의 작용반작용). **음압** 陰壓으로부터 발생하는 작용반작용이다. 후술한다.

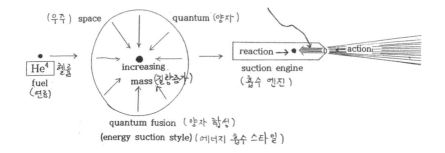

(우주) space      quantum (양자)

$He^4$ 헬륨
fuel
(연료)

increasing
mass (질량증가)

quantum fusion (양자 합성)
(energy suction style) (에너지 흡수 스타일)

reaction →
suction engine
(흡수 엔진)

← action

## 【D.3】【안으로 돌출된 힘】

● 흡수 엔진, [흡수-합성 - 인력의 유형] UFO 스타일

안으로 돌출된 힘에 의해 **인력**이 유발된다(공간양자를 당기면 상대운동이 발생해 비행체도 끌려간다. 즉, 상대를 당기면 나도 끌려간다). 핵력(강력)의 매개입자인 글루볼(온)이 실린더 밖으로 터널링함으로써, '살아 있는' 핵력(속박하는 힘)이 공간양자(에너지)를 **흡수-합성할 때**, **인력**의 힘이 실린더 안으로 돌출되며 작용반작용이 발생해 비행한다.

보트를 타고서 막대로 다른 보트를 밀든(척력) 로프로 당기든(인력), 인력이냐 척력이냐의 차이만 있지 두 보트 간에서 일어나는 작용반작용인 힘의 크기는 같다. 작용반작용은 모두 이해하고 있을 것이다. 상대(공간양자)를 당기면 상대가 끌려오나, 나(비행체)도 끌려가는 원리다.


로켓의 분사 추진은 작용반작용의 원리다(**척력에 의한 작용반작용**). 반면에, 흡수엔진이 공간양자(에너지)를 포획-합성하면, 서로 당기는 결과로 이 역시 작용반작용이 나타난다(**인력에 의한 작용반작용**).

## 3. 질량-에너지 등가원리: $[E = mc^2] \rightarrow [E/c^2 = m]$

질량 에너지 등가의 식 $[E = mc^2]$엔 많은 물리적 의미를 내포하고 있으며, 핵폭탄과 핵발전으로 인식된다. 이는 항성(태양이나 별)에서 핵반응으로 철을 향해 가며 질량을 에너지로 변환해 방출하는 원리다.

그런데 반대로 우주공간에 고르게 분포돼 있는 공간 에너지-양자를 흡수엔진으로 흡수하여 질량 속에 감아 넣을 수 있다고 가정하면, 공간의 에너지 양자를 흡수 합성하여 감아 넣어 에너지가 질량으로 변환되는 식 $[E/c^2 = m]$의 원리다. 학문적인 근거가 있다(353쪽 참조).

공간 에너지를 흡수할 때, 흡입구를 통해 흡수한다면 돌출된 힘으로 인해 어마어마한 인력이 발생할 것이다. 위 도면【D.3】을 참조. 이는 핵력으로 당기는 역장에 따른 작용반작용으로 뉴턴 제3법칙과 동일한 원리다. 흡수엔진이 공간의 양자거품을 흡수하여 질량 속에 감아 넣을 때, 감아 넣는 속도는 $c^2$(광속×광속)이다. 여기서 $c^2$을 유념하여 두자. 초광속을 이룰 수 있는 것은 아무것도 없다는 대원칙이 무너지는 근간이 곧 **$c^2$**과 **진진공**, **대칭성 깨짐**에 기초하기 때문이다.

이 원리는 '핵에 잠재돼 있는 초광속 $c^2$'으로 182쪽에서 상술하며, 타키온과 직접 연관된다. 점진적으로 상술한다. 강력은 전자기력의 약 100배, 중력의 $10^{37} \sim 10^{44}$배나 된 힘의 크기다. 처음에는 이해가 얼른 안 되겠지만, 결국 진정한 힘이 무언지 알게 될 것이다. 이 힘은 파괴 탈취가 아닌 생산과 안정, 평화를 가져올 것이다. 본 엔진에 융합된 원리는 이미 학문적으로 존재하는 과학적 사실을 융합하는 일이므로 그 실현은 시간문제일 뿐이다. 하지만 쇼펜하우어의 말처럼, **사람들은 자신의 이해 정도와 인식의 한계 내에서만 세상을 바라볼 뿐이다.** 어찌 되었든, 이 원리가 탐욕을 위해서 은밀하게 퍼져나가지 않고, 세상에 알려지면 이 엔진의 실현은 신속할 것이다(**발등에 떨어진 불인 무한한 발전發電-에너지와 온난화가 해소될 테니까**. 180쪽 참조).

UFO형 엔진을 '**흡수 엔진(Suction engine, S.e.)**'이라 명명한다. 본 이론은 분사-추진이 아니라, 비행체 실린더의 냉원자가 공간양자-에너지를 **흡수-합성**할 때의 작용반작용으로 비행하므로 이같이 칭한다.

cf. suction; (거세게) 흡수-흡입, absorb; (천천히) 흡수. / UFO형 엔진은 양자를 포획-합성하며 비행하는데, 양자는 입자이자 파동이므로 '파동을 포획한다'고 하기보다 파동을 '거세게' 흡수-흡입한다는 표현이 옳다. 양자 장(場, Force field)을 포획한다는 것은 일반인의 어감상 이상하다.
☞ 장(場, Force field, 힘이 형성된 공간)

양자는 입자이자 파동이므로 **파동을 모으면** 덩어리(질량, 물질, mass)를 이룰 수 있다는 '푸리에의 합 이론'을 실증하는 엔진이다(307쪽 참조).

따라서 흡수엔진을 '**내파 엔진(Implosion Engine)**'이라 함이 과학적 전문적 표현이다. 당장은 독자의 쉬운 이해를 위해 흡수엔진이라 칭하지만, 훗날 이 엔진이 보편화되면 '내파 엔진'으로 칭함이 옳다.

# 4. 보스-아인슈타인 응축과 보스노바  BEC & Bosenova

## 1) 보스-아인슈타인 응축(Bose-Einstein Condensation, BEC)

보스와 아인슈타인은 광자와 같은 <u>보손 입자(매개 입자)</u>는 <u>다수의 양자상태를 공유(중첩)한다</u>는 걸 알아냈다. 보손 입자를 극저온으로 냉각시키면 상전이가 가능한 가장 낮은 **양자 상태로 떨어져** 새로운 형태의 물질 상태인 BEC 상태, 즉 초유(동)체 初流(動)體를 예상했다.

헬륨은 람다점(2.17K, -270.98 ℃) 이하에서 초유체를 형성하는데, 초유체는 마찰저항이 0이라서, 즉 점성이 0이라서 Creep(벽 타기) 현상, 유리컵에 스며서 흘러내리며, 양자화된 소용돌이를 만든다. 모든 냉원자들이 한 방향의 동일한 **양자역학적 상태가 되어** 하나의 시스템처럼 움직인다(동일화). 모든 냉양자들이 한 방향을 바라본다.

원자에 레이저를 쏘아주면 원자(전자)가 이 에너지를 흡수한 뒤 다시 에너지를 방출하는 과정에서 절대영도 0K(-273.15 ℃)에 근접한 극저온 상태로 된다. 레이저 조사(照射) 기술을 이용하면 양자역학적 현상인 보스-아인슈타인 응축(BEC)을 현미경으로 관찰 가능하다. 부피가 극도로 쪼그라져 응축된다. 이는 레이저의 가간섭성(可干涉性, 결맞고 곧아 투과력이 강함, coherence)에 의한 효과인데, 구체적인 내용은 118쪽에서 후술한다.
BEC 상태에 **자기장의 진동을 더욱 가하면** 이는 보스노바로 이어진다.

2) 보스노바(Bose 인명 + supernova 초신성 = Bosenova)

"인도 출신 사티엔드라 나트 보스가 BEC를 예견한 지 70년 후에, 1995년 코넬과 와인먼 등은 루비듐87을 이용해 보스아인슈타인응축 BEC을 이루었고 이들은 노벨상을 수상한다. 이 실험을 위해서 학자들은 서로 반발하는 원소를 이용해 기체를 더 안정하게 만든다.

2000년 JILA팀은 서로 끌어당기는 또 다른 루비듐 동위원소인 루비듐85를 이용하였다. 그들은 자기장의 세기를 증가시켜 루비듐 원자들이 분자를 형성하는 것을 막고, 안정된 BEC 응축물을 만들었다. 응축물 내의 원자 사이에는 양자 간섭에 의해 척력과 인력의 사이를 오가면서 생기는 파동이 일어난다.

와인먼 등은 이 초유체 상태에서 **자기장의 세기를 더 늘리자** 원자간에 힘의 상태가 **인력으로 바뀌면서** 안쪽으로 '**내파**(內破)'하였다.
여기서 **자기장의 세기를 더욱더 늘리자**
응축물의 크기가 측정 불가능할 정도로 **내파하여 줄어들었다가**,
**다시 폭발**하면서 만 개의 원자 중에서 2/3가량 날아갔다(초신성처럼 내파 후, 다시 폭발하므로 인명과 초신성을 합성하여 보스노바라 한다).

(실험에 참가했던) 와인먼이 말하길, '폭발은 예측한 것과 전혀 다른 현상이다'고 했다. 그들은 절대영도에 근접한 온도에서도 폭발을 일으킬 수 있는 에너지가 있다는 것을 예측하지 못했다." [1]
(필자: 이는 폭발이 아니라, 연쇄 합성의 핵반응에 따른 흡수 충격이다.)

흡수엔진(Suction-engine, S.e.)의 근원적인 원리는 보스-아인슈타인 응축과 보스노바에 숨어 있고, 이 원리는 원자 냉각기술과 자기장의 진동(**냉에너지**)에 의존한다. 점진적으로 후술한다.


### 해설과 사견 私見

위 문장에 "내파하여 줄어들었다가, 다시 폭발"이 있는데,

개인적 의견으로 보면, 내파하여 줄어들었다가 '**다시 폭발**'이란 부분에 중요한 문제가 있는 듯하다. 즉, '내파 후, 다시 폭발'하는 현상에 대한 학자들의 '**관측 또는 판단의 착오나 간과**'가 있었던 것으로 보인다.

여기에서 '**다시 폭발**한 건 레이저에 의한 광자 유도방출'이 **결코 아니라**, 에너지를 흡수-합성하려는 냉양자(핵력)의 속성에 따라서 양자 글루볼의 터널링해 공간양자(에너지)를 포획-합성할 때의 작용반작용으로 추정된다.

(반복을 피하기 위해 더 상세한 서술은 '흡수엔진의 구동(비행)원리 해설'에서 상세하게 서술한다. 우선 여기선 '학자들이 관측, 판단의 착오 또는 **간과**한 부분이 있다'는 사실만 일단 기억하여 두자.)

&lt;냉각 효과&gt;

"기체 원자들이 절대온도에 근접하게 되면, 기체들이 서로 모여서 응집하게 되고 기체 상태를 유지하면서도 동시에 하나의 원자처럼 운동하는 현상이 일어납니다. 이러한 현상이 고체나 액체의 경우, 고체는 초전도체가 되고, 액체는 초유체가 되는 원리와 서로 같습니다. 즉, 흩어져 있는 전체가 하나의 시스템을 형성하는 것입니다.......

　냉원자(냉양자)들은 **광레이저와 자기장의 빛을 흡수하여 블랙홀처럼 융축**합니다. 하지만 외부에서 강한 에너지(필자; 자기에너지)가 가해지면 응집 인력이 더욱 강해지고, **'에너지가 갑자기 사라지면서'** 응집되었던 원자들이 **'갑자기' 폭발**합니다. 이게 보스노바입니다."[2]

[필자의 사견 私見 : 자기장에 의한 플랑크상수가 임계점을 넘어서면 양자글루볼의 터널링이 '갑자기 연쇄적으로' 발생하여 주변의 에너지를 모조리 냉양자에 흡수-합성하므로 냉양자 주변에서 에너지가 '갑자기' 사라지면서, 냉양자와 공간양자의 상호 인력의 운동이 '일시에 연쇄적으로' 발생해 마치 폭발하는 것처럼 보였을 것입니다. 사실은 폭발이 아니라, 냉양자가 공간양자를 끌어당겨 **연쇄적으로** 흡수-합성할 때, 상대운동이 일어나 냉양자 자신도 연쇄적으로 끌려 나가는 모습입니다(상대를 당기면, 나도 끌려가는 상대운동). 연쇄 핵반응이라서 힘이 워낙 크고 순간적이라서 마치 폭발처럼 보입니다.

글루온은 핵 안에서 활동하며, **쿼크 사이를 뛰어다니며 쿼크를 속박합니다**. 하지만 자기장에 차인 쿼크가 매개입자 글루온(볼)만 양산하면, 물질입자인 쿼크가 상대적으로 부족하므로 **하드론(핵)은 하드론 시스템 자체가 요구하는** '대칭(조화-균형-안정)을 이루기 위하여' 본성으로 글루볼이 터널링함으로써 부족한 물질입자를 끌어와 합성시킬 수밖에 없습니다. 그래야만 핵 시스템 전체적으로 조화-균형 상태를 복구합니다. 학자들이 이를 간과한 듯합니다.

운동장 중앙에 당구공 크기의 원자핵이 놓여 있고, 트랙을 따라 돌고 있던 동전 크기의 전자가 냉각효과로 쿠퍼쌍을 이루고 핵의 격자에 잠기므로 당구공과 트랙 사이의 공간이 사라져 버렸으니 이 얼마나 많은 공간이 쪼그라져서 응축된 상태인가? 그래서 보스-아인슈타인 '**응축**'이라 합니다.

"보손은 거의 점에 가까운 같은 미세 영역을 공유할 수 있다. 따라서 BEC 상태인 (냉)헬륨은 보손이므로 **빽빽한** 상태 또는 결맞는 상태의 똑같은 운동 상태로 '응축'되기를 좋아한다. 보스-아인슈타인 응축(BEC)은 수많은 보손 원자가 서로의 위에 쌓이면서 **밀도가 매우 큰**, 극도로 농축된 물방울로 압축될 때 일어난다." [64] ☞ 냉헬륨은 **밀도가 극단적으로 높아진 상태**입니다.

냉각 효과로 "**지극한 고밀도에서는** 온도 0K에서 영점운동(가장 낮은 에너지 상태인 바닥상태 자체의 진동)만으로도 쿨롱 장벽(에너지 장벽)을 넘은 핵반응이 일어날 수 있다. 이를 '피크노뉴클리얼리액션'이라 한다."[68] 이는 '**고밀도에서는 진동이 효율적으로 전이되기 때문에**' 가능한 일입니다. 이는 흡수엔진 원리의 이론적 증명이 될 것이며, 75쪽의 도면【D.10】은 그 실험이 될 것이 틀림없습니다. 점진적으로 상세히 후술합니다.]

<글루볼과 중간자($\pi$)> ☞ 188쪽 도면 참조

**격렬한 양자적 진동**인 레이저나 자기장으로 쿼크를 더 진동시키면 글루온을 방출하고, 글루온은 단독으로 존재하지 못하므로 두 개의 글루온이 결합한 것이 글루**'볼'** $A_i^j A_j^i$입니다. 글루볼은 중간자와 결합하여 존재할 것으로 예측되고 있습니다. **글루'볼'**을 기억해 두십시오.

또 **격렬한 진동**인 자기장으로 글루온을 더 진동시키면, 쿼크-반쿼크 쌍이 만들어지므로 쿼크와 반쿼크의 결합체인 중간자($\pi$)도 생성됩니다.

이상에서 보았듯이 BEC, Bosenova, BCS 쿠퍼쌍, 피크노뉴클리얼리액션 등 일련의 현상들은 모두 냉각효과와 관련됩니다. 즉 전자가 냉각효과로 응집을 이룬 보스아인슈타인응축BEC, 전자들이 쿠퍼쌍을 이루는 BCS 전이와 (**자기장의 격렬한 진동을 공급해주지 않더라도) 자체의 진동인 영점운동만으로도 핵반응이 일어날 수 있다**는 피크노뉴클리얼리액션 등은 모두 냉각효과로 인해 입자의 에너지 결핍으로 소립자들이 위축되어 발생한 현상들이며, 이런 상태에 놓인 물질들은 **거시적인 양자 역학적 상태**입니다. 원자가 냉각되더라도 원자 시스템이 엄연히 잠재돼 있으므로 냉'원자'라 칭해야 마땅하나, '양자역학적 상태를 강조해' 이하에서 물리적인 원리를 설명하는 내용-상황에 따라 냉양자와 냉원자를 혼용하여 쓰겠습니다(**냉원자 = 냉양자 = 초유체**). 냉원자(ultra cold atom)와 냉양자(ultra cold quantum), 초(유)동체 超(流)動體는 모두 보스응축(BEC) 상태를 말합니다(118~119쪽 참조).

※ 양자(量子, quantum)란?

양자란, 더 이상 나눌 수 없는 에너지의 최소량 단위 상태를 말한다. 흑체가 식으며 에너지를 방출하는 것을 '흑체복사'라 하고, 빛을 '광양자'라 하며, '복사'는 양자(에너지)가 바퀴살 모양으로 모든 공간으로 퍼진다는 뜻이다.

양자는 **덩어리-일갱이**로 되어 있다. 따라서 양자의 존재는 최소 단위의 정수배로만 존재하며, 이 덩어리들을 주고받음으로 인해 양자의 물리량 증감은 (연속적인 유연한 곡선이 아닌) 계단식으로 들쭉날쭉한 불연속적인 값이다.

원자를 쪼개고, 쿼크 전자 등을 또 쪼개고, 이렇게 **계속 쪼개어 나가면** 결국 그 입자가 너무 작아 무엇으로도 관측이나 탐색이 불가능하다. 해서, 끈이론은 양자를 수학으로 퉁겨서 탐지한다. 물리학에서 말하는 끈(양자)의 길이는 $10^{-33}$(정확히는 $1.6163 \times 10^{-33}$)cm이며, 이를 '플랑크 길이'라 한다.
"물리계의 운동이 에너지와 시간(또는 운동량과 거리)를 포함해 둘을 곱한 물리적 값이 플랑크상수 $h$($6.626068 \times 10^{-34}$kg·m$^2$/초)와 비슷하거나 작다면, 양자 영역의 분기점에 들어온 것이다. 작은 이 수는 양자 영역을 정의하는 미세한 거리, 시간, 에너지와 운동량의 규모가 지닌 특성을 보여준다." [70]

그러나 물리학을 서술할 때 전자 광자 등을 보통 양자라 한다. 공간상에서 **스핀이나 파동성과 입자성 등 양자적 특성을 갖추면 이를 양자로 인식**한다. 에너지의 최소량 단위가 더 뭉친 물리량의 빛이나 전자 등도 역시 양자다.

그러나 에너지의 최소량 단위들이 핵으로 조화-균형 상태로 뭉쳐 있고 외곽 궤도에 전자가 생동하며 핵과 상호작용하는 원자, 즉 '시스템을 이룬' 원자는 더 이상 양자가 아니다(원자는 양자들이 어우러져 조화와 균형의 시스템을 이룬 상태이다). 즉 원자는 시스템 효과로 인하여 '공간상에서' 양자의 특성인 스핀(회전), 파동성 등 다양성이 없어 양자가 아닌 원자다.

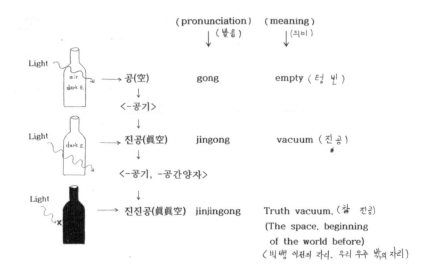

【D.6】 진진공(眞眞空, jinjingong)

　공기뿐만 아니라 공간양자까지 제거된 물병이 있다고 가정하자. 그 물병 안은 공간양자(매질)까지 제거된 상태이므로 빛도 통과할 수 없어 검게 보인다. 공간양자의 하나인 힉스 입자까지 제거된 진진공 안에서는 비행체가 가속할 때 끈적하고 묵직한 저항감, 즉 관성저항(관성질량)이 사라진다. 그러므로 비행체와 공간양자가 서로 맞서 얽히며 나타나는 상대론적 효과인 로렌츠 인자[$\gamma = 1/\sqrt{1 - v^2/c^2}$]가 발생치 않아서 초광속이 가능하다. γ는 가속된 비행체의 질량증가를 뜻한다.

　다음 쪽의 【D.7-1】에서, ♥ 모양은 매질인 공간양자가 소멸되어 빛도 통과할 수 없으므로 검게 그렸다(찢어진 공간, 참된 진공, 진진공). 일상에서, 비행체와 공간양자 간에 맞서고 얽힌다면 가속할수록 비행체의 질량증가가 기하급수적으로 증가해 초광속이 불가능하다. 그런데 공간양자(공간의 실체)가 제거된 찢어진 공간이면, 초광속이 가능하다.

28

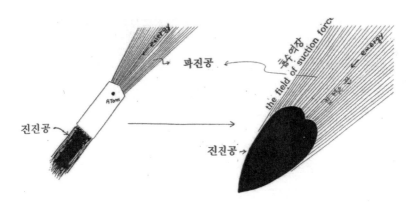

**【D.7】저속 비행 시**   　　　**【D.7-1】초광속 비행 시(상상도)**

**【D.7】**은 파진공과 진진공이 비행체의 전후방에서 나타나고 있다. 흡수엔진이 공간양자를 흡수-제거하므로 인해 비행체 후방에 나타난 진진공은 공간양자의 부재로 인한 현상으로 실물 사진이 있다(62쪽).

**상상도 【D.7-1】**은 매질(공간양자)이 제거된 진진공이 비행체를 감싸므로 매질 부재로 (빛이 단절된) 진진공 안의 비행체를 볼 수 없다. 너무 빨라 카메라 등 무엇으로도 감지 불가하다. 흡수엔진이 가동되면 진진공 효과로 관성저항이 소멸돼 예각비행, 순간정지 등이 가능하다. 이것은 파인만이 예측한 초광속으로, [E/$c^2$ → m]의 $c^2$(광속×광속)과 힉스장 제거에 따른 관성저항과 맞섬(얽힘)의 소멸에 근거한 것이다.

우리는 **살아 있는 강력의 터널링을 경험한 바가 없을뿐더러**, 관성계가 우리의 사고를 철저히 지배하므로 이해가 안 된다. 이는 갈릴레오가 처음 관성(계속 직진)을 주장했을 때, 사람들이 이해하지 못한 것과 같다 (갈릴레오 이전 사람들의 머리에는 '진행하는 물체는 반드시 정지한다'는 생각뿐이었다. 그것이 자신이 경험한 것의 전부였으니까. ☞ 직관의 맹점).

## 5. 새로운 영역과 윤팔-홀(yunpal-hole)

흡수엔진이 작동 중일 때, 공간양자가 흡수엔진 냉양자로 빨려 들어오는 식 [E/$c^2$ ➜ m]을 단순히 직역하면, '$c^2$ 광속×광속의 속도로 공간양자(에너지 E)를 포획-흡수-합성해 물질 m을 산출하는 것'이다.

먼저, 개념을 정리할 부분이 있다. 도면을 보며 그 개념을 설명한다. 그림 【D.6】과 【D.7】, 【D.7-1】은 '진진공, 파진공'이라는 새로운 개념을 도입하기 위하여 그린 것이다. [윤팔-홀 = 파진공 + 진진공]

【D.6】의 빈병 안을 공(空, gong)이라 하고, 뜻은 텅 빈(empty)이다. 【D.6】에서 공기를 제거한 병 안을 한국어로 진공(眞空, jingong)이라 하고, 뜻은 진공(vacuum)이다.

【D.6】, 【D.7】, 【D.7-1】에서, 공기와 양자까지 제거된 흑색 자리를 **진진공**(眞眞空, jinjingong)이라 명명하고, 뜻은 **참된 진공**(眞眞空, Truth vacuum)이다. 힉스입자, 중성미자 등 그 어떤 양자도 존재하지 않는다는 '가상의 공간'을 설정한다.

진진공이란, 빅뱅이 일어나기 전의 전무한 암흑의 자리를 의미하며, '우리우주 밖의 자리'를 의미한다. 즉 진진공이란, 공기는 물론 양자까지도 제거되었다고 가정한 【D.6】 [진진공]의 **'검은 물병 안'**이다.

다시 말해, 우주공간에서 **파동의 진행을 매개하는** 그 어떤 양자들이 있는데(에테르 - 천상의 **매질** - 공간양자), 이 공간양자를 제거하면 매질이 제거되어 검은 물병처럼 빛(파동)이 진행할 수 없는 진진공이 있다고 일단 가정하자(62쪽에서, 김선규 기자의 사진으로 증명한다).

## 1) 파진공(破眞空; pajingong)

흡수엔진을 가동할 때, 흡수 역장 범위 내에 있는, 【D.7】, 【D.7-1】에서 비행체 전방의 빗금 친 부분의 범위 안에 있는 공간양자가 흡수엔진 실린더로 빨려 들어온다. 즉, **살아 있는 강력(핵력)이 터널링해 공간양자를 포획-흡수-합성하는 '인력(引力)의 역장 범위 내'의 영역을 '파진공**(破眞空, pajingong)'이라 명명한다.

파진공이란, 공간양자가 흡수엔진 안으로 순간적으로 빨려들면서, 공간양자(에너지)가 흡수엔진의 실린더 내부로 흡수-합성돼 소멸되기 직전에 새로 형성된 물리적 공간이다. 파진공의 파(破)는 상대성이론의 장場방정식에서, 측지 텐서[시공간; 공간양자들이 온갖 역장力場과 양자들 간 힘을 주고받으며 진동하는 운동 상태로서 공간의 (휜) 모양]의 여러 역학 관계인 힘의 균형이 '깨진다, 부수어 깨뜨리다'는 뜻이다. 파진공은 한 마디로 **'부서지는 진공 be smashed vacuum'**의 뜻이다.

흡수엔진 실린더 안에 있는 냉양자의 강한 핵력(속박력)이
실린더의 냉양자 밖(비행체 전방)의 창공(파진공)으로 뛰쳐나와
파진공의 영역에 있는 끈(공간양자)을 포획하여
냉양자가 끈-양자를 흡수-합성할 때 작용반작용이 일어남으로써
끈이 인력으로 발휘되어 초광속 비행체를 당기는 힘이 된다.
'끈'은 공간양자를 지칭한다.

핵 안에서만 작용하는 강력(점근적 자유의 힘)을 창공으로 외향화해 공간양자를 포획하면, 비행체 인접 부분부터는 **'(맞서 얽히며) 비행에 방해가 되는 공간양자'**는 모두 실린더의 냉양자에 흡수-합성될 것이다.

그 결과 **비행체의 주변에는** 진진공이 형성될 것이다.

저속에서는 【D.7】과 같이 진진공이 비행체 후미에 나타날 것이고 (62쪽에서, UFO 사진에서 드러난 실증 현상으로 증명함), 초광속부터는 핵이 공간양자를 흡수한 결과 【D.7-1】과 같이 진진공이 형성될 것이다(흡수창의 위치나 개수에 따라 흑색 하트, 럭비공 모양이 될 것임).

**파진공**; 냉원자에서 터널링한 글루볼에게 포획된 <u>공간양자(타키온)가 격렬한 진동으로 극히 불안정하게</u> 끌려오는 공간이다. 시공간의 실체인 공간양자가 끌려오는, 즉 **'공간이 찢어지며(破) 오는 진행형'**의 자리다.

**진진공**; 비행체(냉원자)가 공간양자를 포획-제거하며 **공간을 찢으며 가는 '진행형이 완료된'** 찢어진 공간, 텅 빈 암흑 자리, 참眞된 진공眞空이다.

[공간(공간양자)이 흡수엔진의 냉헬륨 안으로 감기며 소멸되므로 그렇다. 공간은 양자들이 모여 이들이 쉼 없이 힘을 주고받으며 조화와 균형을 이룬 상태다. 우주공간의 실체는 쉼 없이 에너지를 주고받으며 끓고 있는 바닥상태의 양자거품(공간양자)이다. 따라서 우주공간의 실체인 양자 집합(양자거품), 즉 공간양자들이 흡수엔진의 냉양자에게로 빨려 들어가면, **결국 시공간이 사라진 결과로 찢어진 공간인 진진공이 된다.**
간단한 이 역발상의 아이디어를 얻는 데 무려 13년이 걸렸으며, 이후부터는 일사천리였다. 이후 보스노바를 해석하고, 포획-합성의 원리를 찾아 상상하고, 과학원리들을 융합하는 등 죽을 고생을 하며 열정에 빠졌다.]

상상도 【D.7-1】에서의 비행체는 검은 진진공 안에 있어서 보이지 않는다. 빛(전자기파)은 **파동으로 진행하는데**, 진진공에는 파동이 진행할 <u>공간양자(매질)가 없어서</u> 빛이 진행할 수 없다. 그래서 진진공은 검다. 초광속의 진진공은 너무 빨라 카메라 등 무엇으로도 감지할 수 없다.

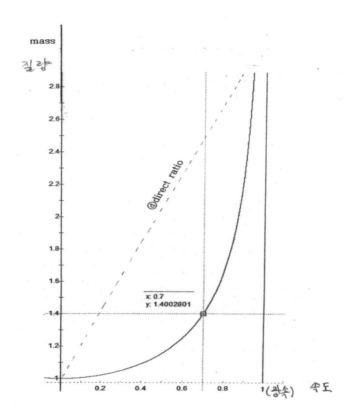

**【D.8】 로켓 엔진 비행체의 속도-질량 상관관계**

　로켓의 속도가 증가함에 따라 로켓의 질량증가가 기하급수적으로 증가한다. 상대(相對)성이론에서, 비행체 가속의 크기에 따라 상대인 공간양자와 맞서며 얽힌다. 즉 비행체가 가속하면, <u>시공간의 실체인 공간양자</u>와 **서로 맞서며 얽힌다**. 그 결과 가속할수록 비행체의 질량이 증가해 초광속은 불가하다. 이 현상의 **실체적 이유**는 상대(相對)적으로 공간양자와 맞서 대립(對立)하며 나타나는 비행체의 질량 증가이며, <u>로렌츠 인자 [γ = $1/\sqrt{1-v^2/c^2}$</u>] 때문이다. 가속(v)하면 아래 표다.

| 속도(c 단위), $\beta = v/c$ | 로렌츠 인자 $\gamma$ | 상호 작용, 1/오퍼레이트 |
|---|---|---|
| 0 | 1 | 1 |
| 0.050 | 1.001 | 0.999 |
| 0.100 | 1.005 | 0.995 |
| 0.150 | 1.011 | 0.989 |
| 0.200 | 1.021 | 0.980 |
| 0.250 | 1.033 | 0.968 |
| 0.300 | 1.048 | 0.954 |
| 0.400 | 1.091 | 0.917 |
| 0.500 | 1.155 | 0.866 |
| 0.600 | **1.25** | **0.8** |
| 0.700 | 1.400 | 0.714 |
| 0.750 | 1.512 | 0.661 |
| 0.800 | 1.667 | **0.6** |
| 0.866 | **2** | **0.5** |
| 0.900 | 2.294 | 0.436 |
| 0.990 | 7.089 | 0.141 |
| 0.999 | 22.366 | 0.045 |
| 0.99995 | 100.00 | 0.010 |

자료 출처; 요다위키, 로렌츠 인자

## 비행체 속도에 따른 로렌츠 인자 계산값

굵은 글씨로 표시된 값은 정확하다.

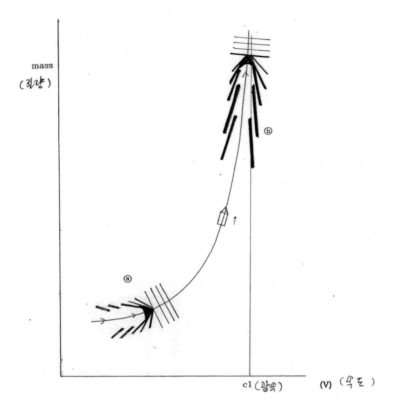

mass
(질량)

c1(광속)    (V) (속도)

## 【D.9】 힘 먹는 끈

ⓐ는 로켓이 <u>저속 비행 시</u>, 로켓 전방에 있던 끈(공간양자)들이 약한 힘을 먹는다. 로켓이 저속이면 치미는 파동도 약하므로 맞서는 끈도 약하게 반응한다. <u>상대(相對)</u>론적 <u>대립(對立)</u>이 약하게 맞서 얽히니까.

ⓑ는 로켓이 <u>고속 비행 시</u>, 로켓 전방에 있던 끈-양자들이 강한 힘을 먹는 모습이다. 로켓이 고속이라서 치미는 파장도 커서(로렌츠 인자에 의한 상대론적 효과), **맞서 얽히는 끈들도 기하급수적으로 크게 반응한다.**

ⓐ ⓑ의 경우, 학자들은 '**힘을 만난 양자는 질량이 커진다(힘 먹는다), 양자가 생성된다**'고 한다. 이 상대론적 효과 때문에 로켓은 초광속이 불가하다.

<**일상에서 '양값의 힘을 먹는 끈'과**

**파진공에서 '음값의 힘을 먹는 끈'>**

**양값**(맞섬-저항력-척력) & **음값**(당김-인력)

비행체가 가속하면, 비행체의 질량이 증가하는 **실체적** 이유는 뭘까? 답은 '아무도 모른다'이다. 다만 수학적인 증명과 실험 결과만 확인했을 뿐이지, 질량증가의 '원인-이유'는 정확히 밝혀지지 않았다. 이는 너무나 극미한 공간양자(암흑물질과 암흑에너지 등)의 실체를 아직 붙잡지 못했기 때문이다. 따라서 공간양자를 추상해 판단할 수밖에 없다.

그런데 진공 중에는, 즉 디랙의 바다에는 전자가 붕괴되어 결국 더욱 자잘한 전자의 파편들로 가득 차 있다면, 이는 어디까지나 전자의 파편이므로 (-)의 전하일 것이다. 그러므로 양성자$^{(+)}$와 전자의 파편$^{(-)}$은 부호가 달라서 이들 간에는 상호작용을 잘할 것이므로, 로켓이나 자동차처럼 양성자를 함축한 물체는 가속 시 질량증가를 잘 이룰 수 있겠다는 논리라든가, 가속할 때 원소 3체 충돌 등 발생 가능한 참여적 요소들을 끌어들여 봤자 확인이나 증명하기 힘들고 복잡해져 논지만 산만해진다. 즉 비행체의 속도가 증가하면, 그 비행체의 질량이 증가하는 근본적인 '원인-이유'를 단순하고 명쾌하게 증명하기 곤란하다.

해서, 논지를 단순 명료화한다는 차원에서 확인된 사실 '$E=mc^2$'을 가지고 논리를 전개하며 가정적 상호작용을 연관해 서술하고자 한다. 질량-에너지 보존의 법칙이나 뇌터의 정리처럼 총 전하량이나 질량, 운동량이 보존되면 힘의 작용과 과정, 그리고 그 쓰임에 모순이 없다.

먼저, 용어의 개념을 정의한다.

## <일상에서 '양값의 힘을 먹는 끈'>

☞ 이것이 초광속 불가의 근원이다.

우리가 늘 경험하는 경우로서, 비행체의 속도가 증가하면 비행체의 질량이 증가한다. 이때 비행체 전방의 공간양자 끈이 비행체와 맞서 얽히는 상호작용으로 공간양자도 똑같이 힘을 먹어 질량이 증가한다. 이를 **'양값의 힘을 먹는 끈'**이라 하자. 상대론적 효과인 로렌츠 인자 <u>$\gamma$(감마) $= 1/\sqrt{1-v^2/c^2}$</u>가 적용된 양값의 힘을 먹는 끈(공간양자)이다.

## <파진공에서 '음값의 힘을 먹는 끈'>

☞ 이것이 초광속을 가능하게 하는 근원이다!

우리가 경험한 바 없는 경우로, 핵-강력은 <u>쿼크를 끌어당겨서 속박시키는</u> **음수의 힘인 속박력**이다. 그런데 이 강력-속박력의 매개입자 글루볼이 터널링하여 핵 밖으로 외향화한다고 가정하면, 이 힘에 상응해 파진공에 있는 공간양자가 상호작용함으로써 끌려와서 냉헬륨 핵에 속박당할 것이다. 이때 파진공의 공간양자에게도 음값의 힘이 발생한다. 이때의 끈은 **'음수(속박력, 당김, 인력)의 힘을 먹는 끈'**이다. **핵에서 튀어나온 살아 있는 핵력인 음수-당김의 힘을 먹는 끈**(양자)이다. 비행체와 공간양자가 서로 맞서는 <u>상대(相對)</u>론적 <u>대립(對立)</u> 효과인 <u>로렌츠 인자 $\gamma = 1/\sqrt{1-v^2/c^2}$</u>가 적용된 **양값 힘을 먹는 끈의 반대**다. /

먼저, **<일상에서 '양값의 힘을 먹는 끈'>**을 구체적으로 살펴보자.

뉴턴의 비상대론적 입장에서 **가속운동계**를 살펴보면 된다. 로켓이 비행하며 사용한 추력 에너지 E에 의해서 로켓의 속도 v가 증가하면, 로켓의 질량 m이 증가한다. 따라서 이때 식 'E = $mv^2$'이 성립해야 한다(즉, <u>좌변 값 '1' = 우변 값 '1'</u>이 성립해야 한다).

실제로는 추력 에너지E '**1**'에 의해서 로켓에 <u>0.5</u>×$mv^2$의 질량이 증가한다. 그리고 '**맞서고 얽히는 효과로 인해**' 공간양자에서 나머지 0.5˘의 질량이 증가한다. 즉, 가속하는 로켓의 힘에 맞서며 얽혀 상호작용하는 공간양자도 힘을 먹어서, 공간양자 역시 질량의 형태로 0.5˘가 증가한다. 따라서 가속운동계는 다음과 같이 나타난다.


★ 로켓 추력 에너지E <u>1</u>
　　= 로켓에서 [$mv^2$ × <u>0.5</u>]의 질량증가
　　　　+ 공간양자에서 [$mv^2$ × <u>0.5</u>]의 질량증가

[추력 '**1**' = <u>비행체 질량증가 0.5</u> ➡ 맞섬 ⬅ <u>0.5˘</u> 공간양자 질량증가]로

대응되며, '**좌변 1 = 우변 1**'로 에너지-질량-운동량이 온전히 보존-대칭됨


[비행 시, (E ≒ $m_oc^2$ + $\frac{1}{2}mv^2$ +‥‥)에서,

E는 추력 에너지, ($m_oc^2$) 항은 로켓의 정지질량이고,

($\frac{1}{2}mv^2$) 항은 로켓의 질량증가분 0.5×$mv^2$이며,

(+‥‥) 항은 공간양자의 질량증가분 0.5˘×$mv^2$이다.

이 관계식에서, 가속운동계의 논리전개를 위해 <u>정지질량 ($m_oc^2$) 항을 빼고</u>, 가속운동계; '**추력 E = (로켓 ➡ 맞서 + 얽힘 ⬅ 공간양자)의 질량증가**' 관계만 간추려서 서술한 것이 위 ★의 내용이다. ($\frac{1}{2}mv^2$)항과 (+⋯⋯)항은 서로 '**맞서며 얽힌**' 파동의 '요동-액션'을 거쳐 에너지는 보존된다.

좌1 = 우1(로켓 ➡ **맞(+)섬** ⬅ 공간양자), 즉 (E ≒ $\frac{1}{2}mv^2$ + ⋯)의 밑줄은 가속체와 양자(시공간)가 엮인 모델로, 상대성 시공간이론 모델과 **원리**가 같다[가속≡중력, (비행체의) 가속은 중력과 구분할 수 없는 등가성임].

'가속'이라는 양값의 힘들이 작용하기 때문에 비행체가 가속할수록 맞서는 양값의 힘들은 그만큼의 질량이 증가하면서 요동 액션을 거쳐 비행체와 공간양자에 절반씩 고스란히 저장된 셈이다.

그러므로 비행체 '<u>가속</u>'의 운동에너지에 의해 **비행체 자신의 질량이 증가하면서, 맞서는 공간양자의 증가하는 질량을 헤치며 비행**하는 형국인데, 비행체가 가속할수록 맞섬에 의해 공간양자의 질량(에너지)도 그만큼 커지는 것은 자연스러운 상대(相對)적 인과율의 결론이다.

[상대성이론의 언어로 표현하면, '물질은 시공간(측지 텐서)과 엮여 있다(coupling)'고 말한다. 별과 같은 '질량(**중력**)'의 분포만으로도 시공간의 휘어짐이 결정된다. 마찬가지로 '**가속(질량↑→중력↑)**'하는 비행체와 양자(시공간)의 '맞서는 엮임' 역시 그만큼 크게 드러날 수밖에 없다. 이는 '**가속 ≡ 중력**'의 등가원리와 다를 게 없다. '<u>가속은 중력과 구분할 수 없으므로 동등한 것(≡)</u>'이 등가원리로 일반상대성이론의 모태다. 상자에 갇혀 자유낙하 시, 중력이 가속으로 드러나서 구분이 안 된다.]

비행체 전방에 있는 양자-에너지가 속도에 따라 일정하고 균질한 저항값을 갖는다면, 질량증가율은 정비례의 값을 가질 것이다(33쪽, 【D.8】의 점선, ⓓdirect ratio - 이때의 수치는 무시한다). 이는 광속보다 현저히 낮은 속도로 비행하는 경우이다. 로켓 등에서 우리가 늘 경험하는 일상적인 일로서 뉴턴의 비상대론적인 질량증가분 $0.5mv^2$이다.

그러나 33쪽의 【D.8】 [속도-질량의 상관관계]에서 보듯이 물체가 광속에 근접할수록 질량이 기하급수적으로 증가한다. 상대론적 효과를 나타내는 로렌츠 인자($\gamma = 1/\sqrt{1-v^2/c^2}$)을 고려하면, 속도가 광속에 근접할수록 상대성이론에서 비행체의 **질량증가분은** $m_oc^2(\gamma-1)$이다. '비행체의 속도v > 광속c'이면 허수로 불능이다. 초광속은 불가능하다. 그러므로 **우주의 에너지를 다 끌어다 분사시켜도 초광속은 불가능하다!** $m_oc^2$은 비행체 정지질량, 광속 c는 약 30만Km/초(어떤 조건에서도 불변).

상대론적 효과를 나타내는 식 $\gamma$(감마) $= 1/\sqrt{1-v^2/c^2}$에서, 변수인 로켓 속도 v를 차츰 증가시키며 $\gamma$(감마) 값을 산출해서(34쪽), 증가된 **비행체의 총질량**($m_oc^2 \times \gamma$)에 대입하면, 33쪽 그래프 【D.8】로 된다.

왜 가속할수록 비행체의 질량이 기하급수적으로 증가할까?
식 $\gamma$(감마)와 $m_oc^2(\gamma-1)$이 의미하는 것은 무엇일까?

이 식의 실제 결과는 【D.8】 [속도-질량의 상관관계]에서 보여주듯 '질량증가율은 기하급수적인 곡선'으로 나타나고, 위의 식들이 진정으로 의미하는 건 비행체와 마찬가지로 **'양자라는 끈들이 기하급수적으로 힘을 먹는'** 속성을 가졌다는 것이다. '맞섬'이 비행체와 공간양자에게 각각 동등하게 **상대(相對)**적으로 나타난다. 결국 질량증가의 근원은 비행체와 공간양자 간의 상호작용에 의한 기하급수적인 **맞섬, 즉 양자 파동의 얽힘에 있다**. 전자 등 물질파도 파동이다. [비유 설명; 일상에서 빙산에 부딪힌 비행체는 부서진다. 그러나 빙산이 녹고 물이 원자로 되면, 비행체가 공기와 **맞서는 저항**만 있지, 비행체가 부서지지는 않는 것처럼, 원자가 깨져 양자로 되면, **비행체**는 입자이자 파동인 **양자**와 맞서 얽힌다. 맞서는 상호작용이 로렌츠 인자로 **'상대'**론적 효과다. 상대적 **대립(對立)**]

양자역학적으로 설명하면, 튕겨진 기타 줄에 의해 주변에 양자 덩어리가 생성되는 원리다. 역장(파동, 힘)에 반응해 공간에 진동 양자가 생기거나 양자의 힘이 증가한다는 의미다. 이때 생기거나 <u>커진 진동 양자를 '끈이 힘을 먹는다'</u>고 초끈이론 용어를 차용해 서술했다. 학자들이 '역장을 만나면 진동 양자가 생성된다'고 하는데, 이는 지속적인 붕괴를 이루어 바닥상태에 있는 양자 즉 겨우 남은 양자가 역장-힘을 만나서 더 진동하고 에너지가 커져, 임계점($E = 2mc^2$)에 이르면 물질-반물질이 쌍생성된다고 설명한다. 즉 **어떤 역장이나 힘-에너지를 만난 공간양자는 이를 삼켜**(전이 받아) **'질량이 증가한다'**는 뜻이 담겨 있다.

'질량증가율의 <u>기하급수적인 곡선</u>'의 뜻은 '끈이 어떤 역장(가속 등 힘-파동 얽힘)을 만나면, 그 역장이 강할수록 공간양자(끈)는 그만큼 가속적으로 상호작용해 즉시 강한 에너지의 끈(양자)이 된다'는 뜻이다.

☞ **힘 먹는 끈!**

그리하여 비행체는 더욱 증가된 질량을 이루어 비행함으로써 더욱 큰 역장(파동)을 만들고, 또한 전방의 공간양자도 더 큰 힘을 먹고, 이에 비행체는 더 큰 저항을 받고, 이를 극복하려고 더욱더 가속하고, 전방의 공간양자는 더욱더 큰 힘을 먹게 되고, 반복...... 즉 비행체의 전방에 있는 공간양자가 기하급수적으로 반응하는 힘(잠재질량)을 형성하므로 비행체가 기하급수적으로 저항을 받게 된다. 결국 비행체의 질량이 기하급수적으로 증가하며 비행하는 것과 같은 결과에 이른다. 비행체 질량증가의 근본 원인을 단숨에 말하면, **가속하는 비행체와 공간양자 간의 상호 '맞섬-양자적 파동 얽힘' 때문에 나타난 효과다.** 바로 이것이 초광속 불가의 <u>실체적인 원인</u>으로 추정할 수밖에 없다. 로켓은 무한대의 에너지를 분사해도 초광속은 불가하다. 즉, 초광속은 공간양자를 포획-**제거**해 진진공(찢어진 공간)을 만들어야만 가능하다.

따라서 공부를 제대로 한 물리학도 출신은 당연히 이렇게 말한다. "초광속으로 지구에 오는 UFO는 공간을 찢으며 비행해야 한다!"

① '광속에 가까울수록 비행체 질량이 기하급수적으로 증가한다'는 말은 ② '비행체가 광속에 가까울수록 공간양자-끈이 힘을 기하급수적 누적적으로 먹는다.' 즉 비행체의 전방에서 **'얽히며 맞서는 로렌츠 효과로'** 공간양자의 질량이 기하급수적으로 증가한다는 말과 대응된 등가다.

①은 수학적 증명과 거시의 가속체(질량↑ ≡ 엮임↑)에 의한 서술이다. ②가 근본적이고, 훨씬 중요한 본질적 실체적 미시에 의한 서술이다. 암흑에너지·물질이 아직 규명되지 않아 추정이지만 거의 확실하다.

비행체의 '가속≡중력'이 엮인 파동(힘)이든, 공간양자의 양자 파동이든 모두 파동(힘)이 **맞서 얽히는 상호작용**이기 때문이다. 비행체처럼 크게 뭉쳐 있느냐, 아니면 공간 양자처럼 인플레이션 되어 있느냐의 차이만 있을 뿐이지 힘의 본질은 다르지 않기 때문에 **가속(힘-파동)을 접한 '맞섬'의 파동 얽힘은 상존한다. /**

35쪽, 【D.9】 [힘 먹는 끈]에서와 같이, 우리 우주에서는 힘을 먹는 끈은 그 힘의 크기와 저항력이 기하급수적으로 증가할 것이다.

끈에 실린 <u>힘의 크기</u>는 **굵기**로,
끈에 실린 <u>저항력은</u> **길이**로 표현하여 보았다.

끈이 힘 먹는 모습을 쉽게 이해하기 위하여, 힘 먹는 끈을 '굵고 길게' 표현했으나, **사실은 힘 먹은 끈은 '더 가늘어지고 짧아진다.'** 즉 힘 먹은 끈은 **더욱 위축되고 단단해진 결과로 밀도는 더 높아진다**(※ 밀도 = 질량/부피). 더 정확하게 말하면, "끈의 강도는 끈의 길이의 제곱에 반비례한다." [59]

이는 "고리(끈)의 운동량이 점점 더 커질수록 파장의 크기와 운동량 간의 **양자 반비례 관계**에 따라 고리는 **점점 더 작은 시공간을 차지한다**." [50]는 원리에서 비롯된다(**양자 위축**).

그 근본 원인은 양자는 큰 역장을 만날수록 양자의 진동은 격렬하면서도 **위축되고, 파장이 짧아지는 원리**에 있다. 이는 입자가속기에서 전자 등 탐색자를 가속시키면 탐색자의 양자적 파장이 더욱 짧아져 위축된다. 따라서 탐색자의 크기가 줄어드는 효과로 피탐색자의 굴곡진 속내를 속속들이 세밀하게 들여다보며 탐색하는 원리에 응용되기도 한다.

그러므로 그래프의 '굵고 길게' 표현된 끈들은 저항, 즉 상호작용하는 힘의 크기를 단지 **가시적으로 표현하기 위한 것**으로 이해하면 되겠다.

입자가 위축되면서 밀도가 높아지는 과정을 머릿속에 그려 보자. **역장을 만난 공간양자**는 그 힘을 전이 받아 파동이 더욱 짧아지는 원리에 의해 공간양자 하나가 점유하는 공간이 좁아지므로, **공간 전체적으로 보면 단위 부피당 양자(끈)들의 밀도가 높아진다.** 그 결과 다음과 같은 현상이 나타날 것이다. 즉, 거대 질량체인 태양에 근접할수록 (중)력장을 만난 공간양자가 더욱 위축된 결과로 단위 부피당 공간양자의 <u>밀도가 높아져</u> 빛이 굴절되며 진행한다. 빛은 질량이 없으므로 어떤 역장이나 질량에 상호작용을 않고, 단지 <u>매질의 '밀도'를 따라</u> 진행한다. 예시; 물에 입사하는 빛은 꺾인다.

양자는 정확한 양의 에너지가 정확한 시간에 존재하는 것을 허락하지 않는다. **양자는 주변의 에너지-역장 상태에 대응해 '에너지를 쉼 없이 주고받으며' 항상 춤추며 진동하고 있는 '양자 거품' 상태이다.** 이와 같은 양자의 특성을 <u>'힘 먹는 끈'</u>이라고 표현했다. ☞ 초끈이론의 '끈' = 양자


그러나 양자효과를 고려하면, 끈의 에너지를 계속 올린다 해도 계속 위축되는 것이 아니라, 임계값 이상의 (맞서는 양값의) 에너지를 얻게 된 끈은 오히려 진폭이 도면과 같이 비유적으로 커져 버린다(커진다고 하더라도 우리가 절대 인지할 수준은 아니다). 즉 실제로 【D.9】[힘 먹는 끈]처럼 **끈의 진폭이 커져 버린다.** 이는 "1988년, 프린스턴 대학 데이비드 그로스와 멘데가 발견한 사실이다. 이로 인해 입자가속기에서 입자를 가속해 입자를 작게 만들어 탐색자로 쓰는 데 한계가 있다." [49]는 사실이 이를 증명한다.

35쪽【D.9】[힘 먹는 끈]에서, 비행체가 우주를 비행할 때

ⓐ는 약한 힘을 먹는 끈(저속비행에 의해서)
ⓑ는 강한 힘을 먹는 끈(고속비행에 의해서)
(ⓑ의 선들은 위로 갈수록 더 굵고 길게 그려져 있다. 기하급수적이므로)

이렇게 추진되는 비행체와 비행체 전방의 힘 먹는 끈(양자-저항체) 간에 '맞섬'의 상호작용이 발생해 비행체에 질량이 증가하고, 증가된 질량은 또다시 더 큰 역장-파동을 만들어 내고.... (반복) ...... 광속에 근접할수록 기하급수적인 곡선으로 나타날 수밖에 없다.

따라서 '가속의 한계는 비행체의 질량증가 때문이다'는 말과 '가속의 한계는 힘 먹는 끈(양자-저항체) 때문이다'는 말은 동치다(**맞서 얽힘**).

이를 깊이 들여다보면, 가속하는 비행체와 공간양자(측지 텐서) 간에 힘이 얽여 '맞섬'으로써 드러나는 현상이다.

[측지 텐서; 질량체와 긴장-인장력 관계에 있는 시공간. 에너지를 주고받으며 항상 진동하고 있는 공간양자들이 시공간을 이루는 실체이다.]

근본적으로 '가속과 중력은 구분할 수 없다[중력 ≡ 가속]'는 등가원리와 다를 것이 없다. 이는 아인슈타인의 장場방정식으로 귀결된다. 이렇게 만물은 얽여 쉼 없이 역동한다.

그것이 '**가속하는**' 비행체라 할지라도!

이제 **<파진공에서 '음값의 힘을 먹는 끈'>**을 살펴보자.

파진공 안의 공간양자(끈)는 어떤 반응을 보일까? 단순 명쾌한 답은 내가 상대를 당기면 나도 끌려가니까(내가 버티며 당기므로 상대도 버티며 당기니까) 끈은 **음의 역장**(당기는 역장)에 대응하여 **인력**으로 드러난다!

**【음의 역장】** ☞ ※ 먼저, 52쪽을 자세히 읽으면 이해가 쉽다(**중요!**).
흡수엔진에서, 냉헬륨 핵력의 매개입자인 글루볼이 터널링함으로써, 핵 밖 공간으로 전개되는 <u>핵력의 역장</u>(강력파)에 의해 공간양자를 포획해 엔진 실린더의 핵 내부로 **당겨 속박하는 역장을 '음의 역장'**이라 칭하자. 핵에 '잠재되어 있던 $c^2$'의 힘인 글루볼이 창공으로 터널링한다면, '공간양자를 포획-합성해' 냉원자에 속박하는 **음수(인력)**이기 때문이다.
핵으로 빨려오는 공간양자는 **'질량의 제곱이 음수'인 타키온($-m^2c^4$)**이다. **(철칙인 대칭 원리에 따라) 터널링한 핵의 강력장과 얽혀서 '서로 당기는' 타키온도 반드시 음수(인력, 당기는 힘)으로 나타난다**(182, 194, 323쪽 참조).

점근적 자유; 강력을 설명하는 색역학에서, **글루온이 속박 중인 쿼크가 멀어질수록 (안개효과로 인해) 속박력이 더욱 강해지는 힘**이다. 가까울수록 인력이 강해지는 중력과는 반대이다. 강력 글루볼이 터널링해 **먼 곳으로** 전개되어 물질입자를 포획한다고 가정하면, 냉양자와 공간양자의 공간이 **매우 매우 넓다**. 이때, 그 사이의 공간양자(안개)가 강력에 함께 어우러져 강력-속박력이 더 강해지는 **안개효과**가 발생할 것이므로 이때의 강력은 **슈퍼-강력이 되어 비행체는 타임머신이 될 것이다.** (점근적 자유; 194, 321쪽)

흡수엔진에서 음의 역장이란, **'살아 속박하는 강력'**이 핵 밖으로 터널링해 **전개되는 강력파로**(가설), 공간양자를 당기는 **인력파**다. 비유; <u>중력파(인력파)</u>가 만물을 당기듯, <u>강력파(인력파)</u>가 터널링해 공간양자를 **당겨** 속박함

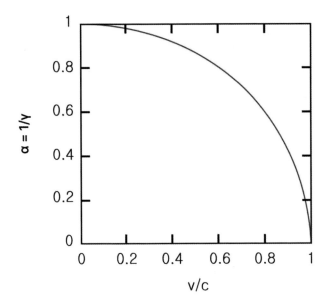

**【D.8-1】** (로렌츠 인자를 역으로 한) **흡수엔진 비행체의 속도-질량 상관관계**

그래프; 요다위키, 로렌츠 인자 / **로렌츠 인자 역**, $\alpha = 1/\gamma$(감마)

속도와 로렌츠 인자 계산값은 34쪽 참조

**로렌츠 인자를 역으로 하면**($\alpha = 1/\gamma$), 질량축 1에서 볼록하게 원호를 그리며 우하향으로 속도축 1로 내려온다. 로렌츠 인자를 역으로 하면, 이처럼 '관성질량**감소율**곡선'의 함수 그래프가 붉은 원호로 그려진다.

흡수엔진 가동 시 나타날 비행체의 **관성질량 감소율** 곡선이다(예상). 광속(1)을 넘으면 초광속이며, 이는 맞섬 없는 윤팔홀에서만 가능하다. **적색 선**의 뜻은 가속할수록 비행체 자체의 질량이 감소하는 게 아니라, 관성질량(관성저항)이 원호처럼 감소하다가 급락해 광속(v/c = 1)에 이르면 관성저항이 소멸된다. 관성저항이 소멸됨으로써 순간정지,

예각비행, 순간소멸이 가능하다(UFO가 정말로 순간소멸된 것이 아니다. **진진공 안에서, 그것도 강력으로** 순간에 급가속하므로 볼 수 없을 뿐이다. 우리의 머리를 지독히 지배하는 관성저항 때문에 이해가 안 될 것이다.) **이 의문점을 당장 알려면 54, ★346~349쪽 '힉스 장'을 읽으면 된다./**

물리학을 발전 가능하게 한 것은 **대칭**이라 해도 지나치지 않다. 운동량이나 전하 등 물리량은 보존되며, 이는 결국 대칭적 변환으로 나타난다. 예컨대, 강력의 $E=mc^2$은 에너지-질량이 좌·우변에서 대칭으로 각각 보존되는 경우고, 뉴턴의 제3법칙인 작용반작용은 운동량이 대칭으로 보존되는 경우다. 이런 '보존 법칙'은 물리학의 대전제다.

척력에 의하든 인력(음수)에 의하든 동일한 작용반작용의 원리이다.
지구에 현존하는 비행원리는 비행체의 추력에 의해 작용반작용이 발생하면, 작용과 반작용의 힘이 정확히 대칭적으로 발생하면서 서로를 배척하는 힘, 즉 **척력(斥力)**으로 비행을 이룬다(**척력의 대칭**).

그런데 흡수엔진은 이와 반대다. 냉헬륨에 자기장을 공급함으로써, 글루볼의 터널링해 공간양자를 실린더 안의 냉헬륨으로 빨아들인다. 이때 강력은 음수(인력)로 **양자를 '끌어당겨' 핵에 속박시키는 힘**이다. 그러므로 흡수엔진에 의해 발생하는 힘은 **인력(引力)**이다. 엔진 안의 냉원자와 공간양자가 상호작용하여 서로를 끌어당긴다(**인력의 대칭**).

힘의 대칭은 절대적이고, 물리학의 보편적 원리이므로 흡수엔진의 **인력(음수)에 따른 상호작용도 대칭으로 나타날 것은 명백한 사실**이다.

흡수엔진의 실린더에서 음의 힘인 강력이 창공으로 터널링을 이루어 파진공에 있는 공간양자들을 버티며 빨아들임에 따라, 파진공의 공간양자에게도 이에 대칭적으로 버티며 당기는 **상대적 인력**이 발생한다. 강력 c²(**초광속**)의 음수 힘을 먹은 공간양자 역시 **음수의 초광속 입자 타키온**으로 **발현**(發顯)될 수밖에 없다(타키온; 323~327쪽에서 상술함).

예컨대, 일상에서 양값으로 물체를 밀면(**작용**), 물체가 이에 저항하며 움직이려 하지 않는 끈적-묵직한 관성저항-질량이 발생한다(**반작용**).

반대로, 흡수엔진이 **인력(음수, 음값)**으로 공간양자를 빨아들이면(**작용**), 공간양자는 이에 저항하며 움직이려 하지 않은 끈적히 **버티며 당기는 힘이 발생한다(반작용)**. 이때 공간양자는 흡수엔진의 음값에 대응해 즉시 **음값을 먹는다. 공간양자는 흡수엔진을 끌어당기는 '짐'을 진다.** 이렇게 파진공에서 음값(음압)이 증가하는 힘(공간양자가 인력으로 흡수엔진을 끌어당길 때 짊어지는 짐)을 '**부의 공력(負의 空力)**'이라 칭하자.

엔진 내부에선 음수의 핵력이 터널링해 공간양자를 당기며 **작용**하고, 엔진의 앞쪽인 파진공에서도 양자적 음수인 부의 공력이 **반작용**으로 비행체를 끌어당긴다. **음(인력)의 작용반작용이다!**
이게 에너지가 질량으로 보존되는 원리, 즉 에너지가 핵 안에 온전히 보존되는 원리이다[E/c² ➜ m]. 냉원자와 공간양자가 서로 당기는 **음의 작용반작용인 인력이 대칭적으로 나타나는 것은 당연한 귀결이다.** 그 결과 비행체와 공간양자는 서로 당기며(인력), 서로를 향해 달린다.

[이 작용-반작용의 사이에는 흡수창 카보나도(75쪽)가 놓여 있어 작용-반작용이 **유효화**된다. 즉 카보나도는 냉헬륨을 가두고, 공간양자는 투과시킨다.]

핵력-$c^2$(초광속)의 힘을 먹는 공간양자는, 파진공에서 '부의 공력'으로 **피어난다**(**음수인 초광속 입자 타키온이 발현** 發顯되는 것. 323~327쪽). 이는 힘의 대칭에 의한 것이며, **대칭은 '같다, 균형이다'**의 뜻이다.

즉, 여기서의 대칭은
냉원자(핵)과 공간양자 간에서,
핵력이 핵 밖으로 튀어나와(터널링해) 공간양자를 당겨 속박할 때,
공간양자도 냉원자(비행체)를 당기는 '부의 공력'이 발생함을 말한다.
이때 **'서로 당기는 힘'이 같아서 균형되는 대칭**으로 나타난다.


　위 내용을 정리하고 가자.
비행체(흡수엔진)의 핵력은 공간양자를 끌어당겨 흡수-합성하고(**작용**),
대칭 원리에 의해 공간양자는 비행체(흡수엔진)를 끌어당긴다(**반작용**).
작용-반작용을 유발하는 힘의 매개입자는 **강력 글루볼의 터널링**이다.
작용-반작용을 유효화하는 것은 **냉원자만을 가두는 카보나도**이다.

이때 핵력 글루볼의 터널링에 의해서,
파진공의 양자가 대칭적으로 '음수-인력의 힘을 먹는 끈'으로 상응(발현)하며 냉양자로 빨려 들어감으로써
파진공에서 음수(음압, 인력)이 증가하는 것을 '**부의 공력**'이라 하자.
**작용**(터널링한 핵력-인력)과 **반작용**(부의 공력-인력)은 **대칭적 균형이다. 같다!**
　　(부負의 공력空力; 파진공이 짙어진 음압으로 '비행체를 당기는 힘')


냉원자(핵력)는 공간양자를 당겨 질량으로 변환하고($E/c^2$➔ m, **작용**),
대칭의 원리로 공간양자(부의 공력)는 냉양자(비행체)를 당긴다(**반작용**).
　　　　　　　　　　　　-------- 정리 끝.

비행체와 공간양자 간에 맞섬이 없는 구체적인 원리는 후술하는 '<디랙의 바다와 대칭성 깨짐 – 초광속> (239쪽)', 그리고 '흡수-합성 선행의 원리 (252쪽)', '비행 시, 입자들과 충돌 극복의 문제 (296쪽)' 에서 상세 설명한다.

체득적으로 이해가 안 되는 독자가 있다면, 그냥 대충 넘어가자. **//**


아래 문장이 흡수엔진(UFO) 구동원리의 개요이다.


흡수엔진(UFO)이 초광속을 이루는 방법은

**흡수엔진 실린더의 냉'원자' 글루볼(타키온)이 터널링 하여**

**파진공의 공간양자를 포획-합성함으로써**

**핵 시스템이 균형-안정을 찾아갈 때 발생하는**

**인력의 작용반작용으로 비행하며,**

**초광속은 흡수엔진과 공간양자 간에 '맞섬 없이' 서로 당기는**

**'그 순간이 지속되는 동안뿐'이다!**


평소에, 이것이 $[E = mc^2]$에서 $c^2$을 특별한 의미 없는 상수처럼 쓰는 이유다. 글루볼($c^2$)이 터널링 하면, $c^2$이 초광속을 유발한다$[E/c^2 \rightarrow m]$. 182쪽 참조 이 원리가 진정한 **속도**와 **힘(에너지)**을 줄 것이다.

이해를 쉽게 하려면, 아래의 개념을 꼭 기억해 두자.   ☞ **중요!**


**힘의 작용 방향이 모두 인력(딩김)이란 뜻으로,**

    **핵력 = 속박력 = 음수 = 음값 = 음압 = 부의 공력**(負의 空力) **= 인력**

예시: 초광속 입자 타키온은 **음수**이다(타키온은 '끌어당기는 인력'의 입자다).


**핵력**(강력)은 핵 안으로 **내향**하는 **속박력**이므로 **인력**(딩기는 힘)이다.

수학적으로는 **음수(음값)**로 나타난다.

핵력(글루볼)이 핵 밖의 공간으로 터널링하면,

실린더에 **음압**이 발생하며, 실린더 밖의 공간양자를 **인력으로** 당겨 포획하므로

비행체의 전방(파진공)에도 **음압(부의 공력)**이 형성되며, 또한 파진공 안의

공간양자도 **인력(음수)**으로 냉원자(비행체)를 **'딩기며'** 빨려 간다.

즉, 핵(냉원자, 비행체)과 공간양자는 **서로 딩긴다**(음의 작용반작용).

[cf. **반대로**, 핵폭발은 핵의 속박력이 죽은 순간에 팽창하는 **양압의 힘**이다.
총포의 발포나 용수철, 축구공도 안에서 밖으로 밀어내는 **양압(양값)**이다.]


위의 개념을 확실하고 철저하게 기억하면, **문맥이 혼란스럽지 않아서**
이 책의 내용을 쉽게 이해할 수 있다(이 개념을 이해 못하면 끝이다).

## 2) 진진공(眞眞空; jinjingong, truth vacuum)

파진공이 끝나는 부분에서는 비행체와 '맞섬'을 유발하는 공간양자는 모두 흡수엔진의 냉양자에게 포획-흡수-합성되어 제거될 것이다. 29쪽의 【D.7-1】의 흑체 안에 비행체가 있는 자리에는 참되고 참된 진공(眞眞空; jinjingong, 공기뿐만 아니라 공간의 실체인 공간양자까지 제거된 참으로 텅 빈 공간)이 자리 잡을 것이다. 진진공은 빅뱅으로부터 인플레 되어 우리 우주가 탄생하기 이전의 텅 빈 상태, 시간이 없는 암흑, 빅뱅 이전(Before the Big Bang, B.B.B.)의 '없는' 곳이다. 즉, 빅뱅 이전에 한 점으로 뭉쳐 있는 곳의 '밖의 자리'를 말한다. 흡수엔진이 공간양자를 포획-제거함으로써 비행체 주변에 순간적으로 발생하는 29쪽 【D.7】과 【D.7-1】의 흑체를 **진진공(jinjingong)**이라 하자. 즉 **참된 진공**이다. **찢어진 공간**이다. 아래를 강조한다.

**파진공**; 냉원자에서 터널링한 글루볼에게 포획된 공간양자(타키온)가 **격렬한 진동으로 극히 불안정하게** 끌려오는 공간이다. 시공간의 실체인 공간양자가 끌려오는, 즉 '**공간이 찢어지며(破) 오는 진행형**'의 자리다.

**진진공**; 비행체(냉원자)가 공간양자를 포획-제거하며 **공간을 찢으며 가는** '**진행형이 완료된**' 찢어진 공간, 텅 빈 암흑 자리, 참眞된 진공眞空이다.

또 초광속 비행체가 지나가면 진진공은 수중의 진공처럼 곧 닫힌다. 29쪽 【D.7-1】처럼 진진공이 형성되면, (공간양자를 포획하여 속박하는) 핵력 $c^2$(초광속)의 터널링에 따라 **진진공이 비행체를 잠깐 동안 감싼다.**

이 원리를 이해하기 전에, 물리학도 출신이 "초광속으로 지구에 오는 UFO는 공간을 찢으며 비행해야 한다"는 말을 이해할 수 없었다.

진진공이 생성되는 이유는 흡수엔진(S.e)이 공간양자를 먹어 치워서 제거함으로써 매질(공간양자)이 없어진 결과이다. 따라서 매질이 없는 진진공에는 일체의 입자가 힘을 교환할 수 없으며, 매질이 없으므로 카메라도 비행체를 감지하는 건 불가하다. 카메라는 빛을 감지하지만 강력 $c^2$은 광속×광속이기 때문이다. 빛 등 <u>파동이 타고 갈 **매질이 없어**</u> 빛, 중력, 관성저항도 존재할 수 없는 곳이 진진공이다. 이를 가정한다.

UFO가 그렇게 빠른 속도로 비행하면서도 예각비행을 하는 것에서 관성력이 없음을 유추할 수 있고, 관성력이 없다는 것은 '힘 입자가 교환되지 않음(힉스장 등의 부재)'을 의미한다. 관성력 즉 끈적한 관성질량이 발생하지 않는 것이다. 빅뱅 직후 $10^{-11}$초 만에, $10^{15}$ °C에서 얼어붙은 **힉스장** 등이 흡수엔진 실린더 안으로 포획당해 냉원자에 합성돼 소멸되므로 관성질량(관성저항)도 사라진 자리가 진진공이다.

### 【힉스 장】 Higgs field    ☞ 346~349쪽을 참조할 것. 중요!

힉스장은 유일한 스칼라 장이다. 장(場, Field)이란, 역장(力場, force field)을 말한다. 예컨대, 중력장처럼 '<u>힘이 형성된 공간</u>'으로 이해하자. 우주의 자연에는 4가지 힘, 즉 강력 약력 중력 전자기력이 있는데 이들은 모두 방향성을 가진 벡터 역장(力場)이다. 벡터장은 '방향이 있는 힘'이다. 강력은 핵의 내부에서 물질(쿼크)을 속박하며 안으로 내향하는 힘을 가졌고, 약력은 핵의 근거리에서 외향(내향)하는 힘이다. 우리가 늘 겪고 있는 중력은 먼 상대를 끌어당기는 인력 방향의 벡터의 힘을 가졌고, 전자기력은 예컨대 전파가 진행하는 방향의 벡터 힘이다. 모두 방향성이 있는 힘이다.

빅뱅 직후 $10^{-11}$초 만에, $10^{15}$도에서 얼어붙은 힉스장은 숨겨진 장으로 <u>우주에 **가득 차**</u> 있어 방향성이 없다(∵ 전후좌우상하 모든 방향에서 작용).

[이 숨겨진 장의 극랭에 의해 게이지 대칭이 자발적으로 깨지면 무질량의 골드스톤 보손이 유有질량의 힉스 입자로 나타난다. 혼란스러우므로 이하 서술에서 골드스톤 보손과 힉스 보손을 통칭해 '힉스 보손(입자)'로 쓴다. 이 두 개념에는 '냉각효과에 의해 대칭성 깨짐의 과정'이 있음을 알자.]

우리가 물속으로 들어가 부성중력(浮性重力) 상태에 놓이면 중력을 느낄 수 없듯이 스칼라장의 힘을 전혀 느낄 수 없다. 스칼라장인 힉스장이 **우주에 가득 차 있으므로 인해** 전후좌우상하 모든 방향에서 같은 크기의 힘으로 작용하고(당기고) 있기 때문이다. 스칼라장이 모든 방향에서 당기며 작용하므로 힘이 상쇄돼 힉스장을 느낄 수 없다. 그런데 우리가 움직이면, 상쇄-균형된 힘이 깨져 비로소 스칼라장인 힉스장 의 끈적한 힘을 느낀다. 망치질할 때나 차를 가속할 때 등등 **'가속하는' 순간마다** 이 힘을 느낀다. 운전석에 앉아 차를 가속하면 몸이 뒤로 젖혀지며 끈적하게 느끼는 힘으로 관성저항(관성질량)이다. 우리가 일상에서 무관심해서 그렇지 중력만큼이나 흔히 느끼는 힘이다. 학자들은 힉스장이 물체와 상호작용한 결과로 (**'결합 강도 g'에 의해서**) 끈적하게 저항하는 힘을 '관성질량'이라고 한다. 물질입자는 힉스 보손을 서로 교환하므로 가속 시 질량의 크기에 따라 마치 꿀물에서 이동하듯 끈적한 저항(질량)을 느낀다(**관성저항, 관성질량**).

그러나 힉스장의 힘은 아직 이론적으로 정립되지 않았다. 2012년에서야 힉스 입자가 확인되었고, 만물에 질량을 부여하며, 힉스메커니즘과도 연결되어 있어 복잡하다. 힉스장 완성과 정립을 이루기 위해서 연구가 진행 중인 것으로 안다. 더욱 완성을 이루면 제5의 힘인 힉스장이 등장할 것이다.


필자는 이 힘들을 흡수엔진과 관련시켜 서술하면서 '힉스 입자와 힉스장 그리고 관성질량'을 적극적으로 수용하여 서술했다. 흡수엔진의 원리상으로 볼 때 이들을 적극 수용해 서술해야만 비로소 본 논문이 타당성을 갖기 때문이다. 강력 'c$^2$의 **속도**와 **힘**'을 동원해(즉 터널링한 강력파를 동원해), 나머지 모든 입자와 힘들(중력, 약력, 전자기력, 힉스장의 힘)을 **제압**하여 흡수-합성해야만 비로소 본 논문이 타당성을 갖기 때문이다. 그리하면 진진공 안에서는 **관성질량(관성저항)도 소멸되기 때문**이다. 관성저항이 없으면 관성력이 없으므로 예각비행 순간정지 등이 가능하다. 이를 가정한다.

본고에서 공간양자(끈)라 함은 힉스장을 이루는 입자는 물론이고, 파인만의 경로 합에서 '맞섬'으로 등장하는 '음의 에너지 전자' 등 모든 입자를 포괄한다. 본고에서 이루고자 하는 바는 특정 입자를 서술하는데 목적이 있는 것이 아니라, 흡수엔진으로 모든 공간양자들을 포획-제거함으로써 진진공 안에 들어서서 비행하는 것에 목적이 있다. 그러므로 힉스장 등등 **모든 공간양자를 흡수엔진의 '상대적 에너지원'으로 가정한다.**

이 같은 이유로 UFO는 순간정지(비행하다가 갑자기 못 박힌 듯 정지) 비행이 가능한 것이다. 이런 현상은 진진공의 속성을 대변하고 있다. 힉스 장 등등 양자의 전무함으로 인해 끈적한 관성저항이 작동할 수 없는 자리다. 이게 관성질량이 사라진 이유다. 따라서 진진공 안에서는 **'가속 시'** 당밀에서처럼 **끈적한 질량감을 느낄 수 없다.**

비행체 자체의 질량이 사라진다는 게 아니라, 비행체와 공간양자가 서로 **'맞서고 얽히며 상호작용하는'** 힉스장 등이 **사라졌다**는 의미다. 그 결과 우리가 자동차나 물체를 가속하거나 정지할 때마다 느끼는 끈적한 관성질량(관성저항)만이 사라진다는 의미다. 혼동하지 말자.

이는 **힉스입자 등 공간양자의 부재에서 기인한다**고 일단 이해하자. 힉스 보손의 '보손'은 매개입자(힘 입자)의 뜻이다(74쪽).

진진공이란, 힉스장 등 공간양자를 제거함으로써 상대론적 시공간에서 나타나는 여러 현상(수축, 팽창, 왜곡)이 모두 사라지는 자리, 즉 시공간 자체가 사라져 버린, 힉스의 바다에 진정한 구멍이 난 자리다. 즉 **시공간의 실체인 공간양자**가 제거됨으로써 공간이 사라지고, 공간이 사라지면 <u>공간과 공존-통합관계인 시간(특수상대성이론)</u>도 사라진다.

우리우주가 현재 있는 자리는 <u>팽창되기 이전에는 원래 동일한 자리고, 원래 암흑이었다</u>는 걸 상상하자. 진진공의 자리는 '**있다, 간다, 온다, 정지, 상대, 관성 등**' 우리 우주의 개념이 없는 자리다. 이를 가정한다.

강조 반복하여, 이러한 진진공의 특성으로 인해 비행체의 속도가 증가해도 진행하는 비행체의 관성질량이 증가하지 않는다. 왜냐하면 비행체와 <u>맞서는 대립(對立) 관계인 공간양자가 제거됨으로써</u>, 비행체와 공간양자 간에 파동 얽힘으로 발생하는 서로의 상호작용이 없으므로 '**맞섬**'이 **없기 때문에**, 즉 비행에 방해가 되는 힉스장 등 공간양자를 흡수-합성하여 **역이용한 결과로** 힉스장 등이 모두 제거됨으로써 끈적-묵직한 관성저항이 '0'이므로 비행체의 질량이 증가될 이유가 없다.

식 $[E = mc^2] \rightarrow [E/c^2 \rightarrow m]$을 단순한 말로 직역해 풀어쓰면, '**광속×광속의 속도로 에너지를 흡수-합성해 질량으로 변환시킨다**'이다.

가동 중인 흡수엔진에서 핵 시스템의 대칭을 복구할 물질입자 파편을 가져올 곳이 흡수엔진 실린더 밖이 유일하고, **글루볼이 터널링함으로써** 물질입자(페르미온) 등 공간양자를 포획하여 핵 안에 합성시킨다면, 식 $[E = mc^2] \rightarrow [E/c^2 \rightarrow m]$은 당연히 성립한다. 즉 실린더 내부의 냉원자가 공간양자를 포획하여 핵(**조화**진동자)의 조화 상태를 이룬다.

글루볼이 핵력을 뚫어 터널링하다니 황당할 것이다. 필자도 그렇다. 그러나 여러 정황, UFO의 현상적 증거들, 수학적 증명, 과학적 논리의 귀착이 이를 강요한다. 이 책을 모두 이해하면 알게 될 것이다.

글루볼의 터널링! 분수 전하인 쿼크 간에서만 힘을 교환해주며, 그 결과 쿼크를 강력히 엮어서 속박시키는 **글루온과 달리, 글루볼은 핵 시스템을 구성하는 오리지널 입자가 아니다**(188~189쪽 참조). 따라서 글루볼을 터널링시키기 위해 핵융합 정도의 에너지 인풋이 필요하지 않다. **실험으로는 보스노바가 있으며, 수학적 증명도 이미 이루었다.**

[핵은 188쪽 그림처럼 '일원화된 특수군群 SU(3)라서' 하나의 그룹으로 꽉 짜인 핵력이다. **반면, 글루볼은 강력의 핵 시스템을 구성하는 '오리지널 입자가 아니다'.** 즉 **'중간자와의 결합이 약한 상태'의 글루볼이 분명하므로** 글루볼은 자기장의 격렬한 진동[**냉에너지**, $E = hf$]만 전이 받아도 터널링할 힘을 얻을 것이다. 글루볼은 불안정한 임시적 결합물이기 때문이다.]

자기장이 쿼크를 진동시키면, 쿼크가 **글루온만을** 양산하고, 양산된 글루온은 짝지을 물질(쿼크)이 없으므로 글루온끼리 결합한 게 글루볼이다. 글루볼은 중간자와 결합해 임시적 가상적인 물질입자 형태로 존재할 것으로 예측되고 있다.

**글루볼의 본질은 매개입자이므로** 터널링 시 매개입자의 역할을 해 물질 파편(공간양자)을 포획-속박할 것이다. 그러나 자기장이 끊기고 냉원자의 온도가 상승하면, 대부분의 글루볼은 소멸할 것이다. 따라서 글루볼과 중간자의 **결합 강도(에너지 장벽)가 낮을 수밖에 없다.**

그러므로 자기장의 격렬한 진동으로 플랑크상수[E = $hf$]를 키워주면, '핵 시스템을 구성하며' SU(3)로 일원화된(한 덩어리처럼 된) 핵의 오리지널 입자들이 떨어져 터널링하는 것은 불가능하다. 그러나 글루볼은 결합력이 낮으며, 임시적 가상적 입자라서 쉽게 터널링할 수밖에 없다. 핵 시스템의 깨진 교환대칭(조화-균형-안정)을 온전히 복구하기 위하여!


현대 과학에서, "글루온이 분수 전하인 쿼크 간에서만 색을 교환해 쿼크를 속박한다"는 말은, ☞ 합당한 조건을 걸어주면 글루볼이 터널링하여 공간양자를 포획해 합성할 수도 있다는 힌트와 확신을 준다. 핵은 소푸스 리의 군론(群論)에 의존하되 고착적이지 않고 가변적이다. 태양, 별, 핵폭탄 등등에서 핵은 융합 분열하는 가변적 존재 아닌가? 충돌실험에서, 쿼크도 순간에 핵을 탈옥하지만 곧 포획당하지 않는가? 현상을 분석해 물리학을 발전시키자. 하이젠베르크는 '양자는 가능성의 세계다'라고 했다. 힘의 균형을 말랑말랑한 상상력으로 통찰하자.

그런즉 핵 SU(3) 8중항은 분수전하(쿼크의 분수전하 2/3 -1/3, 또한 끈이론에서 생소하게 등장하는 양자의 전하량 1/11, 1/13, 1/53 등등)을 합성하고 재구성해 속박하는 특별한 속성이 잠재돼 있음을 확신한다.

글루볼의 터널링(강력-속박력의 계 界를 꿰뚫음);
내향하는 속박의 힘인 강력이
공간양자를 포획-합성하기 위해 강력을 핵 밖으로 전환(터널링)하는 것.

양자로 가득 찬 **우주 공간**과 양자가 제거된 **진진공**을 비유해 보자.

☞ 이는 일반인들을 위한 쉬운 비유 설명이다.

먼저, **우주 공간**을 살펴보자. 비행체 전방에 극미한 종이(공간양자를 비유) 한 장이 세워져 있으면 비행사는 그 저항을 감지하지 못한다. 그러나 수억 장의 종이가 일정 간격으로 죽-욱 늘어서 있으면 얘기가 달라진다. 비행사는 종이의 저항을 강하게 느낄 것이고, 이를 극복하기 위해서 더욱 가속할 것이다. 그 결과 비행체는 더욱 강한 저항을 받을 것이고, 에너지가 축적되므로 인해 비행체의 질량이 늘어나므로 결국 '**맞섬**'의 과정이 누적적으로 반복되면 가속이 한계에 이른다.

그러나 비행체 전방의 종이(공간양자)를 제거한다면 그만큼 가속이 용이할 것이다. 공간양자를 흡수-합성해 제거한다는 것은 시간과 공간, 즉 <u>시·공간 자체가 동시에 소멸된다</u>(**진진공**)는 것에 비유할 수 있다. 공간양자가 비행체에 맞서 초광속이 불가능하게 한다는 '그 시공간'을 삼켜 제거하는 효과로 비행하기 때문이다(**공간양자는 시공간의 실체다**. 원자가 깨지고 또 깨져 무엇으로도 감지하기 곤란한 것이 공간양자이다. 일본의 카미오칸데(지하 700m)에서 양자 중 하나인 중성미자를 검측했다).

직설적으로 말해, 가속하는 비행체와 공간양자가 '<u>맞서므로</u>' 인해 증가하는 공간양자 진동에너지는 종이처럼 더욱 증가하는 저항체다. 따라서 공간양자(비유; 종이)를 모두 '**삼켜**' 제거한다면, 공간양자의 하나인 힉스장도 제거될 것이므로 비행체 관성질량이 '0'으로 된다. 비행체 자체의 질량이 '0'이 되는 것이 아니라, 공간양자와의 '맞섬'이 전무한 **진진공 안에서는 비행체의 '관성'질량**(관성저항)**이 사라진다**. 비행체와 공간양자 간의 '<u>**상대**</u>(相對)**적인**' 대립(對立) 관계가 소멸된다!

이를 단순 비유로 살피자. 가상의 비행체가 비행할 때, 전방에서 저항하는 물질의 밀도(**밀도** = **질량/부피**)가 낮을수록 저항이 낮다. 비유 설명; 가상의 비행체가 비행할 때, 비행체가 '수중 → 대기권 → 우주 진공 → 진진공(맞서 얽힘 0, 관성저항 0, 관성질량 0, 비행체의 질량증가 0)'의 순서로 비행할수록 저항이 낮아진다고 이해하자.

이는 근본적으로 핵 시스템의 글루볼이 터널링해 공간양자에 $c^2$의 엄청난 강력을 매개함으로써 공간양자를 포획-흡수-합성하기 때문에 **자잘한 양자장은 속칭 '쪽도 못 쓰고' 강력에게 제압-속박당하는 이치다.**

진진공의 비행체는 '관성질량이 0'이므로 비행체 질량증가는 없고, **흡수엔진에서 활용되는 (터널링한) 강력장의 크기와 속도만 중요하다.** 그러면 비행체는 작용반작용으로 진진공(찢어진 공간)을 따라 비행한다.

많은 목격자의 진술을 보면 'ufo의 예각비행, 순간정지, 깃털처럼 가볍게, 번개처럼 빠른 비행' 등이 있다. 이는 예상되는 진진공의 속성과 완벽히 일치한다. 파진공 안에 있는 '힉스장 등 자잘한 양자 파편'은 강력히 흡수-합성하는 강력장의 힘에 포획되고 **제압**당해 모든 양자장이 힘을 쓸 수 없다. 이를 비유하면, 씨름 선수가 힘을 제압당해 '<u>넘어지는 순간에는</u>' 힘을 전혀 못 쓰는 이치다. 이는 강력장에 의해 양자장이 이미 제압-흡수당하고 있기 때문이다. 즉, 진진공을 꼭 형성시키지 않더라도 <u>터널링한 강력 글루볼의 파동이 전개되기만 하면 예각비행, 순간정지, 순간소멸</u>(순간적인 급가속하므로 우리가 볼 수 없어서 소멸처럼 보일 뿐임) **등이 가능하다.** 힉스장 등 공간의 양자는 진공, 대기권, 수중에도 상존하므로 로켓이 그렇게 순간 가속하면, 조종사와 비행체는 즉시 죽고 부서진다.

UFO 사진/ 문화일보 김선규 기자

UFO가 만든 진진공(찢어진 공간)을
카메라로 촬영하면 어떻게 현상될까?

바로 위 사진이다. **파란색** 가을 하늘에, 진진공이 **검게 형성된 현상**을
우연히 기적적으로 촬영한 UFO 사진이다. 이를 살펴보자.

   ☞ 29쪽, 그림 D.7의 실물 사진이다.

   ☞ 위 사진에서, UFO 후미에 **검게 현상된 부분이 진진공이다**.

   ☞ [네이버 또는 다음 검색어; 문화일보 김선규 기자, UFO]

   (김선규 기자 UFO 사이트: http://blog.naver.com/wiki_shin/100202435878) [3]

## <진진공의 실증적 현상>

김선규 기자가 1995년 9월 4일 오후 2시 40분, 양평의 가을 정취를 촬영했다. 자동으로 연속 촬영한 사진 중, 가운데의 사진에 이 UFO가 잡혔다.

다음의 내용은 위 사이트에서 가져온 인용문이다.

"다음 분석은 (맹성렬 교수가 직접 가지고 가서) 영국 국방부 UFO 조사팀, 특수영상 연구기관, 코닥필름 본사 사진효과 팀, 프랑스 국립 항공우주국 등의 저명한 기관에서 분석해 내린 결론이다. 그 분석 결과는 다음과 같다.

① 조작이나 허상이 아닌 것으로 판명됨
   적어도 1/4초 동안 하늘에 떠 있어서 촬영이 가능했음
② UFO의 추정 속도, 크기, 고도
   속도: 마하 12.5(초속 108Km), 크기: 약 450m, 고도: 약 16,000피트
③ 사진 확대를 통해 UFO 중앙 부분에 둥그런 현창(유리창)을 발견함
④ UFO의 뒤쪽 **검은 부분: 희박한 공기와 빠른 속도에 의한 것이다.**"

(인용문 끝)

<필자의 해석>  ☞ 29쪽 【D.7】 [진진공의 현상]의 실물 사진이다.

필자는 수많은 날, 또 어느 날 종일 생각하고 상상하다 잠들기 직전 비몽사몽간에, 의식과 **무의식**이 혼재한 상태에서 진진공이 떠올랐다. 즉시 일어나 이를 메모했고, 며칠 후 진진공을 정의하고 도면화했다.

얼마 후, 우연히 이 사진을 보고 깜짝 놀라 눈이 왕방울처럼 커졌다. 예전에는 아무 의미 없이 보았기 때문에 그 중요성을 미처 깨닫지 못했다. **상상력**과 **무의식**이 <u>현세(초광속 불가)</u>와 초광속의 연결선이었다.


  초속 108Km와 같이 일정한 범위의 속도를 벗어난 물체를 인간의 눈으로는 감지가 불가하더라도 카메라는 이를 감지할 수 있다.

UFO의 뒤쪽 '검은 부분'은 희박한 공기와 빠른 속도 때문만 아니라, **공간양자(매질)의 부재로 인해 '순간적으로' 빛도 통과하지 못하므로 가을 하늘의 파란 뒷배경이 단절될 것이므로** 진진공은 사진에서처럼 검게 나타난 것이다. 즉 진진공이 검은 것은 **희박한 공기뿐만 아니라**, **공간양자(매질)의 부재 때문**이다. 이것은 물리학적으로 중요한 의미를 갖는다. 인류의 현재 능력으로는 이 진진공 현상을 시현할 수 없다. 아직 공간양자를 포획-**제거**할 기술이 없기 때문이다. 곧 실현될 것이다.

(빛-전자기파는 파동으로 진행하는데, 파동은 **매질이 없으면 진행 불가**하다. 그런즉 매질인 공간양자가 **제거**된 진진공에선 빛의 진행이 끊겨 검다. 예; 돌을 물에 던지면, 충격 '파'는 물이라는 매질을 통해 파동으로 진행함)


  우리는 이 사진에서 진진공을 처음 보는 것이다. 예전에는 무의미하게 보았지만, 이제 태초 이전의 자리인 진진공임을 인지하고 본다! 이는 빅뱅 이전의 자리를 본 셈이고, 우리우주의 밖을 보는 것이다. 29쪽 참조, 【D.7】 [진진공의 현상 現像], 【D.7-1】 [진진공의 상상도].

만약 진진공 때문에 나타난 현상이 아니라, 공기가 희박해 발생한 현상이라고 생각이 든다면 다음을 고려하여 보자.

공기가 희박하다고 하여 빛이 공간을 투과하지 못할까?
공기가 희박하다고 하여 밤하늘의 천체가 안 보일까?
사진(고도 약 5,000m)에서처럼, UFO 후미에 겨우 450m쯤의 입체 공간에 공기가 희박하다고 하여, 뒷배경 100Km(유의미한 카르만 선)까지 펼쳐진 대기권의 파란 산란색이 단절돼 겁게 보일까? 논리에 안 맞다.

예컨대, 달과 지구는 멀리 떨어져 있다. 그렇게 머나먼 사이에 공기가 없어도 달에서 지구를 보면 파랗게 잘 보인다. 그렇게 넓디넓은 공간에 공기가 없어도 지구 대기권에서 산란된 파란색은 반사되어 우주 공간의 진공을 통과해 달과 별로 간다.
따라서 김선규 기자의 UFO 후미에 나타난 검은 현상은 희박한 공기 때문이기도 하지만, UFO가 (빛 파동의 진행을 매개해주는 매질인) 공간양자**마저** 먹어 치우며 비행한 결과로 (**건너편 멀리서 파랗게 산란된 빛의 진행이 끊김으로써**) 진진공이 겁게 현상되었다. 즉 현상된 흑체는 희박한 공기(매질)뿐만 아니라, 공간양자(**매질**)**까지도** 제거됐기 때문이다.

공기나 물이 소리를 매개함으로써 우리가 그 소리를 들을 수 있듯이, 마이컬슨-몰리 실험은 우주에도 **천상의 매질**(에테르)이 있을 것을 전제하여 행한 실험이다. 천상에 매질이 있어야만 비로소 빛이 이 매질을 타고 이동할 것이라고 예견한 실험이었다.
실험의 목적을 간단하게 비유 설명함; 배가 진행할 때, 배와 뱃머리의 물결 파동의 거리는 배의 옆으로 퍼져나가는 파동의 거리보다 짧을 것이다(배가 전방으로 진행하며 물결 파동과의 거리를 좁혔을 것이므로).

마이컬슨-몰리 실험 결과는 거리에 따른 두 광자가 진행하는 것에서 오차 시간이 없었다. 다시 말해, '에테르(매질)은 없다'고 판명이 났다. 일명 '위대한 실패'라며 노벨상도 받았었다. 그렇지만 마이컬슨-몰리 실험은 약 130년 전 1880년대에 있었는데, 지금도 찬반이 엇갈린다.

마이컬슨-몰리 실험에 의해 <u>에테르</u>(아리스토텔레스가 천상의 존재를 말함. 천상을 가득 채운 매질-실체를 지칭한 명칭)의 존재가 부정되었다고 하지만 이것은 어디까지나 양자의 세계이다. 양자적 특성에 의해 에테르 존재 여부의 실험에서 오류가 발생할 수도 있다. 마이컬슨-몰리 실험은 에테르(매질)의 부존재를 의미하는데, 위 김선규 기자의 사진에 의하면 매질은 분명히 존재한다. 마이컬슨-몰리 실험은 양자적 특성에 의해 그 실험 목적이 무력화됐을 가능성이 높다. 마이컬슨-몰리 실험은 양자역학의 난해성을 상징하는 에피소드로 영원히 남을 것이다. 즉 필자는 에테르가 있다는 쪽이다. 에테르는 결국 수많은 종류의 공간 양자-거품일 것이다. **오늘날 학자들은 우주공간에 양자거품이 가득하다는 것을 당연시한다.** 이를 **디랙의 바다**라 한다. 마이컬슨-몰리 실험을 지나치고 싶지만, 본고를 서술하기 위해서 어쩔 수 없이 언급해야 한다.

아인슈타인은 일반상대성 이론의 시공간에서 운동의 기준점이 단지 '시공간 그 자체에' 있다고 했다. 시공간 왜곡의 원인이 질량이나 가속이라고 하더라도, 상대적으로 왜곡을 당하는 그 주체들(공간양자-측지텐서)은 **'시공간 그 자체에 있다'**는 말이 틀리지 않다(이는 장場방정식에 내포된 함의에서 깨달았을 것이다. 일반상대성이론에서 '시공간 자체'가 만물의 운동 기준이 된다. 후술함). 왜일까? **공간양자는 시공간의 실체**로 개개의 끈(양자)으로 존재하기 때문이다. 이를 '디랙의 바다'라 한다.

공간양자는 원자가 붕괴된 자잘한 파편으로 존재하며, 공간양자들은 **에너지를 쉼 없이 주고받은 결과로 불확정한 진동으로 들끓으며 위축, 팽창, 왜곡되는 상태로서 비로소 시공간의 개념이 탄생**하기 때문이다.

양자역학의 **불확정성**, 요동-난동은 일반상대성이론과 도저히 조화를 이룰 수 없는 학문적인 논리이기 때문에 보어 등 급진 양자학자들과 대립했던 거시파(EPR - 아인슈타인, 포돌스키, 로젠)의 아인슈타인은 본의 아니게 양자역학 원리를 수용한 셈이다(**불확정성, 요동, 위축, 왜곡은 '시공간 그 자체'에 있으므로**). 같은 걸 두고 다툰 셈이고, 거시파보다 미시(양자)파가 진일보한 뜻이다. 아인슈타인은 끝까지 양자의 불확정성을 부인하며 '신은 <u>주사위 놀이</u>(불확정, 확률)를 하지 않는다'고 했다.

빛의 특성을 살펴보자. 관찰자인 내가 30만 Km/초의 속도로 빛을 쫓아가도 <u>원래 30만 Km/초</u>였던 빛은 <u>나보다 여전히 30만 Km/초</u> 더 빠르게 도망가고 있다. 즉 **광속은 유한하며, 절대적**이다(다시 말해, 광속은 무한하지도 않고, 상대적이지도 않다)! 뭐 이런 게 있을까?

양자는 '측정'되기 전에는 확률, 혼재, 가능성으로 존재한다. 예컨대, 딸 입자 두 개는 측정을 당할 때 (시간 경과 없이) 즉시 입자의 속성이 확정되는 '원격작용'이다. 이는 **양자 얽힘**에 의한 것이다. 이는 벨의 정리에 따른 실험을 통해 검증된 사실로 파동함수의 '붕괴(물리적 확정)'는 측정할 때 확정된다. 직관적으로 생각할 때 이는 분명 터무니없게 들릴 것이다. 그래서 아인슈타인은 이 불확정성을 유령 spooky이라고 평가절하하며, 확정성(국소성)에 위배된다고 하며 이를 배제하였다. 우리가 아직도 모르는 '숨은 변수'가 있다는 것이다. 물론 현재 다수의견은 불확정성에 있다.

에테르의 존재 여부에 대한 필자의 의견은 '일상의 상식으로는 도저히 이해가 안 되는 양자적 특성에 의해 마이컬슨-몰리 실험 목적이 무력화되었을 것이다'이다. **적어도 양자적 의구심은 남아야 한다.** 즉, 경험이나 직관으로 양자를 판단하려는 것에 우선 물음표를 던지자.

"시간의 절대성과 마이컬슨-몰리의 실험은 **광속이 무한대일 때에만** 완벽하게 화해한다!"[74]
그러나 광속은 <u>약 30만 Km/초로</u> **유한**하며, **절대적 불변**이지 않은가?

에테르는 같은 밀도에서 빛의 흐름에 영향을 주지 않는다. 그러나 에테르(에테르 = 매질 = <u>공간양자</u>)는 중력장 등의 역장에는 반응한다. 큰 역장을 만날수록 에테르(공간양자)는 더욱더 힘을 먹어 에너지가 커짐으로써 불확정성이라는 명찰을 달고 더욱 진동하고 더 **위축**되므로 양자 하나가 점유하는 공간이 좁아져 **단위 부피당 밀도는 높아진다.**

빛이 물로 입사할 때, 빛은 공기보다 밀도가 더 높은 매질인 물에서 꺾인다. 천체에 근접한 공간양자가 중력장을 크게 먹어 더 진동하고 **더 위축되어 밀도가 높아지므로** (중)력장이 더 강한 쪽으로 빛이 휜다. 빛은 질량이 없어 중력장과 직접 상호작용하지 않고 직진한다. 빛은 **'매질의 밀도'를 따라**, 제 길을 갈 뿐이다. 이게 태양 등 큰 천체 주변에서 빛이 휘어 진행하는 이유다. 중력장에서는 시공간이 왜곡된다. 천상의 매질인 에테르는 곧 자잘한 공간양자들의 분산된 집합이다.

**광속불변(광속은 <u>유한하며 절대적</u>)**이라는 자연의 대칭으로 이해하자. [☞ 맥스웰의 '전기동역학 이론의 방정식'에 깊이 숨은 자연의 대칭을 아인슈타인이 '그저' 간파하여 특수상대성이론을 개발했다. T.힐]

위 '매질의 밀도'와 관련된 서술은 아래 인용문으로 대체 증명한다. "고리(끈, 공간양자) 운동량이 점점 커질수록(필자: 큰 역장을 만날수록) 파장과 진동의 크기와 운동량 간의 **양자 반비례 관계**에 따라 고리는 점점 더 작은 시공간을 차지한다"고 했으며(양자 위축), [50] 한편, 하위헌스는 "공간에서 조밀한 매질로 진입하는 **파동**은 자연스럽게 꺾인다(굴절한다)는 것을 증명했다." [62] 물에 입사한 빛은 꺾인다.

암흑물질의 존재가 밝혀진 것은 츠비키, 루빈과 포드의 <u>안티-케플러리안</u>(은하가 케플러 제2법칙 면적-속도 일정의 법칙으로 운행되고 있지 않다는 관측 결과)에서 발단이 되었다. 암흑물질에 의해서 은하의 가장자리에 있는 천체들이 예상보다 더 빨리 공전하는 것으로 밝혀졌다. 이게 의미하는 것은 암흑물질이 힘을 행사해 공간이 왜곡되어 있다는 뜻이다. 공간에 무언가가 있다는 뜻이다. 따라서 마이컬슨-몰리 실험 하나의 결과를 가지고 에테르가 없다고 단정하는 것은 너무나도 성급하다. 양자는 상식을 초월한다! 우리 인류가 에테르(매질) 존재 여부를 실험할 수 있는 방법은 흡수엔진을 직접 만들어 비행체 전방에 있는 파진공의 공간양자들을 포획-흡수-합성하며 날아 보는 것이며, 이는 많은 것을 시사하고 물리학을 더 멀리 가게 할 도구가 될 것이다. /

<u>김선규 기자 사진</u>에서, 450m의 비행체가 초음속을 이루면 소닉붐 파동으로 집의 유리창이 깨지고 벽에 금이 가고 넘어지기도 할 텐데, 소닉붐 현상이 전혀 없으므로 기자의 사진이 UFO라는 것에 의문을 제기하기도 한다. 그렇지만 흡수엔진은 **양자의 파동을 흡수-합성**하는 원리다(양자는 입자이자 '파동'임). 그러므로 UFO의 엔진으로 추정되는 흡수엔진에서는 **소닉붐과 같은 충격파 자체가 애당초 발생할 수 없다**.

[그림처럼, 소닉붐은  비행체 전방 압박파동(음속)이 분산되지 못하고 **겹칠 때 발생**한다. 그러나 흡수엔진에서는 비행체 전방에서 '**압박 파동**'을 일으킬 공간양자를 오히려 끌어당겨서 **인력으로 포획-합성해 흡수엔진의** '**상대적 에너지원으로 역이용하므로**' 소닉붐과 분사 굉음이 있을 수 없다. 이 원리를 모르니 억측과 논쟁이 난무하다. (그림; 네이버 위키백과, 소닉붐)

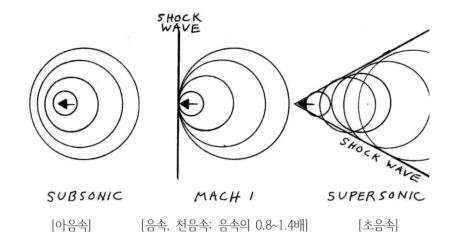

SHOCK WAVE

SUBSONIC       MACH 1       SUPERSONIC

[아음속]     [음속, 천음속; 음속의 0.8~1.4배]     [초음속]

대기권에서 흡수엔진으로 비행해야만 파란 바탕에 검은 진진공이 형성돼 **빛의 단절을 구별할 수 있다.** 김 기자 손은 신의 손가락이다. 눈이나 카메라, 레이더는 전자기파-빛을 감응해 상을 잡는데, 진진공은 초광속 $c^2$으로 형성되므로 결코 진진공의 상을 잡을 수 없다. 또 비행체가 느리면 진진공이 형성되기도 전에 공간양자가 진진공을 메꾸므로 진진공이 형성되지 못했을 것이다. 그야말로 적당한 UFO의 크기와 속도에 찰나적 순간에 잡았다. 특히 자동 연속촬영한 사진 중 가운데의 사진에 찍혔다. 이 사진이 진진공을 촬영한 유일한 사진이다. 유레카! 알겠어, 바로 이거야!     - 김선규 기자 UFO 사진 해설 끝.

## <선구상 先構想, 후인식 後認識의 중요성>

공간양자가 제거된 자리는 검게 보일 것이라고 먼저 상상하여 29쪽의 【D.7】, 【D.7-1】의 도면을 그렸다. 그런데 **나중에** 이 흑체 현상(진진공)을 우연히 김선규 기자 사진에서 보고 깜짝 놀라 눈이 왕방울처럼 커졌다.

이와 같이 먼저 흡수엔진을 상상하여 엔진을 구체적으로 **선구상하고 나서**, 나중에서야 UFO에서 나타난 현상의 발생 원인이 흡수엔진의 원리에 의한 것을 후인식하는 경우는, UFO에서 나타난 현상을 억지로 엔진 원리에 꿰맞춘 것이 아니므로 그 신뢰도와 확실성이 그만큼 높다(사전 事前 설명인 셈이다).

이는 '상상한 것을 과학적 원리에 따라 논리를 세우고, **그 논리를 드러나는 현상에 의해 증명하는 것과 같은 것**'이다. 엄청난 돈을 투자하여 실험한 것과 같은 것이다. 이렇듯 흡수엔진을 선구상(先構想)하고 나서, UFO에서 나타난 현상의 원인을 후인식(後認識)하는 경우는 진진공 외에도 여러 가지가 있다.

흡수엔진의 원리를 선구상 후, UFO에서 발생하는 연무와 해파리형 사진, 바퀴 속의 바퀴, 진진공, 힉스 메커니즘(질량생산)을 모델로 한 강력의 질량생산[$E/c^2$ ➔ m], 262~265쪽의 【Photo 1, 2】 & 【Picture UFO】, 강력의 점근적 자유 등은 (선구상해 둔) 엔진 원리를 대비하여 후인식하면서 그때마다 충격으로 밤을 지샌 경우다(연구 진행에 따라 시간 경과적 순서로 서술했음).

반대로, 예각비행 순간정지 등의 현상을 선인식하고 나서, 흡수엔진 원리를 대입해 후이해(後理解)하는 경우다(사후 事後 설명인 셈이다. 즉 어떤 사실을 이미 알고 있지만, 그 현상의 '원인을 나중에서야 이해하고' 설명하는 것이다).

암흑에너지 등 공간양자가 팽창하는 만큼 우주도 팽창할 것이다. 따라서 우주에는 공간양자라는 매질이 가득 차 있어 어디에서나 빛이 단절되지 않는다. 우주에는 공간양자라는 **'매질'이 가득함으로 인하여** 빛의 파동은 연속성을 잃지 않을 것이다.

우주공간은 빠른 공간양자가 가득 찬 바다에 비유할 수 있고, 수압은 상존하므로 수중에서 발생한 진공에 대한 자리 메꿈은 극히 신속하게 이루어질 것이다. 따라서 김선규 기자의 사진과 29쪽의 그림 【D.7】과 【D.7-1】의 진진공은 지극히 신속하게 곧 닫힐 것이다.

모든 힘(강력, 약력, 중력, 전자기력)은 **힘입자**(매개입자)를 교환하며 발생하는데, **힘의 단절을 이루기 위한 유일한 방법은** 매질(공간양자)을 제거하여 힘입자(74쪽)를 교환할 수 없는 **진진공을 만드는 것뿐이다.**

$[E = mc^2]$에서 → $[E/c^2 = m]$ → $[E/c^2 ➜ m]$이라는 질량 에너지 등가(보존)의 원리는 흡수엔진의 구동원리로 쓰일 뿐이고(필요조건), 흡수엔진의 진정한 **초광속 원리는 '진진공 형성'에 있다(충분조건).** (초광속의 조건 : 진진공, 대칭성 깨짐과 $c^2$의 터널링. 후술한다.)

CERN(유럽원자핵공동연구소)에서, 진공인 입자가속기로 양성자를 가속하면 양성자의 질량이 증가하는데, 이는 우주에 에너지가 가득 차 있다는 증거다. 인류는 현재 어찌해도 '진진공'을 구현할 수 없다는 증거다. 흡수엔진만이 진진공(찢어진 공간)을 형성시킬 수 있다.

## 3) 윤팔-홀(Yunpal-hole)

29쪽 【D.7-1】의 파진공과 진진공을 통칭해 '**윤팔-홀**'이라 명명한다.
윤팔-홀 = 파진공 + 진진공 (Yunpal-hole = pajingong + jinjingong)

일상적인 우주공간과 달리, 공간양자들의 일상적인 균형이 갑자기
깨져(破, 깨뜨릴 파) 오며 공간양자들이 (냉양자를 향해) 끌려오는 중인
진행형의 **파진공**과 파진공의 공간양자가 흡수엔진 실린더의 냉양자에
포획-합성되어 빨려 들어가 시간과 **공간**의 소멸이 **완료된 진진공**을
이루는 두 영역을 합해(통칭하여) 윤팔홀이라 지칭하자(206쪽 참조).

[시간과 공간의 소멸 원리; 시간과 공간은 별개의 것이 아니라, 공존하는
통합 관계다. 따라서 공간의 실체인 공간양자를 포획-합성하여 제거하면
공간과 함께 시간도 소멸한다. ☞ 특수상대성이론, 240~242쪽 참조].


## 4) 코코스(cocos)

    a. 비행체 전방에서 파진공(破眞空)이 발생하고,
    b. 비행체 주변에 진진공(眞眞空)이 형성되며,
    c. 비행체 후미에서 진진공이 신속하게 닫히면서 비행한다.
  ☞ b가 지나가는 궤적을 '**코코스**'라고 명명한다. 즉 우주 항로이다.

비행기 항로와 구별한 우주 항로를 약칭해 **코코스**(cosmos course,
cocos)라 하자. 훗날, 우주여행이 대중화되면 편리한 용어가 될 것이다.

※ 아래는 입자물리학 표준모형의 실증 입자족(소립자) 명단이다. 188쪽 그림을 살피고 아래의 목록을 참고하자(원자를 구성하는 소립자. **밑줄 친 굵은 글씨**는 기억하자). 1968년 스텐포드 선형가속기에서 **쿼크**가 발견돼 양·중성자도 물질의 최소 단위가 아님이 밝혀진 후, 가속기의 **성능 향상에 따라 밝혀진** **1** 1세대, **❷** 2세대, **❸** 3세대의 입자목록 이다. 우주의 물질 99% 이상이 **1** 1세대의 소립자로 구성된다. 원소 주기율표의 원자는 1세대 입자로 구성된다. 165, **188**, **222**쪽 참조

**[입자 목록]** ☞ 12 + 5 = 총 17가지

● 물질 입자(**페르미온**); 12가지로 **힘의 실체**이며, 세대별 입자족을 말한다.
 ★ 경輕입자(가벼운 입자);
  **1** **전자**, 전자 중성미자, **❷** 뮤온, 뮤온 중성미자, **❸** 타우, 타우 중성미자
 ★ 중重입자(무거운 입자);
  **1** **업**(⇌ **다운**) **쿼크**, **❷** 참(⇌ 스트레인지) 쿼크, **❸** 탑(⇌ 보텀) 쿼크

● 매개 입자(**보손**, **힘입자**); 전자기력, 강력, 약력, 중력 등이 상호작용할 때 **물질입자 간에 힘을 '매개해주는'** 입자. 게이지(162쪽) 입자로 힘입자이다.
 ; 빛(전자기력의 매개입자), **글루온**(강력의 매개입자), 중력자(중력의 매개입자), 약력자(약력의 매개입자, W·Z), **힉스 보손**(힉스장의 매개입자)으로 5가지. **/**

**이상으로 기본 개념의 정리가 끝났으므로** 이제 흡수엔진의 구동원리를 **본격적으로** 살펴보자. 다음 [흡수엔진 단면도]에서, 냉양자ⓒ와 공간양자 (에너지)가 **'서로 당기는'** 작용반작용으로 비행하는 원리임을 염두에 두자.

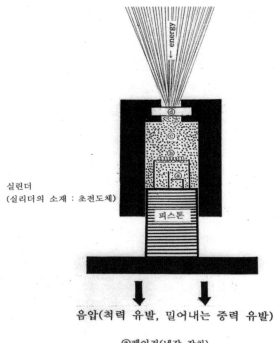

실린더
(실리더의 소재 : 초전도체)

음압(척력 유발, 밀어내는 중력 유발)

ⓐ레이저(냉각 장치)
ⓑ자기장 형성 장치
ⓒ헬륨(초유체 헬륨)
ⓓ인공다이아몬드(카보나도)

**【D.10】 흡수엔진 단면도** [초유체 = 냉양자 = 냉원자, 공간양자 = 양자거품]

188쪽 헬륨 핵에서, 레이저나 자기장의 진동이 **쿼크-물질**을 흔들면, **매입개자 글루온(볼)만** 양산돼 핵의 3:3 대칭(쿼크 : 글루온의 조화 대칭)이 깨진다. 핵이 대칭-균형을 복구하려면 글루볼이 핵 밖으로 터널링해 **물질 파편**을 포획하려는데, 강력의 에너지 장벽-속박력에 묶인 글루볼 은 핵 밖으로 터널링할 수 없다. 이때 **냉에너지인 자기장을 문턱진동수 이상 공급해 플랑크상수(힘)를 키워주면**, 글루볼이 의 진동(냉에너지)을 빌려 삼켜 창공으로 터널링해 공간양자에 강력(속박력)을 매개하여 **공간**의 물질입자(페르미온)형 **양자** 파편 등을 포획-합성-속박한다(가설).

냉'원자'는 **중첩을 못해서 고유한 공간을 차지하는** '물질입자 쿼크'를 포함하는데, 양·중성자에서 글루온을 교환하며 쿼크를 속박한다. 또 중간자가 양·중성자를 엮어 '**물질이 2중으로 엮인**' 핵 시스템이므로 페르미 축퇴(縮退)가 발생하여 **입자가 굵다**. 반면에, 매개입자나 공간 양자는 극미하므로 **카보나도는 매개자 글루볼과 공간양자는 투과시키고, 굵은 냉'원자'를 실린더에 가둔다**. 그 결과 **작용반작용이 유효화된다**.

글루볼이 냉헬륨 핵의 속박력을 꿰뚫어 공간양자(에너지)를 당겨 흡수-합성하며[$E/c^2$] **작용**하고, 실린더의 냉원자에는 질량[m]이 증가 한다[$E/c^2 \rightarrow$ m]. 이때 공간양자는 **반작용**으로 비행체를 끌어당긴다.

그 결과로 진진공(찢어진 공간)이 형성되어 비행체는 '**찢어진 공간 안에 들어서서**' 비행한다. 비행체와 얽혀 맞서는 ★**양자거품은 공간의 실체** 이므로 양자거품을 제거하면 시공간이 찢어진다(진진공, 시공간 소멸).

로렌츠 인자 [$r = 1/\sqrt{1 - v^2/c^2}$]가 뜻하는 건 비행체와 공간양자가 **맞서 얽히며 나타나는 비행체의 질량증가이다**. 그런데 공간의 실체인 공간양자가 제거됐으니 로렌츠 인자도 소멸한다. 시공간이 제거되어 맞서는 '**상대(相對)론적**' **대립(對立)** 관계가 사라진 찢어진 공간 안에 **들어서서** 비행하는 비행체는 질량증가가 없어 초광속이 가능하다.

**힉스장도 제거됨에 따라 가속할 때 끈적한 저항감을 주는 관성저항이 사라지므로 UFO는 순간소멸**(순간가속)**과 순간정지, 예각비행이 가능하다**. [찢어진 공간을 경험한 적이 없는 인류는 이에 얼른 동의하기 어렵다. 예시; 로마인은 '진행 물체는 반드시 정지한다'는 경험이 전부라서 갈릴 레이의 관성(계속 직진)을 이해할 수 없다. ☞ **경험에서 얻은 직관의 맹점**]

## 6. 흡수 엔진의 구동원리

흡수엔진의 구동원리를 보자. 먼저 **188, 114~119쪽을 잘 살펴두자.**

### 1) 흡수엔진(Suction engine)의 구성요소
흡수엔진의 구성요소는 필요한 원리, 기능, 역할에 따라 설명한다.

#### ① 플랑크 상수와 양자 터널링

흡수엔진의 핵심적 원리는 하이젠베르크의 불확정성과 플랑크상수, 슈뢰딩거의 파동함수이다. 하이젠베르크와 플랑크는 독일인이며, 슈뢰딩거는 독일의 이웃사촌 오스트리아인이다. 이들에게 찬사를 보낸다.

양자 터널링은 흡수엔진의 핵심적이고 근원적인 요소이므로 상세히 살펴보자. 흡수엔진에서 양자 터널링이 이용되는 원리까지 살펴보자.

먼저, 일반적으로 말하는 '양자 터널링'에 대해서 알아보자.
양자 터널링을 이루는 근원은 양자의 운동이 일정하게 예상되어 있지 않고 불확정하다는 불확정성에 있다. 양자들은 항상 진동하며 운동하기 때문이다. 그 결과 위치와 속도를 정확히 측정할 수 없다. [양자는 입자이자 파동으로 행동하므로 모든 경로를 시험하며, 확률 파동으로 모든 공간을 휩쓸며 진행한다(파동함수, 영의 실험, 경로합).]

하이젠베르크의 불확정성원리를 수학 논리로 간단히 살펴보면, 부등식 $\Delta x \times \Delta p \geq \hbar/2$에서,
$\underline{\Delta x}$[위치측정 시의 오차]에
$\underline{\Delta p}$[운동량측정 시의 오차]를 곱한 값은 항상 플랑크상수 $h$를 $4\pi$로 나눈 값보다 크거나 같다(디렉상수 하바 $\hbar = h/2\pi$, $\therefore \hbar/2 = h/4\pi$).

즉, **위치** 측정 시의 오차 $\triangle x$를 줄여서
**운동량** 측정 시의 오차 $\triangle p$를 알려고 하면(운동량 = 질량m × 속도v),
$\triangle p$는 반대로 커진다. 그 결과 위치와 운동량이 불확정하다.
$\triangle x$와 $\triangle p$ 중 하나를 줄이면, 다른 하나는 커진다. ☞ **불확정성!**

　　양자 세계는 에너지와 운동량(질량 × 속도)이 고정된 값이 없다. 이 뜻을 구체적으로 비유하면, 손으로 펜을 잡듯이 **양자를 잡아 위치를 고정시켜서** 관찰하려 하면, 양자가 우주를 가로질러 왔다 갔다 하며 진동한다는 뜻이다. 그 역도 마찬가지다. 서로 모순이 되어 있을 수 없는 일이다. 양자의 진동하는 불확정성은 어찌해도 막을 수 없다. 이는 상자에 갇힌 전자가 압축을 받았을 때, 전자가 **주변으로부터 에너지와 운동량을 잠시 빌려와** 더 극심한 난동을 부리는 것과 동일한 원리다. 양자는 불확정해 항상 흐리게 퍼진 '듯'이 진동한다(진동 폭). 점으로 존재하는 것이 아니라 공간(진동 폭, 공적영역)으로 존재한다. '양자는 XX의 위치에 **있다**'가 아니라, 'XX의 위치에 있을 **'확률이'** XX **%이다**'고 표현할 수밖에 없다. 양자들 간에도 **에너지를 쉼 없이 주고받기 때문에** 양자의 진동-요동이 상존한다(불확정성의 원리).

　　양자 용어로 말하면 확률파동을 갖는, 양자 진폭을 갖는 상태이다. 이는 양자장(量子場, QF)으로 연결되는데, 양자가 불확정하게 진동하며 퍼진 '듯'한 모습으로(진폭으로) 공간에 분포된 공적영역을 형성하고 입자성과 파동성의 이중성을 갖추어, 질량(에너지)과 운동의 형태로 무한한 시공간에서 **'서로의 역장을 쉼 없이 주고받으며'** 진동한다. 하이젠베르크의 불확정성에 의하면 양자는 끝도 없이 진동하며 **끝도 없이 에너지를 주고받으며, 좁은 간격일수록, 주변에 에너지가 충실할수록,**

그리고 **짧은 시간일수록** 더 심한 난장판을 이룬다. 우리가 사는 거시세계에서 비행기 속도나 위치를 정확히 알 수 있는 것과는 딴판이다. 마치 만물을 이루려고 항상 진동하며 불확정하게 튀어 나갈 준비가 되어 있는 형국이다. 이 불확정한 진동을 잠재울 수는 없다. 그것도 입자이면서도 파동으로 행동한다. 파동함수 사이 $\Psi(x, t)$가 의미하는 것은 특정의 시간 t에 특정의 위치 x에 있을 양자 진폭(사이 $\Psi$, 퍼진 듯한 진폭의 양태, 공적영역)이다. 이 파동함수 사이 $\Psi$ 절댓값의 제곱 $|\Psi(x, t)|^2$은 언제나 양의 실수이며, 어떤 특정한 시간과 장소에서 입자를 발견할 확률만을 말해줄 뿐이다. 즉 사이 $\Psi$는 **양자 진폭**이다. **진폭의 제곱은 입자가 특정 시간 t일 때, x의 위치에 있을 '확률'**이다. 입자가 구름처럼 퍼진 듯한 진폭! (따라서 양자현미경으로 전자를 보면, 전자의 위치가 불확정하므로 전자가 핵을 감싼 듯 구름층처럼 보인다.)

0K(-273.15 ℃)에서도 계속 진동하며, '누구든 무엇이든 나를 건드려주기만 해봐! 즉시 그에 합당한 반응을 보여줄 거야! 음값의 힘이든 양값의 힘이든 상관없어! 나는 건드리는 힘(양자장, 역장)이 상존하여 즉시 반응하기 때문에 이렇게 진동하고 있는 중이야!' 하면서 양자적 진동을 한다. 이들은 주고받은 에너지를 정산하면 별 이득이 없음에도 에너지를 주고받으면서 쉼 없이 진동한다. 이 양자거품들의 불확정한 진동을 결코 잠재울 수 없다. 운동과 진동을 계속하고 있다는 말은 주변의 힘과 **에너지를 쉼 없이 주고받으므로**, 입자의 위치와 시간이 고정되지 않는다는 뜻이다. 이것이 **'정말로' 중요한** 것은 주변의 힘을 **언제든 삼켜-수용하여 '힘의 대칭**(조화-균형-안정)**을 향하는 방향으로'** **상호작용하며 힘의 논리, 즉 힘의 흐름을 따라** 날뛰기기 때문이다.

[따라서 **냉에너지**인 자기장의 **진동**을 공급해주면 냉양자도 양자성이 있으므로 냉양자는 자신의 **핵 시스템 본성인 조화-균형-안정된 힘의 흐름을 이루기 위해서, <u>자기장의 격렬한 진동을 전이 받은</u> 글루볼**이 터널링해 물질입자 등을 포획-합성함으로써 핵 시스템이 힘의 조화와 균형을 찾을 것이다.]

하다못해, 양자는 절대영도(OK, -273.15 ℃)에서도 모든 게 얼어붙어 정지한 상태가 아니라, 바닥상태에서 진동하고 있다(영점운동).
[영점운동; 생동하는 핵 시스템인 조화진동자의 양자역학에서, 양자는 진동하는 최저 영점 에너지를 가지며, 이는 불확정성원리로 이해됨]

독자들은 '양자는 주변에서 에너지를 잠시 빌려 삼켜 <u>자신보다 높은 에너지 장벽을 넘는다(**터널링**)</u>'는 불확정성의 뜻이 손에 잡힐 것이다.

"하이젠베르크는 입자의 **위치**와 **속도(운동)**의 정확한 측정이 상호 보완적인 것을 증명하였으며, 또한 **에너지**와 에너지를 측정하는데 소요되는 **시간**은 상호 보완적인 관계임을 증명하였다.

양자역학에서, '정확한 양의 에너지'가 '정확한 시간'에 존재하는 상태를 허락하지 않는다(필자; 모든 방향에서 쉼 없이 에너지를 주고받기 때문).

**입자들의 생성과 소멸, 자기장(場)의 격렬한 진동, 강력과 약력의 요동** 현상 등 미시세계에서의 우주는 혼란과 광란의 도가니 그 자체이다. 이 모든 현상은 **불확정성의 원리에 그 뿌리를 두고 있다.**" [48]

★★ "'**정확한 양의 에너지**'가 '**정확한 시간**'에 존재하는 상태를 허락하지 않는다. **자기장의 격렬한 진동**, 강력과 약력의 요동 현상" 바로 이 문구! ✎ 불확정성이 양자-글루볼을 터널링시키는 근원이다!

이 뜻을 음미하면, 에너지란 항상 움직이고 진동하며 어디로 가든 상호작용을 하고, 무언가 일을 하고 있으며 역장 등의 어떠한 힘을 만나면 즉시 무슨 짓이든 할 태세다. 양자에게 에너지라는 물리량이 항상 변한다는 것은 쉼 없이 운동한다는 뜻이며, 어떤 힘을 만나면 어디에 위치하고 어떤 운동을 할지, **어디로 튈지는** 오직 확률로만 측정 가능하다(결국 계 界의 전체적인 **힘의 균형을 향하는 쪽으로 튄다**).

1901년 독일에서 태어나 불확정성의 원리를 제창한 양자역학의 거두 하이젠베르크는 불확정한 양자들의 속성을 "고착된 세계가 아니라, 가능성의 세계"라고 표현하였다. 입자이면서 퍼진 듯 진동하는 한 몸, 입자이면서 파동인 혼재성과 역동성, 여러 가능성들의 확률값을 모두 모아 놓으면 그 합이 비로소 1(100%)이 되는 존재, 확정을 이루기 위해서 불확정으로 대기 중인 것, 측정행위를 당해야만 비로소 파동함수(불확정) 값이 붕괴돼 확정되는 그 무엇, 쉼 없이 에너지를 주고받으며 이웃과 상호작용하는 불사조,...... 양자를 묘사하면 이렇듯 요괴 같고 괴이한 문구가 되고 말지만 어쩔 수 없다. 물질과 공간을 구성하는 페르미온의 양자뿐만 아니라, 상호작용을 매개하는 역할을 하는 보손[매개입자인 글루온-볼, 빛 등]도 역시 불확정하기는 마찬가지이다. 모두 양자니까. 예컨대, 광자는 빛 에너지의 최소 단위로서 광양자(파동이자 입자)이며, 전자기력의 매개입자다. 물질입자든 매개입자든 최소 단위의 덩어리를 양자라 하며, 양자가 뭉치면 물질이 되고, 흩어지면 공간이 된다(그런즉 양자는 시공간의 실체며, 만물은 양자의 소산물이다).

양자 터널링이란 쉬운 비유로, 도저히 넘을 수 없는 산을 꿰뚫은 것이다. 예컨대, 자신의 발에 근력이 약하므로 잠깐만 다른 사람의 발을 빌려와서 공을 차고, 하이젠베르크의 불확정성원리에 명시된 시간 내에 빌려왔던 발(에너지)을 곧 돌려준 셈이다. 에너지 초단기 대여시스템인 셈이다. 자신을 막고 있는 에너지의 장벽이 있는데, 마치 이 에너지 장벽(속박력)을 넘지 않고 터널을 통과하는 것 같다는 뜻으로 '터널링(꿰뚫기)'이라 한다. 이상 일반적인 '양자 터널링'을 살펴봤다.

"양자 터널링은 원소나 분자에서도 일어날 수 있다. 그러나 이 경우, 모든 구성 입자들이 터널을 통과하는 행운을 '동시에' 누려야 하므로 그만큼 확률이 떨어진다. **플랑크상수**(에너지/진동수)**가 매우 큰 세상이라면** 양자 터널링 현상은 하나도 신기할 것 없는 일상사이다." [47] **//**

본고 흡수엔진에서 발생하는 양자 터널링은 다음 과정을 의미한다. 흡수엔진 실린더에 헬륨을 넣고 냉각함으로써 냉양자화하고, 글루볼의 터널링을 유발시켜 주는 원리이므로, 양자 터널링에서의 **'양자'는 바로 냉헬륨의 '글루볼'을 말한다.**

흡수엔진은 양자-글루볼을 우주 창공으로 터널링시키는 원리이다. 강력의 SU(3)와 단절된 글루볼(온)은 곧 붕괴할 것이나, <u>강력의 시스템인 SU(3)와</u> **'얽힌 존재로서의'** 터널링은 다양한 분수 전하인 공간양자를 끌어와 속박시킬 것이다. 점진적으로 상술한다.

'글루볼을 창공으로 터널링시킨다'는 황당한 주장에 책을 덮지 말고, 끝까지 읽으면 이해할 것이다. 이미 수학적 증명을 이루었으므로 신뢰해도 된다. 기본원리는 다음과 같다.

가장 핵심 원리에 들어섰다. 집중하자!

이 부분은 단숨에 이해하기 어려우므로 천천히 생각하며 상상하며 읽자. 그리하면 전술에서 양자를 손에 잡히게 설명하였으니 충분히 체득적으로 이해할 것이다.

**먼저, 188쪽과 114~119쪽을 잘 살펴둘 것!!**

**'글루볼의 터널링이 발생할 조건들'**을 정리하면 아래와 같다.

[조건 1] - 냉양자화

BEC(보스응축)을 이룸으로써 전자가 잠겨 **'양자화된 냉헬륨에'**,
즉 양자 간에 상호 작용이 잘 될 조건에(전자의 궤도는 넓은 공간인데,
전자가 핵에 잠긴 냉양자는 극도로 쪼그라져 초고밀도의 상태이므로
**자기장의 진동을 잘 전이 받는다.** 비유; 솜바지(전자)를 벗긴 맨살(핵)에
몽둥이(자기장)를 맞으면 바로 비명소리가 나는 이치다. ☞ 중요!!),

[조건 2] - **자기장 공급**  ☞ 먼저, 188쪽, 114~119를 잘 살피세요!
중·양성자에서, 매개입자인 색전하 글루온이 쿼크 사이를 $10^{-24}$초마다
뛰어다니며 글루온을 교환시켜주는 **과정에서** 물질입자 쿼크를 속박한
다. 그런데 냉원자에 자기장을 공급해 쿼크를 진동시키면 매개입자
**글루온만 생산된 결과로**, 핵 시스템에서 색동(色動)역학으로 균형을
이루던 글루온과 쿼크의 색깔 교환대칭 비율이 매우 깨진다.

**[새로 양산된 글루온들도 쿼크들 간에 색전하 글루온을 교환시켜주는
'과정에서의' SU(3) 8중항 대칭으로 쿼크를 속박하려 할 것이다.
그러나 하드론에서 쿼크(물질입자)를 생산하지 못한다. 그러므로 '새로
양산된 글루온'은 속박할 대상인 남는 쿼크가 없으므로, 쿼크를 엮으며
하나의 그룹으로 일원화된 8중항 행위인 교환대칭을 구성할 수 없다.
따라서 하드론 전체적으로 '글루온 : 쿼크'의 비율 3:3의 교환대칭이
많이 깨져 핵의 강력 시스템에 부조화, 불균형이 더 극심해진다.]**

[SU(3) 대칭: **3**차원 공간에서 특수하게(**S**pecial) 일원화(**U**nitary)된 대칭성;
글루온은 8중항 행렬 행위로 **일원화되어** 쿼크 간에 색전하를 교환해주며,
교환대칭(조화, 균형)을 이룬 **과정에서** 쿼크를 속박해 하나의 덩어리처럼
일원화된 핵을 구성한다. 핵력학을 색(동)역학이라 한 이유다(192~193쪽).

자기장으로 쿼크를 차면 쿼크-반쿼크 '쌍생성···→쌍소멸' 하며 '쿼크만'을 생산하지는 못한다. **그러므로 새로이 양산된 색전하 글루온(볼)은 쿼크와 쿼크 간에 색전하인 글루온을 교환시켜주는 '과정에서의' 일원화된 SU(3) 8중항-행렬을 못 이룬다**(새로 짝지어 일원화로 엮을 쿼크가 없으니까). 따라서 자기장으로 쿼크의 진동을 가속시켜 글루볼이 넘치는 상태의 핵에서 – 쿼크와 글루온 비율이 3:3으로 – 원활한 교환대칭인 조화를 이루려면, **핵 밖으로부터 쿼크(물질) 형形 양자 파편의 유입이 필수조건이다! ★★**]

[조건 3] - **자기장을 문턱진동수 이상 공급**
글루볼이 강력의 속박력에 갇힌 상태에서, 냉에너지인 자기장 진동을 **임계(문턱) 진동수 이상** 공급하면(플랑크상수가 임계치 이상 커지면), 글루볼이 이로부터 힘을 전이 받아 '삼켜' 터널링할 힘을 얻는다. [터널링하는 글루볼은 SU(3)로 일원화된 글루온이 아니라, **여분의** 글루볼임]

[조건 4] - **대칭(조화, 균형)을 추구하는 본능의 발동: 자연의 제1섭리**
이때 핵 시스템에서 냉원자는 **대칭(조화, 안정)을 다시 찾기 위해서**, 글루볼이 플랑크상수(실린더의 자기 진동 냉에너지)로부터 힘을 빌려 터널링해 물질입자 등의 파편인 **공간양자를 포획해 합성한다**. 그 근본 원인은 물질 m을 생산하는 하드론되기를 통해[E/c² → m], 핵 내부 질서인 '**대칭(조화-균형-안정)을 찾아가기**'이다. 핵을 '**조화**'진동자라고 한 이유다. 조화와 균형을 향한 단순한 힘의 논리다(자연의 제1섭리)!

글루볼이 터널링해 공간양자를 포획-합성하려면, 인위적 변수를 줘야 한다. 전자는 **냉각효과**를 이용해 핵에 잠기게 하고, 글루볼 터널링은 **자기장으로** 플랑크상수를 키워 속박력-에너지 장벽을 뚫는다(터널링). **/**

이제 플랑크상수를 살펴보자. 플랑크상수는 **에너지의 최소 단위**와 **전자기파의 진동수**를 연결하는 **비례상수**이므로 비례상수를 키우면, 실린더 안의 에너지 **총량**이 커진다(비례상수; **비례수에 붙는 상수**).
(비례상수 k의 예: 남녀 학생 비율이 2:3이고 학생 총수가 400명이면, 2k+3k=400, k=80. 즉 비례상수 k를 키워주면 학생 총수가 많아진다.)

글루볼은 플랑크상수(자기장의 진동인 냉에너지-힘)에서 힘을 잠시 빌려 터널링한다. 양자들은 주변의 역장(힘)에 반드시 반응한다는 철칙에 비추어 보면, 터널링은 극히 자연스러운 양자의 운동 방식이다.

$[E = hf]$ ⇆ $[h = E/f]$에서, 플랑크상수 $h$는 에너지 E에 비례해 커진다. 따라서 **격렬한 자기장의 진동(냉에너지 E)**을 충분히 공급하면, 즉 자기장 진동수 f를 높여주면 글루볼의 터널링은 자연스런 일이다. 분모인 진동수 **f**를 키우면, 플랑크상수 $h$가 커지는 원리는 아래와 같다.

전자기파인 빛의 진동수 **f**가 크면 그 빛이 큰 에너지를 갖는 이유; 전자기파는 **'진동 주파수마다' 에너지를 실어 나르는 할당량이 각각 일정하게 주어지기 때문**이다. 따라서 빛(자기장)의 진동수가 커지면, 다른 양자가 이를 전이 받아 양자 하나당 총에너지가 커짐으로써 양자가 속박에서 터널링(탈출)할 수 있는 힘을 얻는다. 따라서 냉양자 주변에 '자기장 진동수가 많다'는 건 **'양자-글루볼 하나당' $[E = hf]$를 많이 전이 받는 셈이라서 총량적으로 큰 힘을 획득한다**는 뜻이 된다. [솜뭉치(약한 자기장)로 당구공(글루볼)을 치면 당구공은 조금 튕기나, 쇠구슬(강한 자기장)로 당구공(글루볼)을 치면 멀리 튕기는 이치다.]

이는 아인슈타인에게 노벨상을 안겨준 **광전효과**의 원리이다.
[광전효과; 진동수가 큰 청색광으로 원자를 때리면 전자가 **의 힘을 삼켜** 궤도를 탈출함. 진동수 적은 적색광은 전자를 탈출(터널링)시키지 못함]

이처럼 글루볼을 터널링시키는 자기장의 임계진동수를 '자기장의 문턱진동수'라 하고, **자**기장에 의한 **글루볼**의 터널링을 '**자-글 효과**'라 칭하면 적절하겠다. Magnetic glueball Effect, Ma-gl Effect라 하자. 조금 더 복잡한 과정이 있기는 하지만 틀림없는 광전효과의 원리다! 물리 세계가 힘의 논리에 의해 작동되는 단순한 세상임을 말해준다. **/**

이제 자기장에 대해 살펴보자. [$E \propto B^2$; E 에너지, B 자기장의 세기] 빛 등 모든 양자는 진동수가 커질수록 비례적으로 에너지가 커진다. 자기장은 **자기장 세기의 '제곱'에 비례하여 에너지가 커진다**[$E \propto B^2$]. 따라서 실린더 안에 격렬하게 진동하는 자기장의 **진동 주파수**를 높여 실린더 내부에 플랑크상수 $h$를 크게 공급해줌으로써 이로부터 잠시 냉에너지를 빌려 쓸 수 있는 환경을 제공하면(**진동** 자체가 **냉에너지**임), 글루볼은 이 진동을 전이 받아 더욱 진동함으로써 글루볼의 터널링을 유발시키는데 유용한 수단이 될 것이다. 자기장의 격렬한 진동인 냉에너지를 삼킨 글로볼이 터널링하지 못하면 괴이하고 이상한 일이다. 이는 후술하는 보스노바에서 실현했으니 **그 입증(실험)은 이미 끝났다.** (세계적인 UFO 협회인 뮤폰 등에서는 UFO가 **냉에너지**를 이용한다는 걸 이미 알고는 있다. 물론, 본고의 구동원리는 전혀 모르고 있겠지만.......)

단순 명쾌하게 말해, 자기장의 높은 진동수로 플랑크상수 $h$를 크게 공급해주면, 글루볼은 이 힘을 '**삼켜서(전이 받아서)**' **글루볼 하나당** 에너지 총량이 커진 결과로 양자 글루볼은 터널링을 이룰 것이다. 터널링한 강력파 글루볼의 파동함수가 전개되는 매개 행위로 인해 공간양자(물질 形形 파편 등)를 포획-합성함으로써 핵이 들뜨고 질량이 증가하며[$E/c^2$ ➔ m], **쿼크와 글루온 간의 교환대칭 깨짐을 복구한다.**

정리하면, 실린더 안에 공급된 자기장의 격렬한 진동이 고밀도화된 BEC(냉응축물)의 쿼크를 더욱 흔들어 진동시키고 간섭해 글루온(볼)을 양산한다. 쿼크들을 발로 차서 글루온(볼)을 양산한다고 표현해도 무방하겠다. 그러므로 **자기장은 글루온(볼)을 양산할뿐만 아니라, 또 글루볼이 터널링할 냉에너지(힘)도 공급하는 셈이다.** [E ∝ B²] ★★

양자 터널링의 주원인은 주어진 환경과 힘들의 역학적 상호작용의 순응에 의한 것이다. [E = $hf$] ↪ [$h$ = E/f]에서, 에너지 E는 양자 알갱이 하나의 에너지 상태 $hf$를 나타낸다. 그러므로 양자터널링의 근본 원인은 **양자의 불확정성에 힘을 더욱 추동-증가시키는** 진동수 f와 플랑크상수 $h$의 총합인 에너지 E가 커진 결과다. 더 근본적으로 말해, **진동 주파수의 파장마다 에너지를 실어 나르는 '책임량이 할당되므로'** 진동수 f가 많아지면 '책임량의 총합으로 인해' 실린더의 내부에 있는 양자 **하나당** 에너지가 커지는 원리대[f↑ ⤳ ◉↑]. 글루볼은 자기장의 [E∝B²]에 의해 **커진 냉에너지(진동)**를 전이 받아 삼켜 터널링한다.

글루볼의 터널링을 비유하여 설명함;
잔잔한 바다에 태풍이 불면, 바닷물은 태풍의 힘을 빌려 삼켜 중력을 극복하여 해일을 일으켜 육지를 덮쳐 모든 걸 쓸어 바다로 끌고 간다. **태풍의 힘(플랑크 상수)을** 빌려 삼켜 덥친 '**해일'이 글루볼의 터널링**인 셈이다.

따라서 흡수엔진에서의 양자(글루볼) 터널링이란,
[안으로 속박하는 핵력이 핵 밖으로 터널링해 공간양자를 포획하기 위해] 그 본질이 강력의 매개입자인 글루볼이 핵력(속박력)을 꿰뚫고 나가서 공간양자에게 핵의 속박력을 매개하는 것이다.
'**냉양자 쿼크·글루볼 진동-가속 조건부**' 강력(속박력)-글루볼의 터널링!

188, 114~119쪽의 설명을 잘 살펴두고 다음의 문장을 음미하자.

[★ 색역학에서, 쿼크–글루온과 바리온–파이온의 결합은 매우 강력하므로 플랑크상수를 크게 공급해도 이 입자들이 결코 홀로 터널링할 수 없다. 반면, 글루볼은 파이온과 결합해 있지만 그 존재가 임시적, 가상적이다. 글루볼은 **핵 시스템을 구성하는 '오리지널 입자가 아니므로**(188쪽 참조)' **결합력**(에너지 장벽)**이 낮아 냉에너지**(자기장 진동)**로도 터널링시킬 수 있다.** 그러므로 흡수엔진 가동 시, (대칭성 복구를 위하여) 글루볼만 터널링해 핵력 $c^2$으로 얽힌 '**파동**'**함수**이므로 비행체 전방의 '**모든**' 공간을 휩쓸 듯 진행하며 핵력의 속박력을 '모든' 공간양자에게 매개함으로써 공간양자를 포획-합성하여 속박할 수밖에 없다. 양자는 입자이자 **파동이기 때문**이다.

부연 설명; 자연은 대칭(**조화**, 균형)이 깨지면, 반드시 대칭을 복구한다. 예컨대, 지진이 나면 지각판들이 힘의 '균형'을 이룬 후 '안정'된다. 태풍도 고온다습한 에너지의 힘이 모두 흩어져 주변 기단과 비슷하게 '균형'되면 '안정'된다. α, β, γ 붕괴(108쪽)도 핵이 '안정'을 찾기 위해서 일어난다. 이처럼 미·거시를 불문하고 자연의 힘은 대칭(조화, 균형)을 이루는 방향으로 흐를 수밖에 없다. 흐르던 물도 바다에 이르면 중력이 해저와 균형을 이루어 안정-정지한다(바람 온도 등은 제외). 달이 지구를 도는 이유도 달의 직진하는 관성과 중력이 '균형'을 이뤄 안정된 궤도를 돈다. 단순한 힘의 논리이다. 그래서 우주를 코스모스(**조화**)라고 한다. 이처럼 강력의 핵 시스템인 '**조화**'진동자(핵)도 힘의 균형(조화, 안정)이 깨지고 주변에 큰 에너지(플랑크상수)만 주어지면, 반드시 조화와 균형을 찾기 위해 강력을 매개하는 매개입자 글루볼이 터널링할 수밖에 없다. 글루볼이 터널링을 해야만 자신에게 부족한 페르미온(물질입자) 파편을 끌어와 조화로운 '**조화**'진동자(핵)의 원상을 복구하여 **안정**을 이룰 수 있으니까. 조화진동자로서의 조화, 균형, 안정 상태를 복구할 수 있으니까! 하드론(핵)이라고 하는 한 경계(境界) 내에서 힘의 논리에 따른 단순하고 당연한 이치이니 쉽게 생각하자! 단순하고 평범한 힘의 논리일 뿐이다.]

【학자들은 글루온 등 매개입자를 흔히 전령사로 표현한다. 일반인의 쉬운 이해를 위해, 흡수엔진의 작동원리를 의인화해 머릿속 동영상을 돌리자.

자기장이 쿼크를 가속-진동시키면 글루온-볼만 양산된다(대칭성 깨짐). 핵 안에는 '임시적, 가상적' 결합물인 글루볼이 바다를 이룰 것이다. 자기장을 더 세게 공급하자, 더 센 자기장의 진동(냉에너지)으로부터 힘을 전이 받은 글루볼은 그에 합당한 난동을 부리며 핵 시스템 전체적으로 힘의 조화와 균형 상태를 이루기 위해 쿼크(물질입자)를 더 필요로 한다. 그렇지만 핵의 내부에는 속박되지 않은 물질입자의 파편이 없으므로 핵은 **조화와 균형으로 안정된** 바리온(중성자, 양성자)를 만들 수 없다.

핵은 이 상황을 견디다 못해 전령사 매개입자 글루볼에게 명령한다. '실린더 밖 창공에 물질입자 파편이 무한히 많잖아! **어디서든 물질입자 파편을 구해 오기만 하면 되는 거야!** (자기장의 진동을 빌려 삼켜서) **핵의 속박력인 에너지 장벽을 꿰뚫고 튀어 나가(터널링), 물질입자 등 양자 파편에게 이곳으로 달려오라고 전해! 그리고 매개입자도 몽땅 들어오라고 해!** 이들은 중첩이 가능하므로 힘의 균형에 맞게 섞으면 되니까!(222쪽 참조)' 이에 전령사 글루볼은 터널링하여 공간양자를 불러들이고, [$E = 2mc^2$] 만큼 에너지가 높아져 들뜬 냉헬륨은 자가증식을 반복한다(125, 223쪽). 자기장을 공급 받은 냉양자는 **8중항이 조화-균형을 추구하는 속성에 의해** 공간양자를 포획-속박할 것이다. 흡수엔진의 작동 모습을 의인화해 봤다.】


**절대로 중요하므로 강조!** ☞ **진동을 계속한다는 건 주변과 에너지를 쉼 없이 주고받는다**는 뜻이므로 양자의 위치와 속도가 불확정하다. 이것이 **'정말로'** 중요한 것은 **양자는 주변의 힘을 언제든지 삼켜 계(界) 전체의 역학적인 균형(조화, 안정)을 이루려는 쪽으로 날뛰기 때문**이다. 그 결과 **글루볼이 터널링해** 공간양자를 포획-합성함으로써 핵 시스템(界)이 **균형됨**

## ★★ <글루볼의 터널링> ★★

아래의 인용문은 세계적 끈이론 학자가 한 것이니 믿어도 된다.

"터널링의 문제를 소립자(원자를 구성하는 입자) 영역으로 축소하면, 조그만 (글루)볼의 **파동함수 중의 일부가**(확률파동) 에너지 장벽을 뚫고 지나가는 걸 수학적으로 증명할 수 있다."[57] **플랑크상수만 크다면!**

**플랑크상수** $h$**만 크다면**, 즉 자기장의 진동인 냉에너지[$E=hf$]를 삼킨 글루볼 중 일부가 터널링하여 SU(3) 8중항과 공간양자가 '**인력의 양자 얽힘 상태로**' 서로 당긴다. 인용문의 뜻은 공간으로 터널링한 '볼의 파동함수(강력파)의 변화 상태'며, 이는 물질입자 등 공간양자를 끌어당겨 속박하는 힘인 '**강력의 파동이 확장되는 상태를 함축**'한다. (강력'파'가 **파동으로** 비행체 전방의 공간을 휩쓸고 지나가며 **모든** 양자를 당겨 합성할 것이다. 중력'파'가 **파동으로 모든** 물체를 당기듯이)

※ 글루볼이 강력 8중항(중간자)과 얽혀 연결되지 않고 터널링한다면, 이때의 파동함수는 **터널링을 하는** 볼의 '**파동함수**'로서는 의미가 없다. 파동함수는 양자 계의 진행 상태를 나타내므로 '상태함수'라고 한다. **글루볼은 본질이 '매개입자'이므로** '글루볼이 핵과 얽힌 양자의 계'가 시간에 따라 변화하는 파동의 진행 상태다. 볼의 터널링은 **하드론(핵)과** '**양자 얽힘 상태에서**' 강력파가 진행하여 공간양자에게 강력(**속박력**)을 매개해 냉원자가 공간양자를 포획하게 하는 **매개 행위로 보아야 한다.** 글루온의 활동은 핵에 한정되지만, 냉원자로부터 터널링하는 글루볼의 파동함수는 **매개 행위로** (핵과 공간양자 간에) **상호작용을 일으킬 것**이다.

## ★★ <글루온과 글루볼의 구별, 그리고 그 얽힘의 관계> ★★

먼저, 188쪽을 잘 살피세요!

☞ 먼저, 188쪽을 잘 살피세요!

"색전하를 가진 쿼크나 글루온은 단독으로 존재하지 못하고 중입자(쿼크 3중 상태)나 중간자(쿼크와 반쿼크)처럼 색전하 양자수 총합이 무색 상태로만 존재가 가능하다. 이때 글루온들만 결합한 상태가 글루볼[$A_i^j A_i^j$]이다. 글루볼은 중간자 상태와 **'결합하여' 존재할 것**으로 예측된다."[44]

☞ 글루볼의 본질이 글루온 '매개입자'이다.

글루온이 쿼크를 $10^{-24}$초마다 뛰어다니며 색을 교환시킨다[색동色動]. 글루온은 독립적 존재가 불가하므로 글루온끼리 결합해 글루볼로 존재함. 글루볼은 이론상 물질입자다. 자기장의 가속으로 쿼크가 글루온을 생산해 글루온이 넘쳐나지만, 물질입자 쿼크는 생산하지 못하므로 불어난 글루온은 색동을 이루지 못하자, **글루온끼리 결합**하여 **임시적** 물질입자로 중간자와 결합해 존재할 것이다. **그러므로 글루볼은 자기장 공급이 끊기고 온도가 상승하면 대부분 소멸한다.** 입자가 존재하려면 최소한의 공간이 필요하므로 공간을 점유할 능력이 있는 (즉, 중첩을 이루지 못하는) 물질입자의 형태를 갖추어 존재할 것이다. 물질입자(쿼크류)를 갈구하다가 결국 터널링한 글루볼은 물질입자 파편을 만나면, 그 파편들을 참 짝으로 인식하여 물질파편 등 공간양자에게 **강력을 매개하여** 포획-속박할 것이다. 터널링하는 매개자 글루볼이 강력파의 **파동함수이기 때문**이다. 그것이 핵의 **조화 시스템을 온전히 복구시키는 유일한 방법**이니까. 균형을 향해 가는 힘의 작동원리가 지배하는 것이 자연스런 물리의 세계이자, 자연의 제1섭리니까. 한 시스템의 계界 내에서 안정-조화를 찾으려는 것은 만물의 이치이다. 자연은 엄밀하며, 균형과 조화인 강력의 색동(色動)은 힘의 역학적 당위다.

핵 충돌실험에서, **8중항이 모두 붕괴되지 않고 (포승줄처럼) 쿼크를 곧 포획-합성하는 것을 보면**, 강력은 끈이론에서 등장하는 다양한 분수전하 파편(전하량이 1/11, 1/53 등)을 포획해 합성하는 특별한 속성이 있음에 틀림없다.

92

핵 시스템의 내부로 물질입자가 유입되면 8중항의 조화와 균형을 통해 반드시 하드론되기로 새 핵 시스템을 산출할 것이다(자가증식-분가分家). 그래야 **소립자의 들뜬 불균형이 해소되어 강한 색동**(色動)**이 조화-균형된다.** 만물은 반드시 안정과 균형, 그리고 조화를 향해 움직인다[$E/c^2$ ➔ $2m$]!

글루온의 본성은 물질입자를 끌어당겨 속박하는 것이므로 보손끼리 얽힌 글루볼은 임시적 가상적으로 불안정하다. 따라서 글루볼이 터널링하면, 물질 파편에 강력을 매개해 합성할 것이다. 188쪽 그림처럼 강력은 쿼크 -글루온-중간자로 얽혀 **'일원화된' 특수군群** SU(**3**)라서 하나의 시스템인 반면, 글루볼은 '강력을 구성하는 오리지널 입자'가 아니다. 따라서 중간 자와의 **결합력이** (상대적으로) **약한 상태의'** 글루볼이 분명하므로 글루볼은 **자기장의 격렬한 진동**[냉에너지]**만 전이 받아도** 터널링할 힘을 얻을 것이다.

(양자는 굳은 밧줄이 아니라, 파동으로 힘의 균형을 향해 움직이므로) <u>글루볼이 중간자와 엮였다면</u>, 글루온이 핵 안에서 물질 쿼크와 엮이든, 글루볼이 터널링해 핵 밖의 물질 파편과 엮이든 무슨 차이가 있는가? 핵 안에서든 핵 밖에서든, **'공간에서'** 페르미온을 엮어 속박하기는 마찬가지 다. **핵폭발 시의 찰나에도 강력이 뜯겨진 소립자를 재속박하는 능력을 보라!! LHC 충돌실험의 찰나에도 강력이 뜯겨진 소립자를 재속박하는 능력을 보라!!** 터널링한 글루볼은 핵 밖의 거시공간에 있는 물질 파편(공간양자)을 참짝 으로 인식해 강력을 매개하여 공간양자를 포획해 합성-속박할 것이다. 쿼크든 공간양자든 분수전하이기는 마찬가지니까. 합성 능력이 있으니까. 핵은 자신의 **조화-균형의 '시스템'에 맞춰서** 양자를 포획-합성할 테니까.

자기장의 진동 [$E = hf$]를 삼킨 글루볼이 터널링해 양자를 합성할 때, 글루볼이 중간자와 **결합해 얽힌 상태로'** 글루볼이 터널링한다는 의미로, **'파동'함수는 양자 계의 '진행 상태를' 나타내는 상태함수**임을 연상하자(**매개**). 이 매개 행위로 공간양자를 포획-흡수-합성할 것이 틀림없다.

본질이 색전하 속박자인 글루볼이 중간자와 단절된 **독립 상태로** 터널링하면, 이는 글루볼이 핵 밖으로 튀어나오며 **'에너지를 버리는'** 붕괴를 뜻한다. 이는 **글루볼 핵폭탄이다.** (색전하; 색은 강력이고, 전하는 힘의 실체다). 이는 **냉양자에 자기장을 공급하여 핵폭탄을 만든다는 논리**가 되고 만다. 그런 일은 일어나지 않는다! 속박력이 강화된 극랭의 냉헬륨에 자기장을 공급해 핵폭탄을 만들려고 하면 소가 웃을 일이다.

비교; 기폭장치의 고온고압 운동에너지가 핵의 **속박력을 상쇄시킴으로써** 핵폭발하는데, **반대로** 자기장으로 속박자 글루온을 양산하는 것은 **속박력을 오히려 증가시키므로** '글루볼 핵폭탄'을 만들려고 하면 송아지도 웃는다.

### ※ 참고

전자들 중의 일부가 퍼텐셜 장벽을 투과하는 확률의 해는 $|T|^2 \to \{4xk/(x^2+k^2)\}\,e^{-4xa}$라고 한다. 예컨대, TV, 주사투과현미경 등은 해당 소자에 적절한 전압을 걸어 전자(양자)에 터널링을 유도해 이룬 성과다. 모두 광전효과에 기초해 이룬 성과로 전자(양자)를 조작한 결과이다. 생각하면, 전자든 글루볼이든 굵은 '양자'인 것은 마찬가지이므로 **'각 양자의 속성에 합당한 조건'**을 걸면 각각 터널링(탈출)할 것이다. 양자는 주변의 힘에 **'반드시 반응'**하기 때문이다(양자 철칙).

물질입자인 전자를 진동시키면 전자에 숨어 있던 빛이 전자기**'장'**의 형태로 공간에서 파동으로 나가듯, 냉원자에 갇힌 **물질입자 쿼크**를 가속시키면 쿼크에 숨어 있던 글루온(볼)이 양산되고, 자기장이 문턱 진동수를 넘으면 글루볼이 에너지 장벽을 꿰뚫어 **강력'장(강력 파동, 역장)'**의 형태로 모든 공간양자에 강력을 매개해 당겨-속박할 것이다 (중력파가 모든 물체를 당겨 속박하듯). 이것이 **'살아 있는'** 강력(파)의 터널링이며, **'역장(力場, Force field)'**의 개념이 갖는 필연적 귀결 이다(역장은 파동으로 모든 공간을 탐색하듯 휩쓸고 지나간다).

☞ 이상 '① 플랑크 상수와 양자 터널링'은 흡수엔진의 핵심적 구성 요소로 매우 중요해서 쉬운 비유를 들며 그 원리를 세세히 설명했다.

② 극저온 형성 장치와

　　보스-아인슈타인 응축(BEC: Bose-Einstein Condensation)

　BEC는 흡수엔진 구성요소 중 하나다. 헬륨은 절대영도 0K(-273.15
℃)보다 2.17도 높은 온도에서 <u>초유(동)체</u>로 냉원자(냉양자)화 된다.

초유(동)체 超流(動)體; 마찰저항이 0인 유(동)체

헬륨에 레이저를 쏘아주면(조사 照射), 헬륨이 에너지를 흡수해 <u>밀도
반전(**118쪽 참조**)</u>을 이루어 빛을 번개처럼 일시에 방출한다. 레이저는
격렬히 진동하는 광자로 결맞고 곧으므로 전자의 궤도를 뚫고 들어가
쿼크를 진동시킴으로써 (에너지와 물질입자를 속박하는) 글루온을 양산
한다. 양산된 글루온들은 레이저 에너지를 안개효과(321쪽 참조)로 합
성해 속박하는데, 이때 헬륨은 냉양자 상태로 **응축**된다[**레이저 냉각**].

　그 결과 BEC(보스아인슈타인응축, 보스응축)을 이루어 전자라는 울타리-
방어막이 핵에 잠겨 헬륨이 극도로 응축돼 냉양자화된다[**초고밀도화**].

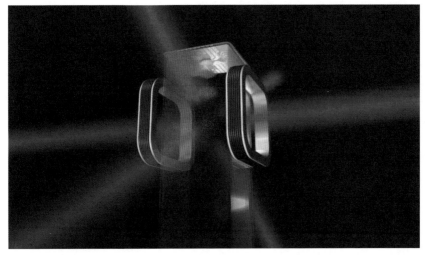

**레이저 조사(照射) 장치**　　(laser vacuum chamber, 출처; nasa. gov)

전자의 궤도는 핵과 멀기 때문에 공간이 매우 넓다. 핵의 울타리 역할을 하던 전자가 핵에 잠김에 따라 그 공간이 사라져 심하게 **응축-고밀도화되어 <u>자기장의 격렬한 진동을 잘 전이 받는다</u>(중요)**! 비유; 솜바지(전자)를 벗은 맨살(핵)에 몽둥이(자기장의 진동)를 맞으면 바로 비명소리가 나는 이치다. 이제 냉원자와 공간양자의 상호작용이 잘 될 상태이다. 이 고밀도 상태에서 자기장을 공급하면, 자기장의 격렬한 진동을 쿼크가 **효율적으로 전이 받으므로** 글루온(볼)을 양산한다. 이때 문턱진동수 이상의 **<u>자기장</u>** 진동을 공급하면, **<u>글루볼</u>**은 이 진동을 전이 받아 핵의 에너지 장벽을 뚫어 터널링한다(**자-글 효과**).

극저온을 이루는 레이저 냉각장치는 흡수엔진의 시동을 걸 때만 필요한 장치가 될 것이다. 일단 엔진의 시동이 걸린 이후에는 자기장으로부터 힘을 빌려 발생하는 글루볼의 터널링에 의해 헬륨 주변의 양자-에너지가 흡수당하므로 지속적으로 극저온의 상태가 유지되기 때문이다. 극저온 형성 장치는 디젤엔진에서 스타트모터 역할을 한다.

③ 자기장과 보스노바(bosenova)

인용하여, "코넬, 와인먼과 그 동료들은 루비듐87을 이용해 보스-아인슈타인 응축(BEC)을 만들었다. 응축물 내의 원자 사이에는 양자 간섭에 의해 척력과 인력의 사이를 오가면서 생기는 파동이 일어난다.

연구자들이 이 상태에서 자기장의 세기를 더 늘리자[자기장 트랩], **원자 간 힘의 상태가 인력으로** 바뀌면서 안쪽으로 **내파**하였다. 응축물이 측정이 불가능할 정도의 크기로 줄어들었다 **다시 폭발**하며 10,000개의 원자 가운데 3분의 2가량이 날아갔다.

이 예측을 할 수 없었던 효과에 대해 와인먼은 다음과 같이 말했다.

'보스아인슈타인응축 내부에서 원자의 일반적 행동은 잘 알려져 있고, 그 효과를 이론적으로 정확히 예측할 수 있다고 생각했습니다....... **의 폭발은 굉장히 새로운 효과이고 예측한 것과 전혀 다른 현상입니다.'** 그들은 우주에서 가장 차가운 원자도 폭발을 일으킬 수 있는 에너지가 있다는 걸 예측하지 못했다.

초신성(슈퍼노바 super-nova)의 폭발이 내부로의 내파라는 점과 닮았으므로 보스아인슈타인응집의 내파 현상을 '보스노바'라 한다." [1]

[필자; 위에서 '냉원자에도 폭발할 수 있는 에너지가 있다'고 하였으나, 필자는 이를 달리 해석한다. 냉각과 자기장 효과로 초유체가 **내파**한 것은 냉양자 글루볼이 터널링하여 **'냉양자가 내적 에너지부터 흡수-합성하므로 (온도가 0K에 근접하며) 입자들이 순간에 초고밀도화되는 모습으로 판단된다.'** 이는 핵반응이라서 순간적 연쇄적으로 냉양자 주변의 내적 에너지부터 합성하므로 '내파하며' 극적으로 쪼그라들 수밖에 없다. 이어서 먼 곳의 양자를 **연쇄적으로** 포획-합성하니, 작용반작용의 상대운동이 발생해 냉양자 자신도 끌려가는 모습이 마치 '다시 폭발'처럼 보일 뿐이다(겉보기 폭발)]

**1925년**에 보스아인슈타인응축을 예견한 **보스**는 인도 출신의 물리학자다. 보스는 왕립학회지에 논문을 제출했으나 출판을 거절당했다(이 책도 이런 상황이 우려된다). 보스는 이 논문을 아인슈타인에게 보냈고, 그는 진가를 알아보고 논문을 물리학 저널에 게재토록 주선했다. 과연 아인슈타인이다. **1995년 6월**에서야 최초로 진정한 보스아인슈타인 응축(BEC)를 이루었다. 무려 70년 만의 실증이다. 그 후, 필자 강윤팔은 약 20년의 탐구 끝에 보스노바를 해석하고, 물리적 원리들을 융합해 **2017년 4월**에 책을 출간해 흡수엔진의 구동원리를 제안하였다. 보스의 예견 후, 100년이 되어 간다.

위의 ① ② ③번 항목은 성경에 기록된 UFO 목격 사례를 분석해 **'목격 현상과 흡수엔진 원리'를 명확히 대비해 증명한다**(280~284쪽).

④ 압력 통제 장치

【D.10】 [흡수엔진 단면도]에서 실린더와 피스톤 그 부속장치를 말한다. 피스톤을 당겨 흡수엔진 실린더에 거대한 음압을 형성함으로써, 냉헬륨 간에 밀어내는 척력이 작용해 음의 중력이 발생한다. 거대한 음압에 의해 냉원자 간의 간격을 이완시키고 혼돈과 충격을 통제한다.

양자 글루볼의 터널링에 의하여,
미시공간이 찢어지면(냉헬륨 핵막이 찢어지면, 강력의 속박력을 뚫으면),
거시공간도 찢어져서(파진공-진진공) 서로 물리적 대칭을 이룬다.

이때, 거시 공간을 찢으면서도 동시에 미시 공간(냉헬륨 핵막, 에너지 장벽, 속박력)을 **정숙하게 찢기 위해** 꼭 필요한 힘이 음압이다.

⑤ 음압(밀어내는 중력; 척력)

음압은 척력을 유발해 물체 간에 서로 밀어낸다. 음압은 중성자나 원자와 같은 일상적 입자 자체를 키울 수는 없으나 입자와 입자 간에 척력(서로 밀어내는 중력)이 발생한다. 따라서 음압이 냉헬륨 입자 간에 척력을 걸어줌으로써 초유체 상태의 냉헬륨 입자 서로 간에 조밀하지 않게 하여 자연스럽고 원만한 에너지 흡수가 이루어지도록 할 것이다. 역설적으로 들리겠지만, 냉원자 초유체의 알갱이들을 안정하고 원만하게 하여 원소 간의 거리를 일정하게 유지하게 하는, 일종의 재료 균질화와 유동화, 분산화의 역할이다(밀어내는 중력; 350~352쪽 참조).

보스노바에서, '다시 폭발'하는 현상은 냉원자에 자기장의 세기를 더욱 높여주면 글루볼의 터널링이 일어남으로써 공간양자를 흡수-합성하며 발생하는 흡수의 충격인데, 그 흡수 충격이 마치 냉원자 내부에서 폭발하는 것처럼 보였던 것이다(겉보기 폭발). 피스톤을 당겨 음압으로 냉원자 입자 간의 간격을 넓혀주는 효과로 냉원자들이 음압을 먹어 유동화되고, 냉원자의 원활한 활동으로 나타날 것이 분명하다.

그러면 음압은 월드 시트, 양자 가둠과 함께 **'에너지 흡수가 정숙하게 일어나도록 하는 역할'**을 할 것이다(정숙한 터널링의 양자 포획-합성).

**음압**은 입자들의 간격을 넓히고 유동화하여 흡수 충격을 상쇄하고,
**가둠(실린더)**은 전체적인 힘을 통제하며,
**월드 시트**는 모든 재난을 막는 장벽 역할을 할 것이다(335쪽에서 상술).


음압은 필자의 직관적인 감각에 의한 구성요소다. 그 후 아인슈타인이 '음압의 밀어내는 중력'에 대해 이미 정리해 둔 것을 알고 무척 반가웠다. 음압으로 공간을 당겨주면 흡수 충격이 상쇄될 터이니.... 냉헬륨의 핵자가 공간양자를 응축시켜 충격파를 쪼그려 넣으려 하고, 여기에 음압을 걸어주면 실린더 벽과 피스톤에서 연속적 음값 게이지장으로 충격파를 상쇄-소멸시킬 텐데, 어찌 충격파가 힘을 쓰겠는가?

이때 엔진에서 발생하는 흡수-합성의 소음은 폭발-분사처럼 굉장한 소음이 아니라, '부--'하는 퍼진 소음이며, 음압이 커질수록 소음은 점점 줄어들 것이다. 만약 음압이 전혀 없는 상태에서 양자 글루볼의 터널링이 발생하면, 강력의 흡수 충격으로 엔진은 부서질 것이다. /

**힘의 작용 방향이 모두 인력(당김)이란 뜻으로,**

<u>**핵력 = 속박력 = 음수 = 음값 = 음압 = 부의 공력(負의 空力) = 인력**</u>
(52쪽 참조)

음압은 또 다른 매우 중요하고 절대적인 역할이 있다.

우리가 일상에서 양값으로 물체를 밀면, 물체가 이에 저항하는 힘 (관성질량, 관성저항)이 발생한다. 흡수엔진은 이와 반대로, 글루볼의 터널링에 의해, 즉 **살아 있는 핵력(음수, 당겨 속박하는 인력)**의 터널 링에 의해 공간양자를 당기면, 공간양자에게도 이에 저항하여 버티며 당기는 음수(인력)가 발생한다. 즉 공간양자도 음수(인력, 당김)로 비행체를 당긴다. 그 결과 비행체와 공간양자는 인력으로 '서로 당긴다.' 파진공에서 음압(인력)이 커지는 걸 '<u>부의 공력(공력-인력을 짊어짐)</u>' 이라 하자. (부의 공력; 파진공이 짊어진 음압으로 '비행체를 당기는 힘')

이때 실린더의 내부는 음값-음압이 형성되어 있어, 파진공의 음값과 대칭을 이룬다. 대칭이 없으면 물리학은 논리 전개가 어렵다. 합당하 고 원만한 작용-반작용의 대칭에 꼭 필요한 것이 음압이다. 이렇듯 실린더 내부와 파진공의 물리량이 대칭된 대응적 균형에 의해서만 흡수엔진의 성립이 가능하다. 단순 명쾌하게 표현하면 다음과 같다.

사과와 지구가 서로 당기는 힘의 크기가 [F1 = F2]으로 나타나듯,
[실린더의 **터널링한 살아 있는 핵력** = 파진공의 **부의 공력(負의 空力)**],
[실린더의 **음압 =** 파진공의 **음압**]으로 **인력**(음수)의 대칭이다(서로 당김).
인력에 의한 작용반작용도 대칭(**=**)으로 나타날 수밖에 없다(52쪽 참조).

⑥ 슈퍼-다이아몬드 카보나도의 활용

응축된 냉원자는 핵 SU(3)-쿼크를 구성하고 있다. 즉, 핵은 반드시 쿼크라는 페르미온(물질입자)을 포함하고 있어야만 한다. **물질입자는** 배타원리에 의해 중첩되지 못하고 **고유한 공간을 차지한다.** 그러므로 **쿼크**(물질입자)**의 존재로 인해** 냉헬륨 입자 자체가 '**굵은 알갱이**' 상태 (페르미 축퇴 縮退 상태)**라서 흡수창 카보나도를 통과하지 못할 것이다.** 이유는 글루온은 쿼크를 엮고, ·중간자는 중·양성자를 엮어 속박하는 '**2중으로 엮인 시스템**'**이라서** 냉'**원자**'**가 굵기 때문이다**(188쪽 참조).

[페르미 축퇴(縮退); 쿼크는 페르미(물질)이라서 고유한 공간을 차지하는 배타원리 때문에 중첩을 이루지 못하므로, **페르미온**은 위축(縮)되다가도 반발해 밀어내며(退) **고유한 공간을 차지**한다. 쿼크와 바리온이 2중으로 엮인 냉'**원자**' 시스템은 입자가 굵고, 빛 등 매개자는 극미하고 중첩된다.]

☞ **114쪽, 188쪽 참조**

☞ **114쪽, 188쪽 참조**

따라서 물질입자가 2중으로 엮여 알갱이가 굵은 냉'원자'는 실린더 안에 가둠을 당하지만, 매개입자와 (자잘한 파편으로 붕괴되어 있는) 공간양자는 흡수창 카보나도를 투과해 냉원자에 흡수-합성될 것이다.

[참고: 매개입자는 최소 단위로 되어 있고, 최저 에너지 상태에 있는 양자의 길이는 $10^{-20}$cm보다 길 수 없다(끈이론). 인류가 지금까지 인지한 최소 크기의 입자가 중성미자인데, 중성미자는 지구도를 투과해 버린다. 하물며 더 자잘하게 붕괴된 양자-파편은 카보나도를 쉽게 투과할 것이다.]

고로, **카보나도는 비행체의 작용반작용을 유효화시킨다.** 수많은 물리 이론을 써먹지 못하면 허망한 일이다. 구슬이 서 말이라도 꿰어야 보배!

카보나도의 특성을 알아보자.

"카보나도는 다공질의 다결정 구조로 만물 중에 최고의 경도를 가져 여타의 다이아몬드를 연마한다(갈아 버린다). 내열성, 열전도성이 타의 추종을 불허하며, **폭넓은** 빛(양자)의 투과를 이룬다. 특히 빛이 변형 손상되지 않고 투과되는 유일한 물질이다. 흑색의 슈퍼 다이아몬드 카보나도는 **초신성 폭발로 생성**되는데, 그 생성 터전이 우주 진공 상태다. 제조의 핵심은 초신성 폭발 시 특이구역에서의 **저압**, **진공을 전제로 하여** 다공질의 다결정 구조를 갖는 것으로 설명 가능하다." [4]

**[사견 私見]**

초신성의 **특이구역에서 '저압'** 진공의 극심한 양자 흐름과 관련된다. 카보나도는 **극심한 양자의 흐름을 방해하지 않을 것이다**. 그렇지 않다면 초신성 폭발 시, 그 생성이 없었을 것이다. (특이구역; 초신성 폭발이라도 극단적 폭발 팽창의 과정에서, 큰 물체가 혼돈 속에 충돌하면 폭발 팽창 방향과 불일치하게 뒤섞이며 저압-음압 흐름이 순간적으로 발생한 구역)

그러므로 카보나도는 공간양자를 흡수하는 **창(窓)의 소재로 유력**하다. 카보나도는 초신성 폭발의 특이구역 **'극단적 음압 상태 양자 흐름의 환경적 조건'**이 같으면서도 양자가 **변형 손상되지 않고 투과되는 유일한 물질**이다. 냉양자가 공간양자를 포획할 때, **실린더나 파진공은 극단적 음압 상태**인데, **둘 사이에 놓인 카보나도에선** (맞섬 없이) **초광속의 양자 흐름이 연속될 것이므로** 중요하다. 카보나도 위치의 환경이 특이구역 모태(母胎) 환경과 같다.

흡수엔진 실린더의 흡수창인 카보나도를 통해 공간양자를 흡수하는데, 이때 냉**'원자'**와 같은 굵은 물질입자는 카보나도를 투과할 수 없다. 반면 매개입자 글루볼 또는 파편적 **양자**는 크기가 극도로 작기 때문에 흡수창 카보나도를 투과할 수밖에 없다. 매개입자는 최소 단위의 상태다(끈이론).

냉양자는 극미하고 점성이 없어 유리 결정 틈새를 통과한다. 이는 카보나도의 치밀한 결정에 비해 유리는 엉성한 결정이기 때문이다. 카보나도는 다공질의 구조임에도 불구하고 입자 간 결정이 치밀하여 만물 중 최고의 경도를 자랑하므로 냉'원자'를 통과시키지 않고 흡수 엔진 실린더에 가둘 것이다**[냉원자-냉양자 가둠]**.

예컨대, 라듐이 라돈으로 되며 헬륨 핵이 떨어져 나오는데(알파 붕괴), **냉'원자'는 페르미 축퇴로 부피가 커서 종이 한 장으로도 막을 수 있다**. 하물며 카보나도가 냉'원자'를 흡수엔진 실린더에 못 가두겠는가?!

카보나도는 열전도성이 극도로 높다(카보나도를 들고 아이스크림을 자르면, 손의 열이 전도되어 금방 녹아서 잘린다). 흡수엔진이 작동되면, **극랭의 냉헬륨과 '강하게 밀착되는'** 카보나도는 곧바로 극랭 상태로 된다. 따라서 카보나도를 구성한 **전자의 흔들림 없는 상을 만듦으로써** 공간양자가 흡수창을 통과하기 쉬울 것이 분명하다. 즉 초전도체에서 전하의 흐름에 있어서, 전하의 양자 장場 간에 걸림(상호작용)이 없을 것이므로 초전도체에서 무한대의 전류가 흐르는 것과 같다(비유; 막힘 없는 고속도로). 카보나도는 상온에서 광양자(빛)의 흐름을 반감시킨다.

글루볼이 냉헬륨 핵의 속박력을 꿰뚫어(터널링해) 공간양자를 끌어 당겨 흡수-합성해[$E/c^2$] **작용**하고, → 실린더 냉양자에는 질량[$m$]이 증가한다[$E/c^2$ → $m$]. 이때 공간양자는 **반작용**으로 비행체를 끌어당 긴다. 핵($c^2$)과 공간양자(타키온, **초광속**)가 '서로 당기는' 힘의 논리에 맞다. 단순한 힘의 논리일 뿐이다(타키온; 323~327쪽 참조).

흡수엔진은 우주공간의 **양자거품을 비행체의 '상대적 에너지원'으로 역이용하여 흡수-합성할 때 구동되는**데, 흡수창으로 카보나도를 설치함 으로써 위 **작용반작용을** '**유효화**(有效化)하는' '**공간상의 시스템**'이다.

**흡수창을 다방면에 설치해 가고자 하는 방향의 흡수창을 개방함으로써**
목적지를 자유자재로 갈 수 있다. UFO가 순간적으로 예각비행 등을
하는 것은 흡수창을 다방면에 설치해 필요에 따라 흡수창을 즉시즉시
여닫을 것으로 추정된다. 이는 프로그램화되어 있을 것이다. UFO는
**강력의 안개효과로** 힉스장 등 공간양자를 포획-흡수-합성-제거하면서
비행하여 <u>관성저항이 소멸되어야만</u> 예각비행 등이 가능할 것이다(
346~349쪽 힉스장 참조). 로켓이 엄청난 속도로 순간정지, 예각비행을
하면 비행체와 조종사는 즉시 부서지고 죽는다.

⑦ 초전도체와 마이스너 효과

냉각효과와 관련된 실린더와 피스톤의 소재(素材)에 대해 살펴보자.
극랭 상태의 초전도체는 완전 반자성(反磁性)을 가진다. 초전도체가
극랭 상태로 되면, 초전도체의 표면에 차폐 전류가 흘러 밀폐 효과로
인해 자기장이 초전도체 안으로 침투할 수 없다. 즉 냉각으로 전자가
짝을 지어 쿠퍼쌍이 생기고, 자기장의 실체 광자가 상호작용해 질량
을 획득하여 망사 구조와 같은 초전도체 표면을 밀폐시킴으로써 양자
들이 초전도체의 내부로 침투할 수 없는 **마이스너 효과**가 발생한다.
설계 구조상 실린더 밖으로 발생한 자기장은 방치해도 무방하다.

이를 이용해 **실린더 밖의 공간양자가 실린더 벽을 투과해 실린더의
내부로 들어오는 것을 차폐하고**, 또한 모든 입자를 실린더 안에 가두기
위하여 실린더와 피스톤의 초전도체는 반드시 고순도라야 한다. 즉
작용반작용이 발생하도록 양자역학적으로 실린더를 철저히 밀폐시켜
야 한다[**마이스너 효과; 자기 차폐, 냉원자 가둠, 공간양자 유입 차단**].

초전도 케이블에서도 마이스너 효과가 발생하는 것은 마찬가지이며, 이때 발생한 마이스너 효과는 힘의 실체인 전하(전류)를 초전도 케이블 안에 가둔다. 이는 글루볼이 터널링할 때, 초전도 케이블 안에서 흐르며 자기장을 발생시키는 전하(電荷)를 보존시킴으로써 안정적인 자기장 공급을 가능하게 할 것이다. 즉 글루볼이 터널링해 양자를 끌어들일 때, 마이스너 효과에 의해 자기장 유도 케이블이 밀폐됨으로써, 냉헬륨(냉양자)가 자기장 유도 케이블 안에서 흐르는 전하를 빼앗아 냉헬륨의 핵자 안으로 가져올 수 없게 하는 것이다**[전기 차폐]**.

이제 **냉헬륨(냉양자, 냉원자)의 하드론-핵이 에너지를 흡수할 통로는 흡수창 카보나도뿐이다(<u>작용반작용의 유효화</u>)**.

[참고; 고품질의 카보나도와 초전도체는 이미 보편적으로 생산되므로 흡수엔진을 만드는 것은 어렵지 않을 것이다. 흡수엔진의 대중화!]

⑧ 헬륨의 속성과 초유체 超流體 ($^{4}$He & superfluid)

헬륨 $^{4}$He은 **결합력이 높으며, 적은 핵자 수**(양성자 2개, 중성자 2개), **퍼텐셜 에너지 곡선의 이탈, 낮은 에너지 준위** 등 여러 특성이 있다.

절대영도에 근접한 온도에서 고체 상태로 되는 다른 원소와 달리, 헬륨 $^{4}$He은 극저온 저압일 때도 상호작용을 보이며 액체인 초유체 상을 갖는다. 이는 양자화된 헬륨은 **영점 에너지가 매우 높아서 절대영도에 근접해도 입자 운동이 활발하기 때문**이다.

[활발한 입자 운동 ☞ 이 활성(活性) 운동은 자기장에 의한 플랑크상수 활용을 용이하게 해줄 것이다. 입자가 활발해야 상호작용이 원활하므로.]

헬륨이 흡수엔진의 냉양자(냉원자) 재료로서 적합한가?

냉양자 원료는 엔진 실린더의 환경, 즉 극랭과 음압에서 유용 가능한 원소라야 할 것이다. **극랭과 음압에서도 냉원자 초유동체(超流動體)로 거동하며 유동성과 안정성이 필수요소**인데, 헬륨은 이런 특성을 모두 가지고 있다. 다음은 극랭과 음압에서도 유용 가능한 헬륨의 특성이다.

● 헬륨은 1기압에서 절대영도(0K, -273.15 ℃)에 도달해도 고체로 되지 않고 액체 상태를 유지한다. 흡수엔진이 가동되면, 실린더는 **0K인** 피크노뉴클리얼리액션 상태에 초근접할 것으로 예상되므로 헬륨의 이 특성은 중요하다. 즉 실린더 안의 **극랭은 해될 것이 없다**.

● 헬륨은 기체 액체 고체가 공존하는 **3중점이 없는 유일한 원소다**. 3중점이 있는 원소는 엔진을 훼손시키므로 절대로 사용 불가하다.

● 헬륨은 매우 높은 온도에서 고체나 액체 상태가 될 수 있다.

● 헬륨이 고체의 상태를 형성하기 위해서는 절대온도 1~1.5K에서 약 2.5MPa(대기압의 25배)의 압력을 가해야 한다. 그러므로 흡수엔진 실린더 내부의 **음압은 해될 것이 없다**.

● 헬륨은 1기압의 압력과 2.17K에서 초유체로 상변이를 이룬다.

● 헬륨은 에너지 준위가 낮아 **쉽게 초유체(냉양자) 상태를 이룬다**.

냉헬륨이 초유(동)체 超流(動)體로 거동하기 쉬운 이유는 냉각 등 일정 조건을 걸면 보손처럼 움직이기 때문이다. 보손은 속성상 서로 반발하지 않으며, 입자들의 공존 중첩이 가능하다. 이때 냉각효과로 핵자는 대칭성이 깨질 것이며, 전자들이 짝을 지어 핵에 잠긴 보손화 효과로 점성이 사라져 초유체 헬륨은 Creep(벽을 타고 오르는 현상), 양자 소용돌이 없는 흐름, 동일화 등 특이한 현상을 보인다. 헬륨의 초유동체 현상은 양자역학적 상태 BEC(보스아인슈타인응축)로 설명된다. 냉'원자'로서 핵을 내재하면서도 보손들이 양자상태를 갖는다. 초유체 상태는 레이저나 초전도 현상과 같이 거시적인 양자역학적 상태이다.

[초유체 招流體 superfluid; '초-super'는 '액체가 흐를 때 **마찰저항이 전혀 없다**'는 뜻이다. 초유체는 점성이 전혀 없는 유체라서 마찰이 없어 영원히 **회전**한다. 이는 핵자가 바닥상태로 응축된 것이다. 그 근원은 냉각 효과에 의한 전자의 잠김(겹침)과 보손 증강, 에너지 결핍 때문이다. 냉'원자'는 **핵이 살아 있어 거시적이면서도 양자역학적으로 작용**한다.]

냉헬륨은 거시의 양자역학적 상태이므로 플랑크상수를 키워주는 등 **'조건'만 갖추어지면**, 공간양자와 상호작용-합성이 잘 될 것이다.

초유체는 점성이 없으므로 유체상태에서 발생하는 양자 소용돌이는 **그 에너지가 분산되지 않는다. 그러므로 안정하게 존재할 수 있다.** 즉 마찰저항이 '0'이 되어 영원히 회전한다. 이러한 헬륨의 여러 특성을 활용하기 위해 흡수엔진 실린더의 원재료 원소로 헬륨을 선택한다. //

이상에서 서술한 '1) 흡수 엔진의 구성요소'를 완전히 이해했다면, (이미 확고히 정립된 과학적 사실들을 설명한 것이므로) 이 책을 거의 이해한 것이다. 그러나 이해가 불충분하거나 초광속에 의구심이 들면, 후술하는 과학적 원리와 보스노바에서 나타난 현상에 대한 해설이나, 파인만의 초광속 및 여러 증명을 읽고 더 깊은 이해와 통찰을 이루자.

## 2) 흡수 엔진(Suction engine) 작동원리의 근원

☞ 혼돈은 조화를 낳는다. 혼돈은 조화의 어머니!

예컨대, 지진이 나면 (혼돈에 빠진) 지각판의 요동 끝에 결국 힘이 '균형'을 이룬 후 '안정'된다. 태풍도 고온다습한 에너지의 열기-힘이 모두 흩어져 주변과 비슷하게 '균형'되면 '안정'된다. α, β, γ 붕괴 역시 핵이 '균형-안정'을 찾기 위해서 일어나는 일이다. 이처럼 거시에서든 미시에서든 자연은 반드시 힘이 **대칭(조화, 균형, 안정)을 이루는 방향으로 흐를 수밖에 없다**. 물이 흐르는 것처럼. 흐르던 물도 바다에 이르면 물의 중력과 지각판이 맞서면서 안정(균형, 대칭)된다. 달이 지구를 도는 이유도 '달의 직진하려는 관성과 지구 중력의 당기는 힘'이 **'균형, 조화'**을 이루기 때문이다. 그래서 우주를 코스모스(**조화**)라 한다. 예를 들자면 끝도 없다..... 이상의 쉬운 예시들은 쉬운 이해와 통찰, 그리고 당위성을 낳는다. 단순한 힘의 논리일 뿐이다. (혼신으로 탐구한 것을 쉬운 예시로 설명하고 있다. 어렵게 설명할 필요가 있을까?)

[α, 알파붕괴; 라듐 등은 헬륨 핵(α)을 방출하고, <u>다른 핵 시스템이 되며</u> **안정됨**
β, 베타붕괴; 중성자가 전자를 방출하고, 양성자로 되며 <u>핵 시스템이</u> **안정됨**
γ, 감마붕괴; 핵이 감마선(남는 에너지, 강한 빛)을 방출하고, <u>핵 시스템이</u> **안정됨**
; 핵 시스템에서, 모두 조화-균형을 찾아가는 힘의 속성에서 비롯된다. 옥죄는 핵력-속박력이 불편한 입자를 저절로 쥐어 짜내 '버리는' 셈이다.]

이처럼 양자들은 미시세계의 시공간에서도 **균형-대칭-안정을 찾아** 끝도 없이 에너지를 주고받으며 춤추고 진동한다. 거시 공간에 있는 양자들이나 좁디좁은 핵에 갇힌 양자들이나 모두 다 마찬가지이다.

예컨대, 원자에 레이저를 쏘면 전자가 이 에너지를 흡수해 들뜬다(힘써 일어나는 여기상태 勵起狀態, excited state). 그러나 전자는 다시 양성자와 전기적인 균형을 찾기 위해 들뜬 여분의 에너지를 빛으로 방출하여 **안정된** 바닥(균형) 상태로 회귀한다[원자, 핵, 소립자에서 균형된 정상상태(기저상태 基底狀態)일 때의 에너지 상태로 회귀]. 남는 에너지를 스스로 방출해 조화와 균형, 안정을 찾아간 것이다.

근본적으로 핵의 세계도 같다. 핵이라는 '한 단위, 계 界의 안에서' 안정을 추구하며, 헬륨 핵 시스템의 2배를 이룬 에너지는 균형과 조화를 향해 헬륨 핵 두 개로 자가증식하며 분가할 것이다(125쪽). 진동하며 **힘의 균형**과 **대칭의 안정으로 조화를 찾아가는 것이 양자, 핵, 원자의 속성이다.** 이러한 현상을 역학적으로 보면, 물이 끓으면 증기가 배출되듯 '그냥' 자연스러운 것이다. 미·거시 할 것 없이 자연의 만물은 힘을 따라 **'조화[대칭-균형과 안정]를 향해'** 쉼 없이 움직인다! 이것이 범우주적 보편의 진리이자, 만물을 생동-운행시키는 동력이다.

**'조화'**진동자인 핵 시스템에서 발생한 역학적 상호작용의 결과물인 보스노바는 힘을 따라 **'조화찾아가기'**의 결정판이다. 가장 큰 진리는 가장 단순하다. 한 경계(境界) 안에서 전체적인 힘의 조화-균형-안정!

이처럼, 강력의 핵 시스템인 **'조화'**진동자에서 (쿼크 수는 불변인데) 자기장에 의해서 색전하 글루온만 양산되면 **색깔 교환대칭의 조화**가 깨짐으로 인해 대칭(조화)을 다시 찾기 위해 강력의 매개자 글루볼이 터널링해 물질 파편 등 공간양자를 끌어와 쿼크 등으로 합성함으로써 핵은 조화를 찾아갈 것이므로 핵을 '조화'진동자라 함이 타당하다.

미시·거시의 세계를 불문하고 우주는 조화, 즉 코스모스를 추구한다! 우주를 코스모스라 함은 조화가 보편적 자연의 제1섭리기 때문이다! 핵 시스템에서는 강력으로 핵 전체 시스템의 조화-균형을 추구한다! **이 강력한 강력의 균형-조화지키기의 속성을 이용한 게 흡수엔진**인데, 흡수엔진은 저온, 저압, 냉양자화로 대칭을 깨 부조화 상태로 만들고, 자기장을 공급함으로써 글루볼이 강력의 속박력을 뚫고 나가(**터널링**), 공간양자에 강력을 매개해 흡수-합성함으로써 냉원자가 조화진동자로서 **조화와 균형을 복구한다**. 그 결과 냉원자에 질량이 증가한다[E/c²➜ m].

[**색깔 교환대칭의 조화**; 핵력의 작동원리를 설명하는 색동力학에서, 글루온이 쿼크 사이를 $10^{-24}$초마다 뛰어다니며 색깔(글루온, 색전하)을 교환시켜줌으로써 쿼크를 속박하며 안정되는 핵의 조화 상태를 말한다. 물리학에서, 매개입자를 교환하면서 입자 간에 상호작용이 발생한다. 188쪽에서, 글루온과 쿼크의 '수數' 대칭이 깨진 외로운 글루볼이 '참 짝 페르미온(쿼크류, 물질 파편)을 찾아서' 핵의 속박력을 뚫고 나간다(터널링). 전자가 핵에 잠김으로써 전자와 핵 간의 큰 공간이 사라져 극도로 고밀도화됨에 따라, 자기장의 격렬한 **진동을 효과적으로 전이 받은 글루볼**이 터널링함으로써 냉원자 핵 시스템은 공간양자를 포획-합성할 수밖에 없다.]

이렇게 공간양자를 흡수-합성할 **글루볼(강력파)이 터널링할 조건**만 걸어주면 된다. 어렵게 생각하지 말자. 우리가 늘 경험한 예를 보자. 중력파가 방출돼 모든 물체를 끌어당겨 지구에 속박하는 걸 항상 보고 있지 않은가? 사고를 유연하게 하자. 자신의 사고를 가두지 말자.

【D.10】【흡수엔진의 단면도】에서, 냉양자의 '조화찾아가기'를 보자.

　자기장의 플랑크상수[$h$ = E/f]에 차인 냉헬륨의 쿼크가 그 힘을 삼켜 더욱 진동하며 글루온을 생산하면, 핵 안에는 속박자 글루온만 넘쳐나지 물질입자(쿼크)는 순증가하지 않아 힘의 균형이 깨진다. 그러므로 계속 증가하는 글루온(볼)에 의해 8중항의 속성이 발동하여 8중항은 스스로의 힘이 안정되고 균형 잡힌 '하드론되기'를 이루고 싶으나, (속박되지 않은) 쿼크류의 물질 파편이 실린더 안에는 없다.

즉, 가속적으로 불균형된 냉원자 핵은 **부조화, 비패턴, 혼돈 상태**이다. **그러나 이때 혼돈은 조화를 낳는다!**

이때 글루볼이 자기장이 키워준 플랑크상수[$h$ = E/f, E = $h$f]를 삼켜 (전이 받아) 에너지 장벽을 터널링해, 공간양자로 하여금 냉헬륨으로 달려가도록 매개한다. 그 결과 에너지를 포획-합성함으로써 조화와 균형을 찾아갈 것이다[$E/c^2$ → 2m]. 물극필반(物極必反)인 셈이다!

따라서 흡수엔진은 우주공간을 쭈-욱 찢어 가며, '**얽힌 맞섬이 없는, 걸림 없는, 척력이 없는**' 인력만이 있는 **작용반작용으로** 비행한다.
[흡수엔진에서는 냉양자와 공간양자 간에 **상호 얽힌 '인력'만이 있다!**]

　이처럼 흡수엔진 작동의 근원도 **혼돈**(카오스, 대칭성 깨짐, 조화 깨짐) 상태에서 **조화**(균형, 안정, **패턴**)를 찾아가는 자연스러운 '**힘의 흐름**' 에서 비롯된다. **카오스 이론에서는 이것을 '끌개 attractor'라 한다.** 흡수엔진에선 강력의 힘 균형이 깨지면 글루볼이 공간양자를 **끌어당겨**

포획하므로 **글루볼의 터널링이 '끌개'에 해당한다.** 그 결과 공간양자를 끌어와 '조화'진동자의 상태로 균형된 원상을 회복한다. 강력(强力)은 글루온이 물질입자 파편을 안으로 **'끌어당겨'** 합성-속박하는 힘이다. 이처럼 미·거시 세계를 불문하고 조화의 어머니는 혼돈이다. 우주의 기본 모드인 **'조화 찾아가기(코스모스화)'**를 부정하면 우주를 부정한 것이다.

복잡(혼돈)의 계界를 설명하자면, 변수가 너무 많아 무한다변(無限多變)하므로 '복잡계는 조화찾아가기로 귀결된다'고 말할 수밖에 없다. (이는 미·거시를 불문하므로 조화가 깨진 조화진동자 내부의 복잡계를 모두 설명할 수는 없다. 핵 질량은 양자효과가 95%이므로 더욱 그렇다.)

그런즉 **'혼돈 상태는 (끌개에 의해서) 결국 조화를 찾아간다'**고 말하면 정답이다. 가장 큰 진리는 단순하고 평범하다. 벼리만 당기면 된다!

그러나 대량정보와 통계, 확률을 AI로 연계해 복잡계의 설명하기도 한다(예컨대, ChatGPT처럼 정보 검색을 AI와 연계하기도 한다).

**인간의 창조력**은 대량 정보를 **분석-몰입-무념-융합하는 데서 비롯**된다. 깊이 분석하고 몰입하면 대단한 우리 **무의식**은 난제를 스스로 풀어서, (의식이 약하고 고요한 **무념** 상태에 가까울 때) 슬며시 답을 알려준다. **말랑말랑한 상상력으로** 대량 정보를 탐색, 분석하도록 타고났거나 훈련된 뇌라면, 창조력은 효율적으로 발휘될 것이다. 인간의 창조력은 **상상력**과 **무의식**에 크게 의존하고, 그 결과 문명은 계속해 융합 발전한다. 이것이 창조력의 바탕이 된다. 의식은 창조력에 방해가 될 뿐만 아니라, 타인의 생각마저 배척한다. 생활에 도움은 되겠지만······

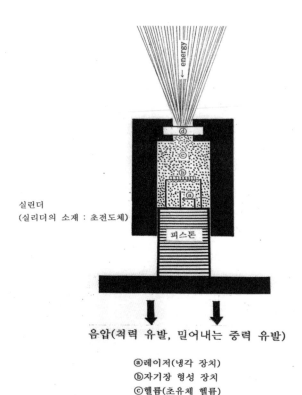

실린더
(실리더의 소재 : 초전도체)

피스톤

음압(척력 유발, 밀어내는 중력 유발)

ⓐ레이저(냉각 장치)
ⓑ자기장 형성 장치
ⓒ헬륨(초유체 헬륨)
ⓓ인공다이아몬드(카보나도)

**【D.10】흡수엔진 단면도** (75쪽과 같음. 보스노바 단계라서 재차 제시함)

188쪽 헬륨 핵에서, 레이저나 자기장의 진동이 **쿼크-물질**을 흔들면, **매입개자 글루온(볼)만** 양산돼 핵의 3:3 대칭(쿼크 : 글루온의 조화 대칭)이 깨진다. 핵이 대칭-균형을 복구하려면 글루볼이 핵 밖으로 터널링해 **물질 파편**을 포획하려는데, 강력의 에너지 장벽-속박력에 묶인 글루볼 은 핵 밖으로 터널링할 수 없다. 이때 **냉에너지인 자기장을 문턱진동수 이상 공급해 플랑크상수(힘)를 키워주면**, 글루볼이 의 진동(냉에너지)을 빌려 삼켜 창공으로 터널링해 공간양자에 강력(속박력)을 매개하여 **공간**의 물질입자(페르미온)형 **양자** 파편 등을 포획-합성-속박한다(가설).

114

냉'원자'는 **중첩을 못해서 고유한 공간을 차지하는 '물질입자 쿼크'**를 포함하는데, 양·중성자에서 글루온을 교환하며 쿼크를 속박한다. 또 중간자가 양·중성자를 엮어 **'물질이 2중으로 엮인'** 핵 시스템이므로 페르미 축퇴(縮退)가 발생하여 **입자가 굵다.** 반면에, 매개입자나 공간 양자는 극미하므로 **카보나도는 매개자 글루볼과 공간양자는 투과시키고, 굵은 냉'원자'를 실린더에 가둔다.** 그 결과 **작용반작용이 유효화된다.**

글루볼이 냉헬륨 핵의 속박력을 꿰뚫어 공간양자(에너지)를 당겨 흡수-합성하며[$E/c^2$] **작용**하고, 실린더의 냉원자에는 질량[m]이 증가한다[$E/c^2 \rightarrow$ m]. 이때 공간양자는 **반작용**으로 비행체를 끌어당긴다.

그 결과로 진진공(찢어진 공간)이 형성되어 비행체는 **'찢어진 공간 안에 들어서서'** 비행한다. 비행체와 얽혀 맞서는 **★양자거품은 공간의 실체**이므로 양자거품을 제거하면 시공간이 찢어진다(진진공, 시공간 소멸).

로렌츠 인자 [$r = 1/\sqrt{1 - v^2/c^2}$]가 뜻하는 건 비행체와 공간양자가 **맞서 얽히며 나타나는 비행체의 질량증가이다.** 그런데 공간의 실체인 공간양자가 제거됐으니 로렌츠 인자도 소멸한다. 시공간이 제거되어 맞서는 **'상대(相對)론적' 대립(對立) 관계가 사라진 찢어진 공간 안에 들어서서** 비행하는 비행체는 질량증가가 없어 초광속이 가능하다.

**힉스장도 제거됨에 따라 가속할 때 끈적한 저항감을 주는 관성저항이 사라지므로 UFO는 순간소멸(순간가속)과 순간정지, 예각비행이 가능하다.** [찢어진 공간을 경험한 적이 없는 인류는 이에 얼른 동의하기 어렵다. 예시; 로마인은 '진행 물체는 반드시 정지한다'는 경험이 전부라서 갈릴레이의 관성(계속 직진)을 이해할 수 없다. ☞ **경험에서 얻은 직관의 맹점**]

## 3) 흡수 엔진의 구동원리 해설

흡수엔진 원리는 비행체와 공간양자가 서로 맞서는 대립이 없는 **진진공 안에 들어서서**, 그것도 **살아 있는 '핵력으로'** 비행하는 원리이다.

핵폭탄은 고온고압으로 원자 '핵끼리'의 핵반응을 유도하는 원리다. 즉, [E = mc²] → [mc² ➔ E]는 에너지 팽창이다. 이는 철을 향해 나아가는 원자핵의 융합이나 분열로 '남아도는 물질 m이 에너지 E로' 변환되며 에너지를 방출한다. [질량감소 → 에너지 방출]이다. 강력의 속박력 해제로 에너지를 일시에 재난적으로 방사하는 **'죽은'** 강력이다.

질량감소: [mc² ➔ E]. 예시) 태양에서 수소 4개가 헬륨 하나로 융합하면 약 0.87%의 **질량이 감소**하며 에너지로 변환돼 공간으로 방사된다. 태양의 1400만 °C 고온 고압의 운동에너지가 핵의 속박력을 상쇄시켜서 (핵융합 찰나에) 핵 시스템 전체를 부수려 함에도 불구하고 핵이 모두 붕괴되지 않은 것은 수소 핵 4개가 뭉쳐 핵의 **'속박력을 더 강화시켜'**, 즉 핵 융합시켜서 **수소들의 핵 시스템을 헬륨 핵 하나로 재구성함으로써 '조화'진동의 균형-안정-대칭 상태를 지키려는 강력의 속성에서 비롯된다.** 핵(조화진동자)의 시스템에 불균형-부조화가 발생하면, **핵은 다시 균형-조화 상태를 복구하기 위해 자신의 힘인 강력을 행사한다**고 말할 수 있다.

"강입자 충돌장치 테바트론에서, 양성자의 격한 충돌로 뜯겨진 쿼크 등은 **강력의 우월적 힘에 의해** 찰나에 포획당해 재구성된다. 쿼크의 탈옥은 순간에 끝난다."[73] 흡수엔진에서 글루볼의 터널링을 이 같은 '음수-인력의 힘(강력이 입자를 포획해 **딩겨 속박하는 힘**)'으로 이해하자.

**의 무지막지한 강력의 균형-조화지키기의 속성을 이용한 것이 흡수엔진**인데,

흡수엔진에선 저온, 저압, 냉양자화로 대칭을 깨 부조화 상태로 만들고, 자기장 진동을 공급하여 글루볼이 강력의 속박력을 뚫고 나가(**터널링**), 공간양자에 강력을 매개해 공간양자를 포획-합성한다. 냉원자가 '조화' 진동자로서 **'조화' 상태를 복구하는 과정으로**, 냉원자에 질량이 증가함(가설).

태양이나 초신성, LHC, 테바트론, 흡수엔진, $\alpha$ $\beta$ $\gamma$ 붕괴(108쪽)에서 모두 다 **강력이 '조화(균형-안정)'를 지키려 하는 속성에서 비롯된 것은 같으므로 '조화'진동자(핵의 균형) 상태를 복구하려는 '궁극의 목적'은 같다.** 흡수엔진은 **핵이 조화 상태를 찾아가는 속성을 자기장으로 추동해 이용함**

흡수엔진에서 에너지를 흡수-합성하는 식 $[E/c^2 \rightarrow m]$을 풀어 쓰면, '에너지를 $c^2$(광속×광속)으로 포획해 실린더 냉양자에 질량이 증가한다'이다. 강입자 가속 충돌 순간에서는 강력 파이온이 입자를 포획하기도 하겠으나, 흡수엔진에서는 전술한 자-글 효과에 의한 글루볼이 터널링해 공간양자에게 강력을 매개하여 공간양자를 포획할 것이다.

이때 글루볼은 SU(3) 팔중항과 서로 얽혀 있다. 즉 강력 구성체의 하나인 중간자와 얽혀 있는 상태이므로 우주 공간으로 터널링할 때 **'얽힌 파동이므로'** 글루볼은 붕괴하지 않을 것이다. 흡수엔진에서 글루볼의 터널링이란, 공간양자를 포획-합성하기 위해서 강력의 속박력을 뚫어 강력을 공간양자에 매개하는 행위다. 글루볼은 강력의 행위자다.

(핵이 블랙홀로 빨려들기 전에는) 핵 시스템은 별에서든, 입자가속기 충돌 순간이든, 냉원자에서든 **강력은 반드시 반드시 반드시 자신의 핵-시스템적 대칭**(조화-균형-안정) **상태를 지키는 철저한 본성을 지녔다! 흡수엔진은 '핵의 속성인 조화찾아가기를 자기장으로 추동해'** 이용함.

이제 레이저의 가간섭성을 이용한 BEC **냉양자화 과정**을 살펴보자.

[가간섭성: 可干涉性, 결맞음 coherence; 레이저의 에너지는 크고 곧아서, 즉 결맞아 투과간섭능력이 커서 전자처럼 일종의 방어막인 방패(干)를 투과(涉)하여 간섭(干涉)한다. 이에 전자를 바닥상태에서 들뜬 상태로 만든다. 즉 전자가 핵에서 더 먼 곳의 궤도로 들뜬다. 이렇게 에너지를 끌어올리는 것을 펌핑이라 하며, 에너지를 흡수하여 함축한다. 전자의 들뜬 상태는 다시 바닥상태로 회귀하려는 속성이 있다. <u>전자가 들뜬상태의 원자 수가 전자가 바닥상태의 원자 수보다 많아지면</u>, 즉 밀도반전이 발생하면 함축하였던 에너지를 <u>일시에 방출 **(번개 터지듯 빛이 터져 나옴)**</u>하면서 들뜬 전자는 바닥상태로 회귀하며 안정된다(양성자⁺ ⇆ 전자⁻ 간에 힘의 균형을 스스로 맞춰 조화를 이룬다).

전자 궤도를 투과한 <u>레이저</u>(광양자)는 결맞고, 고에너지, **고진동**이므로 이 고진동이 쿼크를 고진동시켜 속박자 글루온이 양산돼 글루온의 속박력을 키운다[고에너지 상태의 **광양자(빛)**일수록 진동이 극심하다].

**<u>양산된 글루온은</u>** 균형된 핵을 이루기 위해 <u>물질입자를 갈구하면서도</u>, **글루온-강력의 안개효과로** 레이저를 흡수하여 냉원자로 된다. 이것은 **<u>글루온이 양자-에너지를 안개효과로 합성하는 속성이 있음을 증명한다</u>.** 그 결과 전자마저 핵에 잠겨 전자의 배타성이 소실됨으로써 냉헬륨은 거시적으로 양자화 고밀도화 되고, 핵의 조화(교환대칭)는 깨진다. 이제 냉양자는 공간양자와 쉽게 합성할 조건을 얻었다(**레이저 냉각**, **BEC**)]**/**

냉양자의 구체적인 모습을 살펴보자. 아래의 그림은 2001년에 노벨 물리학상을 수상했던 코넬, 케테를레, 위먼이 BEC(보스아인슈타인응축)를 이룬 모습이다. 실물 사진으로 봐도 되며, 타임머신으로 가는 계단이다!

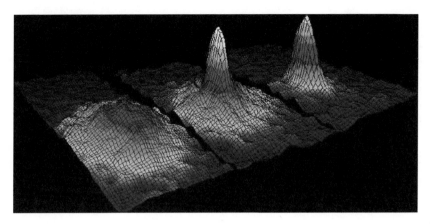

**보스응축[BEC]**　　(출처; Bose-Einstein condensate - Wikipedia)

(좌) BEC 직후 모습. 핵 양전하 간의 **척력**과 핵력인 응집 **인력**이 교차하므로
　　파동이 일어나며 펑퍼짐하다. (적색은 고온, 청색은 온도가 낮은 곳임)

(중) BEC가 강화된 모습. 자기장 진동을 더 세게 공급해주자 핵력(**인력**)이
　　증가함으로써 양전하 간의 척력을 감쇄시키며 응집물이 솟아오른다.

(우) 내파 직전 모습. 센 자기장 및 고온(적색)일수록 파동이 심함(좌→중→우)

(우) 상태에서, 자기장의 격렬한 진동(**냉에너지**)을 더 세게 공급하자, **내파해**
극도로 쪼그라지며(OK인 -273.15°C에 초근접 상태) **주변 에너지부터 흡수하고**,
이어 (먼 곳 양자를 포획하며) **다시 폭발**했다. (보스노바 = 내파 + 다시 폭발)

**OK**에서는 (**자기장의 격한 진동을 공급하지 않더라도**) 자체의 진동만으로도
핵반응이 일어날 수 있다(141쪽 참조). 양자는 OK에서도 진동한다(영점운동).

보스노바는 냉양자가 공간양자를 포획-합성하여 조화진동자로서 '조화와
균형 상태를 복구'하려는 것이다. 이때, 공간양자를 당겨 포획하므로 냉양
자도 찰나에 끌려간다(겉보기 폭발). 즉 내부로부터의 폭발이 아니라, **핵
시스템 전체 계界의 조화-균형을 찾고자 양자를 당겨 포획하는 연쇄 핵반응임.
그 결과 인력의 작용반작용이 발생한다**(초신성의 '내파 후 폭발'처럼 보인다).

# 【보스노바에서 나타난 현상을 과학적으로 해설하기】 ★★
### ☞ 가장 중요한 부분이다!! ★★★

흡수엔진 원리의 현상적 해설은 BEC와 **보스노바**에서 찾을 수 있다.

2000년에 코넬 등은 루비듐에 레이저를 쏘여주며 보스아인슈타인 응축(BEC)과 보스노바를 이루었다. 응축물 냉원자(초유체) 사이에는 양자 간섭에 의해 **척력과 인력 사이를 오가면서 생기는 파동이 일어난다.** (고온의 적색 부분이 척력-인력의 교차 비율이 비슷해서 파동이 심하다./ 척력; 전자가 잠긴 핵 양전하$^{(+)}$끼리의 척력/ 인력; 당겨 속박하려는 핵력)

당시 실험에 참가한 연구자들이 보스노바 현상에 대해 설명하기를,

"이 상태(BEC 상태)에서 **자기장의 세기를 더 늘리자,**
원자 간 힘의 상태가 **인력으로 바뀌면서** 안쪽으로 '**내파(內破)'했다.**
응축물이 측정 불가능한 크기로 **줄어들었다가**
'**다시 폭발**'하면서 10,000개의 입자 중에 2/3가 날아가 버렸다.
날아간 입자는 어디에서도 찾을 수 없었다.

이때 참석했던 연구자들은 '이 폭발은 굉장히 새로운 효과이고,
**예측한 것과 전혀 다른 현상입니다**'라고 하였다." [1]

이때 '내파 후 폭발'이 마치 초신성 폭발과 유사하다고 하여, 최초로 논문을 제출했던 인도 출신 보스의 이름을 합성해 보스-노바라 한다. (사티엔드라 나스 보스 Satyendra Nath **Bose** + 초신성 super-**nova**)

위의 보스노바에 대한 설명을 보다 세분화 구체화하여 그 작용의 과정을 필자의 주관적 통찰에 따라 분석하여 다음과 같이 해석한다. 화살표 다음의 '**굵은 글씨**'가 재해석한 내용이고, [　] 안은 사고실험 思考實驗으로 분석한 내용이다.

① "이 상태에서" → '**냉양자(냉원자), 보스응축, 초유체 상태에서**'

[극랭 상태인 초전도체나 초유체가 되면 물질을 형성시키던 페르미온 전자들이 쌍을 이루거나 격자에 잠긴다. 물질입자인 쿼크의 페르미 축퇴도 존재하므로 내재적으로는 물질계지만, 외형적인 역학적 관계는 양자화된 것이다. 양자는 늘 에너지를 주고받기 쉬운 속성이 있다.

　이제 전자가 쌍을 이루거나 핵의 격자(재규격화론)에 잠김으로써 냉양자는 매개자의 속성인 에너지 매개 능력이 확연히 드러날 것이다. 즉, 핵의 속박력인 퍼텐셜 장벽(잠재 장벽)이 강화되며 상존하되, 동시에 파동으로 핵을 감싸며 보호막 역할을 하던 전자가 핵에 잠겨 **배타성이 소실됨으로써 에너지를 쉽게 주고받을 수 있는 상태에서**, 즉 BEC(보스아인슈타인응축 = **보스응축** = 냉양자 = 냉원자 = 초유동체) 상태에서,]

② "자기장의 세기를 더 늘리자,"
　→ '**불확정성에 의한 양자터널링이 발생하도록 냉리비듐(냉헬륨)에 격렬한 자기장의 진동**(진동 자체가 냉에너지임)**을 충분히 공급해주자,**'

[냉양자에 자기장 진동수 f를 키워주면, 쿼크는 이 냉에너지를 삼켜 더욱 진동하며 글루온을 양산하고, 또 $[h = E/f] \rightleftarrows [E = hf]$에 따라 실린더 내부의 플랑크상수 $h$가 더욱 커진다(자기장의 진동수 f가 크면

결국 양자 하나당 에너지 E가 커진다. 86~88쪽 참조). 그 결과 냉양자인 초유체 헬륨의 글루볼(온)이 커진 플랑크상수의 힘을 잠시 빌려 불확정성에 의한 양자-글루볼 터널링을 이룰 수 있게 된다. 즉 양자 글루볼은 속박의 에너지 장벽을 터널링(꿰뚫기)할 힘을 플랑크상수 $h$ (진동인 냉에너지)에서 얻는다. 이를 위하여 자기장 진동수를 높이자.]

③ "원자 간 힘의 상태가 인력으로 바뀌면서 안쪽으로 내파했다."
→ '전자들이 잠겨서 냉양자 간의 거리가 가까워짐에 따라 핵들의 양성자에서 발생하는 양전하끼리 척력인 반발력이 드러난다. 그러나 냉각효과와 자기장에 의한 핵력-글루온(속박력)의 증가로 인해 냉양자 간의 거리가 가까워지며, 핵력인 인력(속박력)이 동시에 작용한다. 따라서 양전하 간의 척력과 핵력인 인력이 충돌해 파동이 잠시 교차하다가, 인력(핵력)이 모든 힘을 지배하는 순간에 이르니 안쪽으로 내파했다.'

[초유체에 '자기장을 세게 공급하자 내파가 있었다'는 점을 생각하면, 자기장에 의하여 증가한 글루온의 속박력이 모든 전하를 제압 내지 속박함으로써 근접한 에너지를 포획-흡수-합성했을 것으로 예상된다. 이때는 글루온(속박자)이 매우 양산-강화됐을 터이므로 냉양자 간의 거리가 극도로 가까워지며 핵력이 모든 힘을 지배하니 인력으로 바뀌고, 즉 척력과 인력을 교차하며 냉양자가 마치 산봉우리처럼 솟아오르다가, 인력(핵력)이 전체적인 힘을 지배하며 결국 내파가 발생했다. 물론 이는 자기장에 의해 플랑크상수가 매우 커져 쿼크 글루볼 등 양자들을 극도로 진동시키는 상황이라서 글루온도 더 양산돼 활성화된 상태다. 그 결과 연쇄적으로 주변의 에너지부터 응축-합성하며 내파하였다. 피크노뉴클리얼리액션이 발생한 0K의 순간을 연상하면 이해가 쉽다.]

④ "응축물이 측정 불가능한 크기로 줄어들었다가"

→ '자기장의 간섭에 의해, 글루온-속박력의 힘이 더욱 강화되며 냉양자 내외의 주변 에너지를 모두 긁어모으며 큰 인력으로 흡수-합성함으로써 응축물이 극도로 쪼그라들어 측정 불가능한 크기로 줄어들었다가'

[자기장이 쿼크를 차서 더 간섭하고 진동시키자, 글루온이 더 양산돼 <u>음수인 점근적 자유의 힘</u>(핵력-인력)이 증가한다. 글루온이 쿼크를 더 조이고 **안개효과로 에너지를 자신의 하드론**(핵)**에 합성하므로** 냉양자는 측정 불가능할 정도로 쪼그라들고, 절대영도 0K에 초근접한 상태다. 이 순간이 냉양자의 글루볼이 터널링한 '**찰나적**' 순간으로 추정된다. **이때부터는 강력**(속박력)**의 터널링이 실현된 상태이므로 냉양자 내외 주변의 모든 양자장이 강력에게 포획-속박당할 것으로 추정-확신한다.**]


⑤ "다시 폭발"

→ '자기장의 진동을 더욱 강하게 공급해주자 냉양자 헬륨의 글루볼(온)이 양산되며 동시에 글루볼의 진동-요동이 극심해진다. 특히 (문턱진동수 이상의) 자기장 공급으로 플랑크상수 $h$의 크기가 임계점을 넘자, $h$로부터 힘을 빌려 삼킨 <u>일부 글루볼이 터널링해</u> 주변의 에너지부터 끌어가므로 냉양자 주변이 0K에 초근접함으로써 '내파 후', **음의 '연쇄' 핵반응이 발생해** <u>실험용기</u>(실린더) **밖의 공간양자를 포획**했다. 이는 (글루온과 쿼크 간의 교환대칭 완성을 위해) 글루볼이 자신의 참 짝인 쿼크를 구성할 물질 파편 등을 포획-흡수-합성하는 행위다. 냉양자가 공간양자를 포획하는 '연쇄' 핵반응의 힘이 강하고 순간적이라서 냉양자가 마치 한 번의 폭발처럼 튀어 나가며 에너지를 흡수하였다. **냉양자가 공간양자를 끌어당기며 연쇄 합성하므로, 작용반작용이 발생해** <u>**공간양자도 냉양자를 끌어당기므로**</u> **냉양자들이 튀어 나갔다**(겉보기 폭발).

[자기장에 의해 실험용기 내부에서 플랑크상수가 임계점을 넘어서자, 내파한 후의 실험용기(실린더) 안에는 속박당하지 않은 물질 파편이 없고, 0K에 근접하게 쪼그라진다. 계속 매개입자 글루볼만 증식됨으로써 불안정해진 하드론(핵)이 안정을 찾기 위해 '하드론되기'의 실체인 8중항의 본성적인 **속성을 추동함으로써** 실린더 밖에서 물질입자 등 공간양자를 연쇄적으로 포획하는 핵반응이므로 폭발처럼 보였다. **대칭상태를 복구하기 위한 핵 시스템의 자발적 행동이다.** (8중항 10중항; 191쪽)

냉헬륨이 양자를 끌어오면, 페르미온은 중첩이 불가한데다 에너지가 높아져 핵의 소립자들이 들떠 불안정해진다(**10중항**). 핵은 힘의 균형을 찾아가는 '조화'진동자이므로 냉헬륨에 에너지가 유입되어 임계치 이상 들뜬 소립자들은 분가 分家하며 '안정-균형 상태로 **새 하드론되기**'를 이룰 수밖에 없다(**8중항**). 즉 10중항이 8중항 두 개로 자가증식 自家增殖할 것이다(예측).

그런데! 페르미온(물질) 양자 파편이 유입되어도 실린더 내부 환경은 계속 절대영도에 근접하고, 자기장에 의해 글루온(볼) 생산이 지속되는 상황이므로 대칭성 깨짐이 지속되어 전자가 잠긴 **냉헬륨은 원자 완성을 이루지 못하고 냉헬륨 핵만을 산출할 것으로 예측한다.** 자가증식이다.

자기장의 진동을 공급받은 냉헬륨의 핵이 공간양자를 포획한 결과로 **냉헬륨이 타원소의 핵으로 변환되지 않고**, 냉헬륨의 소립자가 들뜬 10중 상태를 거쳐서, 8중항의 핵 둘로 분가함으로써 냉헬륨의 핵으로만 자가증식(自家增殖)할 것이다. 🌀🌀🌀 그 이유는 (핵융합 과정에서처럼, 강력-속박력을 '**상쇄시키는**' 원리와는 반대로) 속박자 글루온이 양산된 냉헬륨은 **핵 시스템을 옥죄는 속박력이 오히려 극히 강화되기 때문**이다.

이어 공간양자(에너지) 흡수로 인해 들떠 불안정하고 흥분된 10중항은 '**가능하면 빨리**' 8중항의 안정 상태를 찾으려고 할 것은 자명한 이치다.

헬륨은 **핵자 수**(양성자 2개, 중성자 2개)가 적음으로 인해 구조가 단순하여 ☞ 핵자가 간결하게 정렬되므로 에너지 손실이 없다. 따라서 '에너지 준위가 낮음'에도 불구하고 안정하며, 결합력이 크다.

☞ **에너지 준위가 낮고, 안정하며 결합력이 크므로** ★★

불안정한 10중항이 **'가능한 가장 빨리'** 안정한 8중항으로 분가 가능한 핵이 헬륨이다. 자가증식으로 분가하는 자기(自己) 알파붕괴인 셈이다.

텔루륨 $_{52}$Te 이상의 일부 '불안정한 핵에서' 알파붕괴로 (**헬륨 핵이 떨어져 나오며**) 핵이 안정되듯, 들떠 불안정해진 10중항의 헬륨은 결국 (큰 결합력의 안정성으로 간결하게 정렬되며) 안정한 8중항 둘로 분가할 것이다(223쪽 참조). 흡수엔진이 가동 중인 냉헬륨의 핵에서,
① 글루온이 양산된 핵 시스템은 **'옥죄는 속박력이 극히 강화되고'**
② 에너지E 흡수로 E 준위가 높아져 **점점 더 '들떠' 불안정해지므로**
①과 ②가 서로 충돌하다 결국 안정-균형을 찾아 자가증식할 것이다.

[◆◆ 예시; 겔만은 **10중항 입자 중 하나인** sss 쿼크(오메가 마이너스) Ω⁻를 예측했고, 이은 **충돌실험에서** Ω⁻가 **8중항 입자 중 하나인** 중성 크사이 Ξ⁰와 음의 파이온 π⁻으로 붕괴했다. 즉, 안정한 8중항의 입자로 붕괴한 것이다(223쪽). 그렇지만 **냉헬륨에서는** 속박자 글루온(볼)이 넘쳐나고, 에너지가 일정-꾸준히 유입되므로(337쪽 참조) 10중항으로 들뜨다가 결국 8중항 **2개**로 분가.... **냉원자의 붕괴가 불가한 이유**; 앞쪽 🌀🌀🌀 참조]

UFO가 하늘에서 활동하고 있다는 것이 이를 증명하고 있다. 만약 들뜬 10중항 냉헬륨이 안정한 8중항 냉헬륨 둘로 분가하지 않고 3중점이 있는 다른 핵으로 되면, 초유체 상태가 깨져 엔진이 꺼진다. **헬륨은 3중점이 없는 유일한 원소다**(3중점; 기체·액체·고체의 공존 상태). 3중점의 결정체는 결국 엔진을 훼손시킬 것이므로 사용 불가하다. **/**

강력의 터널링으로 냉헬륨과 공간양자 간에 상호인력이 발생하며, 합성을 이루기 위해 멀리에서 **달려오는-끌려오는** 공간양자는 속도가 빨라지다가, (실험용기에서) **달려 나가는**, (실린더에서) **끌려 나가려는**, **튀어 나가려는** 냉헬륨에 포획돼 합성을 당하는 마지막 속도가 $c^2$이다.

어느 한 핵의 글루볼이 터널링하면, 주변의 에너지를 순간적으로 포획-제거하므로 **짧은 순간에 실린더 내부는 더 극도의 극랭을 이룬다.** 이어 동시적으로 여타의 핵도 음수의 힘인 속박력이 무지막지하게 극한의 극한으로 강화된다. 그러므로 **자기장이** (더욱더 초고밀도화된) **쿼크를 효율적으로 진동-가속시키는 결과가 되어 글루볼이 극도로 양산되면서 터널링도 지극히 짧은 순간에 연쇄적으로** 일어난다. 겉보기에는 마치 한 번의 폭발처럼 보인다(찰나적 연쇄 핵반응이므로).

이 연쇄적 핵반응을 인용하면, "외부에서 강한 에너지(필자; 예컨대 냉에너지인 자기장)가 가해지면 응집되어 있던 **인력이 더욱 강해지고,** **★에너지가 '갑자기 사라지면서' 응집되었던 원자들이 '갑자기' 폭발**하게 됩니다. 이게 보스노바 현상입니다."[2] 이와 같이 보스노바는 흡수의 충격임에도 '겉보기 폭발'로 보인다. 바로 **'갑자기'의 순간**이 글루볼 외향화의 터널링을 **연쇄적으로** 이루는 순간이다. 하나의 냉양자에서 핵반응(글루볼의 터널링)이 발생하면, **주변이 0K에 초근접하게** 냉각되면서 연쇄 핵반응이 일어난다. 특히 피크노뉴클리얼리액션은 '0K에서는 **냉양자 자체의 진동만으로도** 핵반응이 일어난다'는 것인데, 하물며 흡수엔진에서는 **자기장의 격렬한 양자적 진동인 냉에너지를 공급해주는 원리이므로 음의 연쇄 핵반응**이 반드시 일어날 수밖에 없다. 자기장의 진동수가 문턱진동수를 넘어서면, 글루볼이 터널링해 **균형 잡힌 '하드론되기'를 위해 대칭성 깨짐을 밖으로 '직접' 드러낸** 순간이다!

126

일부 냉양자에서 글루볼 터널링이 발생함과 동시에 핵력이 핵 밖으로 매개되면서 공간양자를 흡수한다. 그 결과 하드론이 $c^2$의 속도로 '**주변의 에너지부터**' 흡수-제거한다(**내파**; 핵폭탄의 에너지 방출과 반대).

☞ 이것이 **에너지가 '갑자기' 사라진 이유이다! ★**

<u>이어 냉양자 연쇄 핵반응으로 먼 곳의 공간양자를 포획하는 인력의 상대운동이 발생해 냉양자가 일시에 튀어 나간 것이다</u>(겉보기 폭발).

자기장으로 플랑크상수를 '**지속적으로 충분히**' 공급해주고 있으므로, 글루온은 연쇄적으로 강화돼 <u>음의 연쇄반응이 순간에 발생할 것이다</u>. 냉헬륨 하드론의 '하드론되기' 본능으로 물질입자를 채워 넣기 위해, 물질입자(에너지)를 흡수하는, **점근적 자유의 속박력을 외부까지 행사하는**, 합성의 힘이 핵 안으로 향하는, 이때 상대운동이 **인력**으로 나타나는, <u>종국적으로 비행체 전방의 시공간을 모두 흡수-제거함으로써 비행체 주변에 진진공을 형성하는</u> **음陰의 방향인 연쇄 핵반응**이다[E/$c^2$ → m].

반면에, 핵폭탄이나 레이저 유도방출과 같은 연쇄반응의 원리들은 그 방향이 반대이다. 핵폭탄에서 여러 원자가 하나로 핵융합하거나, 레이저에 의해서 들뜬 원자 하나가 에너지를 방출함으로써 연쇄적인 폭발과 방출이 발생한다. 핵폭탄에서 고온고압의 핵합성이 발생하면, 그 가속된 에너지에 의해 주변에 더욱 완벽한 극고온을 이루어 연쇄적으로 핵합성이 발생하고 여분의 물질을 에너지로 변환해 방출한다. 이 역시 연쇄반응인 것은 마찬가지다. 이는 원자에 축적된 질량을 속박하던 강력이 단절되며 그 반동으로 튕겨 나가며 에너지를 흩트리는, 점근적 자유의 속박력이 해제되며 양자가 핵(강력)으로부터 벗어나는, 폭발력이 우주 창공으로 향하는, 이때 상대운동이 **척력**으로 나타나는, <u>종국에 시공간을 창출하는</u> **양陽의 방향인 연쇄 핵반응**이다[$mc^2$ → E].

전술한 ⑤항의 "다시 폭발"에서, '일상적으로 말하는 폭발'은 다음과 같은 두 가지 방법(ⓐ, ⓑ)뿐이다.

ⓐ 전자에 의한 분자결합과 관련돼 남는 에너지가 방출되는 것(예; TNT).
ⓑ 이웃하는 원자핵 간의 핵반응이 일어나는 것이다(예; 핵융합).

그러나 냉양자는 전자가 이미 핵에 잠긴 상태라서 ⓐ'**분자결합 자체가 아예 불가능하다**(즉, 전자나 분자결합과 관련된 폭발은 아예 불가능하다).

또 냉양자에서는 속박자(글루온, 파이온)만 양산됨에 따라 핵 시스템의 조화를 이루려는 속성으로 부족해진 피속박자(물질)를 더욱 갈구하므로 ⓑ'이웃 핵에게 자신의 핵 구성입자를 절대로 내주지 않는다. 냉양자들이 **회전하면서도 마찰저항이 0인 이유이다.** 따라서 자기장의 격렬한 진동을 전이 받고 있는 냉양자는 이웃하는 **핵끼리의 융합-폭발은 절대 불가능하다.**

결국, 핵의 조화를 복구하기 위해 글루볼이 터널링해 **공간양자를 끌어와** 핵에 부족한 물질을 채우는(섞는) 핵반응 '**보스노바**(내파 후, 다시 폭발)'다. 이것은 냉양자 0K에서 일어나는 피크노뉴클리얼리액션으로 봐야 한다.]

⑥ "날아간 입자는 어디에서도 찾을 수 없었다."
→ '(넘쳐 남아도는 글루볼이 찰나적 연쇄 터널링을 이루었고) **즉시 공간양자를 흡수-합성하면서, 이어 초유체 상이 깨지며 비산했다. 따라서 냉양자 입자를 어디에서도 찾을 수 없었다.**'

[튀어나간 냉양자를 어디에서도 찾기 힘들었을 것이다. 실험 용기에서 튀어 나가며 공간양자를 흡수-합성하고, 곧바로 상온을 만난 냉양자는 초유체 상태가 깨지고, 또한 핵에서 전자가 되살아나 일상의 물질로 변환되었을 것이다. 초유체 상은 온도에 극히 민감하여 깨지기 쉽다.]

이상 BEC와 보스노바는 성경에 기록된 목격사례를 근거로 '**흡수엔진 작동 모습과 에스겔서의 목격 현상**'을 명확히 대비해 증명한다(280쪽).

## 【쿠퍼쌍과 양자 터널링의 효과】

### Cooper pair & Quantum tunnelling

"BCS이론(1957, 일리노이 대학, Bardeen, Cooper, Schrieffer)에서 절대영도 근방에 이르면, 원자핵$^{(+)}$들이 격자를 형성하는데, 전자$^{(-)}$가 이 주위를 지나가면 순간적으로 격자들이 전자가 지나는 쪽으로 약간 쏠린다. 이때 두 번째로 지나가는 전자(-)는 훨씬 강력한 (+)전기와 상호작용을 일으켜 쿠퍼쌍 Cooper-pair을 이룬다. 그러면 도체는 게이지 대칭성이 깨져 방향성을 갖는다." [5] (격자장론에서)

[쿠퍼쌍이란, 스핀이 정반대인 2개의 전자가 짝을 지어 쿠퍼쌍을 이루어 초전도체에서 전류를 운반한다. 포논이 매개되면 전자 간에 인력을 갖음]

"이때, 게이지 대칭성이 깨졌다는 것은 다음을 보아도 알 수 있다. 원래 광자는 질량이 없다. 이는 광자가 대칭성을 가졌기 때문이다. 그런데 초전도의 환경에서는 광자가 입자 간에 상호작용을 함으로써, 없던 질량을 가진 새로운 종류의 광자가 생긴다. 이는 '쿠퍼쌍이 게이지 대칭을 깬다'고 할 수 있다."[5] (게이지; 마땅한 전후관계. 후술함)

여기서 '광자가 질량을 얻었다'는 것은 **냉각 효과에 의해** 양자화된 입자는 대칭성이 깨진 상태이므로 양자 간의 합성할 수 있음을 뜻한다. 원자의 보호막인 전자가 쿠퍼쌍으로 잠긴 양자 상태에서는 냉양자가 가지는 '질량의' 양자성이 드러난다.
(양자는 항상 진동하며 에너지를 주고받는, 상호작용을 하는, 변환하는 가능성으로 존재하는, 완성과 합성, 균형을 향한 불확정성으로 존재한다.)

대칭성이 깨진 상태의 냉양자는 **질량을 서로 간에 쉽게 합성하는 상호작용이나 상전이 등이 불가분의 관계임을 증명**하고 있다. ★★


　　절대영도에 근접하면 전자끼리 짝을 이루든 격자에 잠기든 겹친다 (페르미 겹침 상태, BEC-BCS 전이). **전자가 보손**(매개자)**화됨으로써 페르미온**(물질입자)**인 전자에 의존하였던 배타성이 사라지는 것**이다.


[**배타성의 소실**: 배타성이란, 전자나 쿼크 등 물질입자는 중첩이 불가하여 고유한 공간을 차지하며 **타**입자를 **배**척한다. 우리가 독립적으로 존재하는 이유다. 빛 등 매개입자는 중첩된다(예시; 돋보기로 빛을 모으면 중첩된다).

전자는 양자이므로 그 위치가 확정되지 않고 존재할 확률로 진동하며 핵을 둘러싸고 진폭으로 퍼진 '듯이' 진동한다(이때는 **속박된** 전자-양자 진폭임). 전자가 궤도에서 구름처럼 부옇게 불확정한 상태로 층을 이루어 확률파동으로 핵을 감싸며 진동하는데, 극랭으로 운동에너지 감소로 전가 겹쳐 핵에 잠긴다. 양자적 진폭으로 **핵을 감싸고 있던 원자의 울타리가 사라진 것**이다.

전자의 궤도(구름층)은 배타성이 있어서, **다른 힘 입자가 구름층**(궤도)**를 통과하지 못하게 한다**(배타성 排他性). 물론 전자$^{(-)}$는 원자핵$^{(+)}$과 작용해 원자가 안정된다. 만물이 안정을 이루는 중요 요인이다. 그런데 울타리인 전자가 잠김으로써 배타성이 소실된다(빗장 풀림). **냉원자는 배타성이 사라져 다른 양자와 상호작용할 수 있는 상태다. 이를 '거시적으로' 양자화되었다**고 한다.]

'양자'의 원래 뜻은 어떤 물리량이 최소의 정수배로만 존재하는데, 이 '최소 단위'의 상태가 양자이다. 양자가 **덩어리-알갱이**로 되어 있기 때문이다. 이것이 양자의 물리량이 불연속적으로 증감하는 이유다.

그런데 냉헬륨(냉원자)은 매우 많은 양자 덩어리들이 뭉쳐진 큰 물리량이다. 그러므로 냉양자는 전자가 핵에 잠겨서 배타성이 제거되고, 핵 내부에 힘의 균형이 깨짐에 따라 <u>물리량을 주고받기 쉬운 양자적 특성으로 드러났다</u>는 의미로 '**거시적으로** 양자화되었다'고 이해하면 되겠다.

초유체(超流體, 냉양자, 냉원자)는 점성이 '0'으로 영원히 회전하며, 유리컵 벽을 타고 기어서 넘치는 크리프 Creep 현상, 유리컵 결정체의 틈새를 통해 흘러내리거나 동일화 현상 등 괴현상을 보인다. 말 그대로 초유(동)체-superfluid이자 **마찰력이 0인 '독립된' 개체들**이다.

헬륨 $^4$He은 결합에너지가 커서 헬륨의 전자가 핵에 잠겨 페르미온이 보손화되었을 때 에너지 매개 능력이 극대화되는 것을 예상한다. 냉헬륨 상태는 낮은 에너지 준위에 더해 보손화에 따라 **극도의 에너지 갈증이 있는 상태이므로**, 여기에다 **양자 터널링의 조건만 걸어준다면 강력이 에너지를 포획-합성하는 상호작용이 쉽게 일어날 것**이다. 그런즉 보손화되고 에너지 준위가 낮은 냉헬륨은 이제 엄청난 에너지-공간양자를 합성시켜 핵 안에 물질 형태로 축적시킬 수 있는 준비를 마친 셈이다.

계란의 껍데기(배타성의 전자)가 제거됐으므로 이제 노른자(핵 시스템)의 전령사인 글루볼은 양자 터널링을 이용해 말랑한 흰자위(강력의 속박력)를 꿰뚫으면, 외부 공간양자에 핵력(강력)을 매개하여 포획-합성할 것이다.

냉양자 상태에 자기장을 걸어주면, 극대화된 **에너지의 최소 단위**와 **전자기파의 진동수**가 폭증하는 효과로 인해, 즉 실린더 내부에 플랑크상수(자기장의 격렬한 '진동'인 냉에너지)를 크게 키워준 효과로 인해, 냉헬륨 양자들이 이 증가된 플랑크상수로부터 큰 힘을 잠시 빌려 불확정성의 원리에 따라 양자 글루볼이 터널링을 이루어 공간양자들을 포획-흡수-합성-제거할 것이다.

플랑크상수를 지속적으로 크게 공급하면, 엔진의 냉헬륨 안에 있는 **양자 글루볼의 터널링은 일상사가 되어** 우주 공간양자와 **지속적으로** 상호작용해 공간양자를 포획-합성하며 작용반작용(비행)을 이룰 것이다.


참고;
세계적 UFO 협회 뮤폰 등은 'UFO가 냉에너지를 이용한다'는 것은 안다. 그러나 냉에너지(자기장의 **진동**과 BEC, 보스노바)를 구체적으로 어떻게 활용하는지는 모른다. UFO 사진 등에서 나타나는 다양한 종류의 자료를 모으고, 그 현상을 분석함으로써 피상적으로만 아는 정도이다.

--- '쿠퍼쌍과 양자 터널링의 효과' 설명 끝.

학자들이 보스노바에 대한 해석을 신중히 하지 않고 간과한 듯하다. 보스아인슈타인응축(BEC)과 동일한 현상으로 보스노바를 이해했거나, 보스노바에 대한 해석을 간과한 듯하다.

그러나 필자는 BEC와 보스노바를 과학적으로 명백히 구분해 다음과 같이 해석하여 정리한다.

먼저, 보스노바의 현상을 다시 인용하여 보자.

"이 상태에서 **자기장의 세기를 더 늘리자**, 원자 간 힘의 상태가 **인력으로 바뀌면서** 안쪽으로 '**내파(內破)'하였다.**

**응축물이 측정 불가능한 크기로 줄어들었다가** '**다시 폭발**'하면서 10,000개의 입자 중에 2/3가 날아가 버렸다. 날아간 입자는 어디에서도 찾을 수 없었다.

그들은 우주에서 가장 차가운 원자에도 폭발을 일으킬 수 있는 에너지가 있다는 것을 예측하지 못했다." [1]                    (인용문 끝)

(필자; ☞ **그들은 글루볼의 터널링 효과인 것을 인지하지 못했다.**)

이때 내파가 선행한 점을 고려해서 판단하자면 다음과 같다. 먼저 '내파'부터 살펴보자.

'**내파** 內破'는 -

BEC를 이루면 냉각효과로 핵자 간의 거리가 가까워지면서 양전하 끼리의 척력이 발생한다. 이 상태에서 자기장을 세게 공급하자 자기 장의 격렬한 **진동을 삼킨** 쿼크는 쿼크와 반쿼크의 쌍생성을 산출하고, 이어 다시 쌍소멸하는 '소멸 반응 Annihilation Reaction'에서 보손 글루온을 만든다. 그 결과 글루온이 양산되며 글루온의 <u>점근적 자유</u> <u>음수</u>(핵력; 글루온이 쿼크를 당겨 **속박하는 힘-인력**)**이 강화**될 것이다.

이 과정에서 <u>하드론 양전하 간의 척력</u>과 <u>음값(핵력)의 인력</u>이 교차해 파동이 발생한다. 따라서 냉양자들 서로 간에 핵력의 도달거리에 다다르면, 핵력 때문에 냉양자는 강한 인력의 지배를 받는다.

<u>그러다가 인력이 전체적으로 힘을 지배하며 **내파**가 발생했을 것이다</u>. 두 힘의 긴장 관계에서, **핵력(끌어당기는 인력)이 어느 순간에 임계점을 넘으면** 글루볼이 터널링해 냉양자의 내외부의 주변에서 연쇄적으로 에너지를 흡수-합성함으로써 냉각을 가속하는 효과로 인력이 척력을 압도하는 순간에 나타나는 **'짧은 내파'**로 해석할 수밖에 없다. 이때 핵 시스템 외에는 보손화됨을 예상한다. 그 결과 초고밀도로 된다.

이때 글루볼이 핵력의 에너지 장벽을 순간적으로 꿰뚫고 나아가며 냉양자 **'주변에 있는 에너지부터'** 흡수-속박하는 짧은 내파로 보인다. 이 순간, 냉양자는 0K(-273.15 ℃) 또는 0K에 초근접한 상태로 되며 피크노뉴클리얼리액션 상태에 이른다(피크노뉴클리얼리액션 ; 절대 영도 0K에서 영점운동 자체만으로 핵반응이 일어날 수 있다는 이론).

그러나 '**다시 폭발**'은 -

내파의 순간에, 냉양자는 0K(-273.15 ℃)나 0K에 초근접 상태로 응축돼 초고밀도화되므로 자기장에 의한 플랑크상수가 커지는 냉에너지의 **진동 효과가 효율적으로 쿼크와 글루볼을 진동시킬 것이 분명하다**.

따라서 하드론의 조화찾아가기를 위한 속성에 의해 공간양자를 끌어오기 위해 글루볼은 (자기장에 의해 커진) 플랑크상수 힘을 빌려 하나의 냉양자에서 터널링이 발생하면, **주변이 더욱 극랭해지고 고밀도화되므로 피크노뉴클리얼리액션에 의해** 글루볼은 에너지 장벽(속박력)을 '**연쇄적으로**' 꿰뚫고 튀쳐나올 것이다.


다시 말해, 냉양자 상태에서는 전자(방어막)가 핵에 이미 잠겨 있고, 극도의 고밀도 상태라서 글루볼은 냉에너지인 자기장 진동을 효율적으로 전이 받는다. 냉양자는 양자 터널링을 이루기 쉬운 조건이다.

이 조건 하에서, '문턱 진동수'를 넘는 강한 자기장에 의해 플랑크상수가 임계점을 넘자, 실험용기(또는 실린더) 내부에 있던 에너지가 '갑자기 사라지며 **내파**'한다(**내외적 근거리의 에너지를 흡수**).
이어서 냉양자가 '**다시 폭발**'한다(**원거리의 에너지를 흡수**).
핵반응인 글루볼 터널링이 창공의 원거리를 향해 연쇄적으로 일어나는 순간이다. 강력인 속박력에 의해서 가려져 있던 핵 시스템 자신의 대칭성 깨짐을 비로소 밖으로 '**직접**' **드러내는 순간**이다.

냉양자 주변에 있던 에너지가 갑자기 사라진 것은 글루볼의 매개로 SU(3) 8중항이 냉양자 주변의 에너지를 일시에 연쇄적으로 깔끔히 흡수-제거했기 때문일 것이다. 이는 신비한 하드론되기인 핵 시스템의 '조화찾아가기'이다. SU(3) 8중항의 본성적인 속성에 의한 것이다.

후행한 '다시 폭발'은 **내파 시, 절대영도 OK에서 냉양자 고밀도 효과로** 글루볼이 자기장의 진동[E = $hf$]을 효율적으로 삼켜서 발생하는 터널링 현상으로 보아야 한다. '아이의 눈으로' 사고를 전환하여 사물을 관찰하자.

☞ 이때의 '양자 터널링 현상'을
　　학자들이 '레이저로부터 흡수한 에너지를 방출한 것'으로 **오인하여**,
　　또는 '냉원자에도 폭발을 일으킬 에너지가 있는 것'으로 **오인하여**,
　　'양자 터널링에 의한 **양자 간(量子 間) 합성인 것'을 간과한 것**으로
　　판단된다(냉**양자**와 공간**양자** 간의 합성)

☞ 흡수한 레이저 빛을 **'방출 및 안개효과'**의 결과인 BEC(118쪽 참조)와

　　자기장을 이용한 **'양자 글루볼의 터널링으로' '에너지를 흡수-합성하는'**

　　과정인 **보스노바**는 구별되어야 한다.

# 【보스-아인슈타인 응축과 보스노바의 구별】 ★★

**보스-아인슈타인 응축(BEC)은,**

☞ 결맞고 곧은 레이저를 원자에 쏘아 전자를 바닥상태에서 들뜬 상태로 만들어 에너지를 흡수하였다가, 이 **에너지(빛)**를 다시 연쇄적으로 **방출해** 전자가 바닥상태로 떨어지고 잠겨 냉각된다. 결국 냉각효과로 전자가 잠긴 냉헬륨은 거시적으로 양자 상태다(**BEC**: 118쪽 참조).

전자의 위력을 예시하여 보자. '찬드라세카르 한계'는 태양 질량의 약 1.4배다. 찬드라세카르 한계를 넘는 질량의 항성이 불타다 식으면 천체의 **중력**으로 **수축**되는 압력에 의해 전자가 붕괴해 블랙홀로 된다.

반면에, 찬드라세카르 한계 이하 질량인 태양 같은 항성이 불타다 시들면 '복사 압력'이 사라져도 고밀도의 흰빛 항성(왜성)으로 남는다. 이는 원자의 전자가 진동하며 왜성의 '중력 수축'을 이겨낸 결과이다. 불확정한 진동 양자의 효과인 슈뢰딩거 압력이 중력을 이겨 낸 것이다. **양자-전자의 '진동 위력'이 커서 물질의 튼튼한 울타리(배타성)를 형성한다.** 전자가 핵 주위에서 불확정하게 진동하며 [핵$^{(+)}$ ⇆ 전자$^{(-)}$]의 바닥 균형을 이루어 원자가 안정된다. 우리가 존재하는 이유이기도 하다.

[복사 압력; 전자기파 등의 복사가 외부 공간으로 방사되며 **밀어내는** 압력(힘). 슈뢰딩거 압력; 중력 수축의 압력이 증가함에 따라 전자가 핵에 접근할수록 (에너지+위치에너지)인 전자 총에너지가 커져 **전자가 밀어내는 힘(축퇴압).** 즉, 중력 수축압력이 전자를 붕괴시키려 할 때, 이에 반발하며 '**저항하는 힘**']

그런데! 냉각효과로 전자가 잠겨 방어막의 위력인 **배타성이 사라졌다!** 이제 냉헬륨은 이웃 양자와 **쉽게 양자적 합성-상호작용을 할 수 있다.** 또 냉양자는 (전자의 큰 궤도 공간이 소멸해) 극도로 쪼그라진 초고밀도 상태라서 자기장의 격한 진동을 잘 전이 받는다. 비유; 솜바지(전자)를 벗고 맨몸(핵)을 몽둥이(자기장)로 맞으면 바로 비명소리가 나는 이치다.

**보스노바(Bosenova)는,**

☞ 보스노바는 핵 안에서만 활동하던 헬륨의 글루볼이 자기장으로부터 힘을 잠시 빌려 양자-터널링을 이루어, 핵의 밖 공간상에 있는 공간양자(에너지)를 흡수-합성하는 과정이다. **에너지 방출이 아니다. 냉양자와 공간양자 간間의 합성이다(에너지 흡수-합성).** 외관상으로는 (연쇄적 에너지 흡수의 충격이) 마치 에너지 방출인 폭발처럼 보인다.

따라서 보스-아인슈타인 응축(BEC)과 보스노바는 전혀 다른 물리적 과정이다. 궁극의 목적인 보스노바를 이루기 위해서 (즉 에너지-공간 양자를 포획하려는 글루볼 터널링을 위해서), **냉양자 글루볼 터널링의 전 단계로 BEC를 이용한 셈**이다. 그러니까 후행하는 보스노바만이 식 $[E/c^2 \rightarrow m]$이다.

따라서 이 둘의 물리적 과정은 다음과 같이 엄연히 구별돼야 한다.
① 레이저의 가간섭성을 이용한 BEC ☞ **[헬륨 냉각 과정 - 양자화 과정]**
② 자기장을 이용한 글루볼 터널링, 보스노바 ☞ **[양자 간의 합성 과정]**

☞ 이것이 **보스노바(내파 후, 다시 폭발)**에 대한 '**필자의 해석**'이다.

☞ 즉, 보스노바는 양자화된 헬륨과 공간양자의 상호작용을 유도해 공간양자를 흡수-제거함으로써 시공간이 소멸됨으로써 비행체 주변에 진진공을 형성시키며, 동시에 작용반작용으로 비행하는 원동력이다.

그 결과 비행체와 공간양자가 맞서는 저항이 없으므로 관성저항이 없다. 따라서 초광속 비행체라 해도 '비행체 자체에는' 질량증가가 없다. 다만 [$E/c^2$ ➜ m]에 따라 실린더 안의 냉양자에서만 소량의 질량증가가 있다.

결과적으로, 자기장의 격렬한 양자적 진동을 이용한 양자-글루볼의 터널링(보스노바)이 흡수엔진의 원동력이다. 이것은 **강한 상호작용의 귀결인 [$E/c^2$ ➜ m]이다.**

--- BEC와 보스노바의 구별 설명 끝.

# 【ⓐ핵폭탄 연쇄반응과 ⓑ흡수엔진 연쇄반응의 구별】

ⓐ 핵폭탄에서 연쇄 핵반응(전자가 궤도에 있는 원자 **핵의 분열, 융합**)

핵폭탄에선 기폭장치에 의해 하나의 원자에서 핵반응이 일어나면, 방출된 열에 의해 <u>그 주변이 급가속적으로 뜨거워지는 효과</u>로 인해 운동에너지가 광분해 핵력의 음값(점근적 자유)인 **속박하는 힘을 강제로 상쇄시켜** 에너지 장벽을 넘어 **원자핵 간에** 연쇄적으로 핵반응을 한다.

ⓑ 흡수엔진에서의 연쇄 핵반응(냉**양자와 공간양자의 합성**)

흡수엔진에서는 위와는 반대로, 헬륨 냉양자 하나가 글루볼 터널링을 일으키면, 헬륨 냉양자 주변의 에너지를 $c^2$의 힘으로 순간적으로 몽땅 흡수함으로써, **헬륨 냉양자의 내외가 더욱 냉각되는 효과로 인해 음값이 오히려 더욱 강화됨에 따라**, 냉양자가 더 극랭 고밀도화되므로 자기장이 쿼크를 차서 글루온을 양산하는 효과와 플랑크상수 효과는 매우 **효율적 가속적으로 작동**될 것이다(피크노뉴클리얼리액션). 즉 가속적인 냉각효과로 냉헬륨 핵자들의 **밀도가 높아진 상태에서** 자기장으로 쿼크를 진동시키면 **그 진동은 효율적으로 글루온을 양산할 것**이 분명하다. 고밀도의 매질이 에너지 파동을 잘 전달하는 이치다. 예컨대, 수중에서 충격음을 들으면 **선명하고 짧다**. 이해가 잘 안 되면, 두꺼운 솜바지를 입고 엉덩이를 몽둥이로 맞는다고 생각하자. 이때는 힘이 솜에 흡수돼 별로 안 아프다. 그러나 솜바지(전자)를 벗고 맨살(글루볼)에 몽둥이(자기장의 냉에너지-진동)를 맞으면 비명소리가 나는 이치다. 냉양자는 밀도가 극단적으로 높으므로 글루볼은 자기장 진동을 잘 전이 받아(진동을 효율적으로 삼켜) **자발적으로** 터널링할 수밖에 없다.

[흔히 비유해, 운동장 중앙에 당구공 크기의 핵이 있고, 트랙을 따라 돌고 있던 10원 동전 크기의 전자가 냉각효과로 BEC, BEC-BCS(쿠퍼쌍) 전이 등으로 핵에 잠김으로써, 당구공과 트랙 사이의 넓은 공간이 사라졌으니 얼마나 큰 공간이 쪼그라져 응축된 상태인가? 그래서 **보스아인슈타인 '응축'** 이라 한다. 특히, 냉헬륨의 '보손들'은 중첩을 이루어 한 공간에 쌓인다! "보손은 거의 점에 가까운 같은 미세 영역을 공유할 수 있다. 따라서 BEC 상태인 냉헬륨은 보손이므로 빽빽한 상태 또는 **결맞는 상태의 똑같은 운동 상태로** '응축'되기를 좋아한다. 보스-아인슈타인 응축(BEC) 상태는 **밀도가 매우 큰**, 극도로 농축된 물방울로 압축될 때 일어난다." [64]

☞ 냉헬륨'들'은 마찰저항이 0으로 독립적이며, **밀도가 극단적으로 높다!**

 "**비상한(지극한) 고밀도에서는** 절대영도 0K에서 영점운동(최저 에너지 바닥상태의 운동)만으로도 크론(쿨롱) 장벽을 넘은 핵반응이 일어날 수 있다. 이를 피크노뉴클리얼리액션이라 한다." [68] 이는 흡수엔진 근본원리의 이론적 증명이 될 것이며, 흡수엔진은 그 실험이 될 것이 틀림없다.]


피크노뉴클리얼리액션; 절대영도인 음의 피크(0K, -273.15 ℃)에서 형성되는 깔끔한 고밀도의 조건 하에서, 즉 전자 양자가 깔끔히 잠긴 조건에서는 - **자기장의 '격렬한 진동'을 공급해주지 않더라도** - 자체의 영점운동(진동)만으로도 쿨롱장벽을 극복해 유발되는 액션 (핵반응 - 터널링 - 상호작용)으로 이해된다. 놀라운 귀결이다! 냉양자 **고밀도 상태는** 자기장의 격렬한 진동(냉에너지)을 효율적으로 삼켜 글루볼이 터널링하기 좋은 조건이다. 즉 이런 조건 하에서는 글루볼 터널링의 연쇄 핵반응이 쉽게 일어날 것이 자연스럽게 예상된다.

자기장에 차인 쿼크가 가속되면 글루온이 방출돼 냉양자의 쿼크를 **옭아매는 음값은 더욱 강화된다**. 더구나 냉각효과로 음값은 더욱 강화될 것이 분명하다. 따라서 남아도는 글루볼은 이웃의 냉양자와는 도저히 핵반응을 일으킬 수 없으므로 결국에는 글루볼이 터널링해 **'공간에 있는 양자(공간양자)'를 핵반응의 대상으로 삼을 것이다**. 즉 냉원자 간의 핵반응이 아니라, 냉양자와 공간양자의 핵반응을 일으켜 냉양자가 공간양자를 포획-합성-속박할 것이다. 핵융합에 대비되는 물극필반(物極必反)이다! 사물의 양태가 극에 이르면, 반드시 반전이 일어나 원상(原狀)을 복구하여 힘의 균형을 이룬다. 물리량에는 변화가 있을지라도 '조화'진동자로서의 **'조화-균형 상태'**를 복구한다.

　　　　　　　　　　- 인간사나 자연이나 유사한 면이 있다.

## &lt;약한 상호작용 - 흡수엔진과 힉스메커니즘&gt;
### Suction-engine & Higgs-mechanism

흡수엔진과 힉스메커니즘은 원리상 운명적인 만남이라 할 수 있다. 이 둘이 독립적으로 존재할 수 없다. 흡수엔진은 힉스메커니즘에 의한 작동이 기본 모델이 되기 때문인데, 힉스메커니즘 모델을 거울 삼아 **강력-글루볼이 터널링하는 모델이 더해져 주된 역할을 할 것**이다.

힉스메커니즘은 자연에서 약하게 일어나는 약력의 상호작용에 관한 이론이지만, 필자가 제안하는 흡수엔진은 인위적으로 조작하여 차가운 극랭의 냉양자 상태에 큰 자기장을 공급하여 강력 글루볼이 터널링함으로써 공간양자와 상호작용해 [E/c² ➡ m]을 이루도록 하는 원리다. 그러므로 독자에 따라서 **힉스메커니즘은 건너뛰어도 된다.**
힉스메커니즘을 간략히 알고 싶으면, **160쪽으로 건너뛰어도 된다(권고)**.

모든 물질은 우주에 가득 찬 힉스장과 상호작용함으로써 질량을 느낀다. 그러나 질량을 '직접' 생산하려면, 힉스메커니즘과 <u>강력의 매개입자를 터널링시켜야 할 것이다</u>(이는 가설). 그렇지만 현대물리학에선 강력은 핵의 근거리에서만 질량을 구성하고, 약력은 강력을 가로질러 경험(상호작용)한다고 서술한다. 이것이 필자가 넘어야 할 산이다.

여기서 약한 상호작용 힉스-메커니즘을 먼저 살피는 것은 약한 상호작용인 힉스메커니즘을 먼저 들여다봄으로써 (징검다리 삼아) 강한 상호작용을 유추해 흡수엔진을 만들어 진보를 이룰 수 있기 때문이다.

"근본적인 물리법칙에서 패리티(필자: 공간에서 상의 위치를 바꾸는 거울대칭의 개념으로 '대칭성'을 의미함)는 지켜져야 한다고 모든 학자는 믿고 있었으나, 양첸닝과 리청다오는 약한 상호작용에선 패리티가 지켜지지 않는다고 주장했다. 이후 우치엔슝과 레더먼은 1957년에 각각 코발트의 베타 붕괴와 파이온의 붕괴에서 이를 실증하였다." [43]

[물질이 깨쳐 붕괴되어 나아갈 때, 약한 상호작용에서 CP 대칭이 지켜지지 않은 것이다.

CP 대칭이란, Charge는 반입자로 바꾸는 '전하 켤레 변환'이고, Parity는 거울대칭으로 반전성 反轉性(좌선성-우선성, 상대적 대칭)을 말한다. 이를 결합한 대칭연산을 CP라 한다.

학자들은 물리학에서 대칭이 반드시 지켜져야 논리가 합당해 마음이 편하므로 이를 중히 여긴다. 에너지-질량이 보존되고 뇌터의 정리가 물리학의 전반을 지배하듯....

그런데 약한 상호작용에서는 이것이 지켜지지 않고 '**대칭성 깨짐**'이 나타난다. 예컨대 중성미자는 좌선성 입자에서만 약한 상호작용을 하며, 우선성 입자에서는 약한 상호작용이 없다. 반쪽짜리 입자다. 대칭성 깨짐은 힉스메커니즘으로 연결된다.]


힉스메커니즘의 보다 빠른 이해를 위해 다음을 인용한다. [6] 여러 책과 인터넷에서 찾은 결과 대다수 일반인이 가장 쉽고, 단순명료하게 이해하기에 적합해서 인용한다.

힉스 입자가 질량을 준다는 말은 잘못

# 힉스 메커니즘

도대체 **힉스 입자가** 뭐기에 이렇게 세상이 떠들썩한 걸까?

　신문이나 방송을 보면 '힉스 입자가 다른 모든 입자들의 질량을 준다'고 하는데, 이 말은 또 무슨 뜻일까? 무엇보다 이 입자를 발견한다는 것은 왜, 얼마나 중요한 걸까?

이번에(2013년에), 실험을 한 두 개의 검출기 중 하나인 CMS에서 힉스 입자가 두 개의 광자로 붕괴한 흔적. 10시와 1시 방향으로 뻗은 기둥 두 개가 광자 두 개를 의미한다.


## 질량 주는 건 '힉스 입자' 아닌 '힉스 메커니즘'


먼저 중요한 오해를 하나 해결하고 넘어가자. 어쩌면 이 글에서 가장 중요한 지적이다. 언론에는 "힉스 입자가 다른 입자에 질량을 준다"는 말이 많이 나왔다. 심지어 입자물리학자들도 이렇게 말한다. 하지만 엄밀하게 말하면 틀린 말이다. 다른 입자들에게 질량을 주는 현상은 '힉스 메커니즘'이다. 이는 힉스 입자와는 분리해 사용해야 하는 용어다. 힉스라는 사람 이름(피터 힉스)이 공통으로 들어가 있기 때문에 혼동하고 있을 뿐이다. 차차 자세하게 얘기하겠지만 힉스는 모든 입자에 질량을 주는 과정(힉스 메커니즘)에서 함께 생겨나는 입자다.

그러면 우선 힉스 메커니즘에 대해 알아보자. 지난 2세기 동안 원자, 원자핵, 전자, 핵반응 등 입자물리 연구 결과를 빠짐없이 잘 설명하고 있는 '표준모형'이라는 이론이 있다. 이 모형은 글래쇼, 살람, 와인버그가 완성해 1979년 노벨상을 수상했다. 이 이론의 기본적인 틀은 '게이지 대칭성'이라는 성질이다.

이 성질을 쉽게 설명하면 우주에 존재하는 힘이 사실은 입자를 주고받으며 생긴다는 것이다. 즉 전자기적인 상호작용(전자기력)은 광자라는 입자를 교환하며 발생하는 것이고, 약한 상호작용은 W입자와 Z입자를, 강한 상호작용은 글루온이라고 부르는 입자를 교환하며 생긴다.

여기서 광자, W입자, Z입자, 글루온이 다 게이지 입자다. 힘이 입자라니 당혹스러울 수도 있겠지만 대부분의 입자물리학자들이 사실로 받아들이고 있다.

그런데 문제가 있다. 게이지 대칭성이 있으면 전자나 쿼크, W입자, Z입자 등 모든 입자들이 질량을 가질 수 없다는 점이다. 하지만 실제로는 광자와 글루온을 제외하면 모든 입자가 질량을 가지고 있다. 도대체 어떻게 이런 모순을 해결할 수 있을까.

## 질량 메커니즘 1. 자발적으로 깨지는 대칭성

이 문제를 풀 실마리는 우리 주변에서 쉽게 볼 수 있는 자석 안에 있었다. 자석은 철, 니켈, 크롬과 같이 전이금속이라고 불리는 원소들로 이뤄져 있다. 자석을 이루는 원자의 가장 바깥쪽에는 전자가 한 개 있다. 자석 전체의 에너지가 가장 낮아지면 이 전자가 가지고 있는 스핀이 모두 한 방향을 가리킨다. 이때가 바로 자석이 되는 순간이다.

자석이 되기 전에는 전자의 스핀이 제각각 다른 곳을 가리키기 때문에 전체적으로는 일정한 방향이 없다. 그래서 이 물질을 회전시켜도 스핀의 방향은 여전히 일정한 방향이 없는 상태 그대로다. 그러나 자석은 스핀이 한 방향으로 정렬돼 있다. 만일 회전시키면 방향이 달라진다. 즉 대칭이 깨지는 것이다. 이렇게 에너지가 가장 낮을 때 대칭성이 사라지는 상황을 물리학자들은 "대칭성이 자발적으로 깨졌다"고 말한다.

앞에서 게이지 대칭성이 있으면 질량을 가질 수 없다고 말했다. 그런데 대칭성이 자발적으로 깨지면 표준모형에서도 입자가 질량을 가질 수 있게 된다. 현실과 이론 사이의 불일치를 해결할 가능성이 생긴 셈이다.

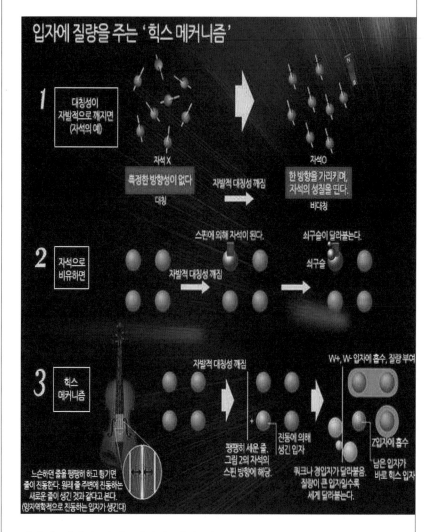

자발적 대칭성 깨짐. 자석의 예와 힉스 메커니즘을 설명한 그림

## 질량 메커니즘 2. 다른 입자와 상호작용하는 입자

하지만, 여전히 '어떻게' 질량을 가질 수 있을지는 해결되지 않았다. 이제 입자가 질량을 가지는 과정을 살펴보자.

자신이 표준모형을 처음 만든 사람이라고 가정하고 새로운 모형을 만들어 본다고 생각해 보자. 우선 앞서 든 예에서 '자석의 스핀' 역할을 하는 입자 네 개를 도입한다. 왜 하필 네 개냐 하면, 여러 상호작용을 가능하게 하면서 가장 적게 도입할 수 있는 입자 수기 때문이다.

다음으로 이 입자들이 다른 입자와도 상호작용을 할 수 있다고 해보자. 다른 이유는 없고, 그렇지 않다고 가정하는 게 오히려 특별하기 때문이다. 다시 말해 입자는 다른 입자와 상호작용을 하는 게 더 자연스럽다.

이제 가장 낮은 에너지 상태에서 이 입자 중 하나가 자석의 스핀처럼 한 방향의 값을 갖도록 해보자. 비유를 계속해 보면, 이 입자는 자석과 같은 역할을 한다. 이 자석 입자에는 다른 입자들이 달라붙는데, 세게 달라붙는 입자일수록 질량이 크다. 자석에 작은 쇠구슬과 큰 쇠구슬을 붙인다면 큰 쇠구슬이 작은 쇠구슬보다 더 세게 달라붙어 떼어내기 힘들 것이다. 전자와 쿼크 등 물질세계를 이루는 입자 대부분은 이러한 과정에서(자석에 달라붙는 과정) 질량을 얻는다(자석은 어디까지

149

나 비유임에 유의하자. 실제로 입자가 힉스입자에 달라붙는 것은 아니다).

## 질량 메커니즘 3. 다른 방향으로 진동하는 입자

마지막으로 힘을 매개하는 W입자와 Z입자가 질량을 갖는 과정을 살펴보자. 기타 줄을 세게 매고 튕겨 보자. 기타 줄의 주위로 진동이 생길 것이다. 입자물리학에서는 원래 매어두었던 기타줄의 길이 방향을 앞에서 예를 든 스핀의 방향으로, 그 주위의 진동을 입자로 생각한다.

이렇게 한 방향(스핀)을 정하고도 계속 남은 네 개의 입자(기타 줄의 진동 포함) 중 세 개를 W⁺, W⁻입자와 Z입자로 흡수시킨다. 광자와 같이 질량이 없는 입자는 진행방향에 수직인 두 방향으로만 진동할 수 있다. 그런데 입자가 질량이 있으려면 편광방향(진동방향)이 한 개 더 있어야 한다.

새로 도입한 입자 중 세 입자를 다른 입자(질량을 갖기 전 W, Z 입자)에 흡수시키면 필요한 편광방향을 한 개씩 더 주는 효과가 있다. 이로써 W입자와 Z입자는 질량을 갖게 된다.

정리하면, 새로운 입자 네 개를 도입한다.

**이 중 한 입자는 낮은 에너지 상태에서 자발적으로 대칭성이 깨진 뒤 자석과 같이 하나의 스핀 방향을 향하게 하고, 이를 통해 전자나 쿼크에 질량을 준다.**

**나머지 세 입자는 W⁺, W⁻, Z⁰ 입자가 흡수한다.**

이로써 자연계에 존재하는 **모든** 입자가 질량을 가질 수 있게 됐다.

이 복잡한 과정이 바로 힉스 메커니즘이다.

지금까지 힉스 '입자'에 대한 설명은 하나도 없었다. 힉스 입자는 무엇일까. 앞에서 네 개의 입자를 새로 도입했다. 그 중, 세 개는 W입자와 Z입자의 일부분이 됐고, **하나가 남았는데 이것은 어디에도 흡수시킬 수 없는 독립적인 입자다.** 이것은 대칭성이 깨지며 쿼크와 경입자에 질량을 주는 자석을 만든 후에, **그 주위에서 진동하는 입자다. 이 입자가 바로 힉스 입자다.**

따라서 "힉스 입자가 다른 모든 입자에 질량을 준다"는 것은 잘못된 표현이다. 다만 **'질량을 주는 과정에서 힉스 입자가 생겨나고'** 힉스 입자를 통해 질량의 세계를 엿볼 수 있는 것은 맞다.

### "이것이 힉스 입자다"

힉스 입자는 스핀이 없는 '스칼라 입자'이며, 전하도 없다. 놀랍게도 입자 중에 스칼라 입자는 힉스 입자 밖에 없다. 전자나 쿼크는 스핀이 1/2이고, 광자나 W입자, Z입자는 스핀이 1이다. 힉스 입자는 다른 모든 입자와 상호작용을 한다. 그런데 그 세기는 입자의 질량에 비례한다. 즉 질량이 큰 입자와 가장 상호작용을 세게 한다.

[필자; 힉스 場場은 우리가 팔을 저을 때 끈적-묵직하게 관성질량(관성저항)을 주는 힘이다. 힉스 장은 우주 공간을 가득 채우고 있으므로 흔히 우주 공간을 '힉스 바다'라고 한다.]

하지만 힉스 입자의 질량은 얼마인지 예상하기 어렵다. 그래서 찾기 어려웠다. 이 질량이 양성자 정도인지, 양성자 질량의 1/100인지, 100

배인지 1000배인지 전혀 알 길이 없었다. 술래잡기를 해도 숨은 사람이 어디 숨었는지 대략 짐작할 수 있어야 찾기 쉽다. 숨은 사람이 집에 갔다면 도저히 찾을 수 없다. 그래서 지금까지 힉스 입자를 찾기가 어려웠다. 숨바꼭질을 할 때를 생각해 보자. 찾기 어려우면 발자국이나 주변 환경이 변한 모습 등 여러 흔적을 찾으려고 애쓴다. 물리학자들도 똑같다. 그래서 흔적, 즉 힉스 입자가 기여하는 물리적 과정을 찾았다.

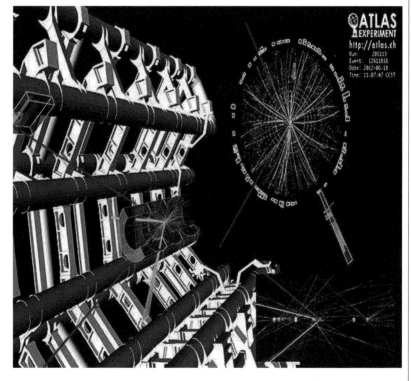

CMS와 함께 교차 실험한 아틀라스(ATLAS) 검출기에서, **힉스 입자가 네 개의 경입자(가벼운 입자, 2개의 전자와 2개의 뮤온)로 붕괴한 흔적**. CMS와 아틀라스 모두 광자 두 개로 붕괴한 경우가 가장 많았고, 그 다음

으로 경입자 네 개로 붕괴한 경우가 많았다.

그것은 B중간자(쿼크와 반쿼크로 이뤄진 입자. 전자 등 가벼운 입자와 양성자 등 무거운 입자 사이의 질량을 가짐)가 붕괴하는 과정이다. 이 과정은 다른 가속기들에서 자세하게 측정됐고, 복잡한 이론 계산과 비교할 수 있다. 힉스 입자가 있다면, 힉스 입자 자체가 직접 나타나지는 않아도 B중간자가 붕괴할 때 잠깐 나타났다가 사라지는 효과를 계산할 수는 있다. 이를 바탕으로 계산해 보면 질량이 양성자보다 약 100배 정도는 커야 한다.

입자는 질량이 크면 여러 입자로 붕괴한다. 붕괴할 때 나타나는 입자가 여러 개면 분석하기 어렵다. 그래서 힉스 입자에서 붕괴했다고 확신할 수 있는 분명한 과정을 찾기 시작했다. 그 중 하나가 힉스 입자가 두 개의 광자로 붕괴하는 과정이다. 두 개의 광자를 측정하면, 이 광자들이 어느 질량을 가진 입자에서 붕괴했는지 알 수 있다. 물론 다른 과정에서 우연히 광자가 두 개 나타났을 수도 있다. 하지만 우연히 나타나는 것은 어느 에너지에서나 거의 일정하게 나타나지만, 한 입자에서 붕괴했을 때는 특정한 에너지에서 많이 나타난다. 그 신호를 이번에 찾은 것이다.

그런데 두 개의 광자로 붕괴하는 과정은 매우 깨끗하지만, 이 과정에 참여하는 전자기적 상호작용은 매우 약하다. 따라서 이 신호는 매우 많은, 다른 상관 없는 신호들에 묻혀버린다. 상관없는 신호들이 힉스 입자가 붕괴하는 신호보다 20~30배는 크다. 그래서 짚단 속에서 바늘 찾기와 같은 작업을 할 수밖에 없었다. 즉 매우 많은 실험 결과가 필요했다. LHC는 드디어 꽤 많은 실험 결과를 갖게 되었고, 이를 근거로 힉스 입자를 발견했다고 발표했다.

그렇다면 이것이 정말 찾으려고 노력했던 힉스 입자일까. 혹시 모르고 있던 전혀 다른 입자가 숨어 있다가 나타난 것은 아닐까. 그 답을 알려면 이번에 발견한 입자의 다른 특징을 연구해야 한다. 그래서 7월에 발표할 때는 어디서도 힉스 입자를 발견했다는 말은 없고, 새로운 입자를 발견했다고만 했다. **실험물리학자들의 신중함을 존중하지만, 우리는 힉스 입자를 발견했다고 믿어도 되겠다.**

CMS 연구팀이 한 자리에 모여서 기념 촬영했다. 우리나라를 포함해 41개국 4065명의 과학자와 기술자가 연구에 참여했다.

**힉스 입자, 그 후**

이제 인류의 지적 능력은 우주가 어떻게 만들어지고, 그 안에 입자들은 어떻게 상호작용하여 별이 만들어지고, 인류가 생겨났다는 것을 설명할 수 있게 됐다. 힉스 입자를 발견한 것은, 인간의 지적 능력의 산물인 표준모형의 **눈동자에 점을 찍어준 것과 같다**.

인용 사이트: http://navercast.naver.com/contents.nhn?rid=20&contents_id=12332
글: 최준곤 | 고려대 물리학과 교수
하버드대 물리학과에서 강한 상호작용에 대한 연구로 박사학위를 받았다. 워싱턴주립대 박사 후 연구원을 거쳐 고려대 물리학과 교수로 재직 중이다.

그럼, 힉스메커니즘이 UFO엔진(흡수엔진)과 구체적으로 어떻게 비교된다는 말인가? 이제 힉스메커니즘과 흡수엔진을 **대비해 설명**해보자.

① 흡수엔진; 헬륨이 초유체로 냉양자화되고, 대칭성이 깨진다.
[에너지가 가장 낮을 때 대칭성이 사라지는 현상을 물리학자들은 '대칭성이 자발적으로 깨졌다'고 말한다. 방어막이나 스펀지처럼 **완충 역할**을 하던 전자가 핵에 잠겨 고밀도화되므로 핵의 쿼크는 공급해준 자기장의 격렬한 진동을 잘 전이 받는다. 그러면 쿼크는 극도로 진동하며 글루온을 양산하지만, 쿼크가 쿼크를 생산하지는 못해 교환대칭의 비율이 깨진다.]

② 흡수엔진; 자기장을 강하게 공급해줌으로써, 실린더 안의 플랑크 상수가 커지고, 이로 인해 실린더의 냉헬륨 핵에서 터널링(꿰뚫기)한 강력의 역장이 카보나도 창을 투과하여 멀리 우주 창공으로 전개된다.

힉스메커니즘과 흡수엔진을 간단명료하게 대비하여 설명하자면,
힉스메커니즘에서 **손가락으로 통겨**, **기타 줄에** 진동을 공급해주듯(예시),
흡수엔진에선 **자기장으로 통겨**, **초유체 헬륨에** 진동을 공급해준다(**실재**).

③ 전술한 힉스메커니즘이 (약력자 W·Z에 의해) 발동되듯, 흡수엔진에선 손이 아닌 자기장으로 **실제로** 냉양자를 튕겨 진동시킴으로써, 강력의 매개입자 글루볼의 터널링해 헬륨 냉**양자**와 공간**양자** 간에 상호작용이 유발되어 합성이 일어난다. 동시에 작용반작용이 발생한다. [여기서 글루볼의 터널링은 엄밀한 수학 논리로 이미 증명되었다.]

④ [우주공간에는 에너지가 식고 식어 겨우 바닥상태로 존재하는 양자-끈이 가득하다. 그러므로 가속하는 로켓과 끈들은 상충(相衝)하여 **맞서 얽힘으로써 가속할수록 로켓과 끈들의 질량이 기하급수적으로 증가해 결국 초광속은 불가능하다.** 이는 로켓 비행 시의 양값에 의한 것이다.]

그러나 흡수엔진에서는 **흡수-합성함으로써 속박하며 인력으로 당기는 음값**(점근적 자유)**의 원리이므로** '맞섬'이 발생할 수 없는 진진공이 비행체를 감싸므로 비행체나 공간양자에 질량증가가 없어 초광속이 가능하다. 단지 실린더 내부의 냉헬륨 핵에게만 질량증가가 있다. 냉헬륨은 잠재적 질량증가가 아니라, 실제의 질량증가다[$E/c^2 \rightarrow$ m].

⑤ 힉스메커니즘; 자연의 힘에선 대칭을 찾아 움직이는 것은 자연의 제1섭리이므로 냉각효과로 **핵자 간의 상호작용에 따른 힘의 대칭**(조화-균형-안정)이 자발적으로 깨지면, 실린더 내부 헬륨의 핵자에 기생하는 약력의 매개자 $W^{\pm}Z$의 신호에 따라 부족한 에너지를 공간(공간양자)에서 흡수-합성하여 대칭을 복구하려 할 것이다.

흡수엔진; **강력의 매개입자인 글루볼의 터널링이 수학적으로 증명되므로** 강력의 전령사 글루온의 신호에 따라서 공간양자는 핵-강력의 시스템에 흡수-합성됨으로써 핵 시스템의 대칭성이 복구될 것이다. 의구심 없이 가정하자. 만인에게 여러 입증자료를 충분히 제시하겠다.

힉스메커니즘: '**겨우** 바닥상태의 공간양자'가 비로소 흡수엔진 내부에서 질량으로 변환되는 것이다. 이렇게 하여 헬륨은 깨진 대칭성에 의해 힉스메커니즘으로 질량을 획득한다[**현대 이론상으로는 그렇지만, 자기장이 공급되는 조건 하에서의 냉양자는 극심한 에너지 갈증이 있어 약력자**($W^\pm Z^0$) **방출은 불가능하다(사견). 163~168쪽에서 상세히 설명함**].

흡수엔진; '일상에서 말하는 공간 상태에서'가 아니라, 흡수엔진에서 **강한 자기장 공급에 의해서 강력자**(글루볼)**의 터널링이 전제되어야만** 공간양자가 흡수엔진 실린더 안으로 끌려와 질량으로 변환될 것이다. [일상의 공간에선 힉스장에 의해 느껴지는 끈적한 질량감만 있다. 냉양자에 강력한 자기장을 공급해주지 않으면, 강력 스스로의 속박력-에너지 장벽 때문에 강력자 글루볼의 터널링은 도저히 불가능하다.]

힉스메커니즘; 자석의 스핀처럼 초유체 헬륨의 스핀도 모두 한 방향을 향한다. 대칭이 깨진 헬륨 초유체(기타 줄)는 물질 m을 이룰 공간양자를 끌어들여 부착시킨다. 질량이 큰 입자일수록 세게 달라붙는다. 그리고 광자와 같이 질량이 없는 입자는 기타 줄을 따라 수직의 한 방향으로만 진동을 하는데, 이때 약력자가 수직방향에 교차하는 편광 방향으로 진동을 하나 더해 주면 광자처럼 무질량 입자가 달라붙어 질량을 획득한다. 이렇게 하여 자연계 '**모든**' 입자가 질량을 갖게 된다.

힉스 입자는 스핀이 0인 스칼라 입자이므로 방향성이 없으며 전하도 0이다. 보손(매개입자) 중에 스칼라 입자는 힉스 보손이 유일하며, **힉스 보손**(힉스 장)**은 모든 입자와 각각 질량의 크기에 따라서 비례적으로 상호작용한다**.

흡수엔진; 위 말에는 대칭성이 완전히 깨지지 않아서 공간 중에 숨은 힉스 입자(골드스톤 보손)가 흡수엔진의 역장과 상호작용 함으로써 힉스입자마저 엔진의 냉헬륨으로 빨려 들어간다는 뜻이 담긴 듯하다. 글루온끼리 충돌 시 힉스입자가 가장 많이 생성되므로 그렇다(315쪽).

그 결과 우주에 가득 찬 힉스장이 흡수엔진으로 빨려 들어감으로써 **진진공에서는 관성질량이 사라지므로 관성력도 소멸한다**고 예측이 가능하다. 그래야만 UFO의 순간정지와 예각비행, 초광속이 가능할 것이다. 지금 추상적 사고를 통해서 퍼즐을 하나씩 맞추고 있는 중이다.


물리학자들은 '양자역학적으로 어떤 역장이 발생하면, 이에 반응해 공간에 진동하는 입자가 생긴다'고 설명한다. 지속적으로 붕괴를 이룬 바닥상태에 있는 양자 즉 겨우 남은 양자 상태, 가상의 물질 상태의 양자가 역장을 만나면 더욱 진동하고(힘이 커지고, 힘 먹는 끈), 임계점을 넘으면 물질-반물질이 쌍생성으로 나타난다고 설명한다.

다시 말해, 음에너지의 전자 상태와 같은 가상의 물질이, 즉 겨우 잔존해 있는 바닥상태의 양자가 광자나 전기장 등의 힘을 만나면 (더 구체적으로 설명하여, 반물질의 질량은 물질의 질량과 같으므로 입자 두 개로 쌍생성 되려면 두 입자 모두 똑같은 양의 에너지를 먹어야 하므로 → 물질 질량의 2배의 힘을 이루면 $E = 2mc^2$), 쌍생성($2mc^2$)이 발생하게 된다. 즉 에너지가 물질로 변환된 것이다. 힘-에너지가 더욱 높아져 입자 질량의 2배가 되면 입자의 쌍생성($E = 2mc^2$)이 나타난다. 따라서 볼 수 있는 능력의 한계가 있는 인간의 입장에서 보면 **진공은 만물의 어머니**이다.

흡수엔진에서 공간양자-에너지가 실린더 안으로 흡수-합성되면서, 이들이 감겨 쌓여가며 질량으로 변환될 것이다. 즉, 흡수-합성으로 인해 실린더 안에서는 빨려온 우주공간의 페르미온(물질입자) 파편이 물질을 형성하면서도, 보손(매개자) 파편은 중첩을 반복할 것이다. 약한 상호작용인 힉스메커니즘이든 강한 상호작용인 글루볼의 터널링이든 질량화를 이루긴 마찬가지다. 단, 강한 상호작용인 글루볼의 터널링이 발생하려면 냉에너지 E(E = $h \cdot f$, 플랑크상수 $h$, 자기장의 진동수 f)를 충분히 공급하여 **강력자 글루볼의 터널링까지도 유도해 주어야 한다.**

힉스 입자(힉스 **보손**)을 인용하여 더 살펴보자.
"우주를 가득 채우고 있는 스칼라 장(힉스 장)이 있어서, 이 스칼라 장이 특정한 값을 가질 때 우주가 더 낮은 에너지 상태이며, 가장 낮은 에너지 상태가 대칭성이 깨진 상태라면 이론적으로는 게이지 대칭성이 성립하면서도 드러나는 현상은 게이지 대칭성이 깨진 것처럼 보인다는 것이다. 그 결과 **가장 낮은 에너지 상태에서는 게이지 입자도 질량을 가진다.** 이 과정을 '힉스메커니즘'이라고 한다. 이 스칼라 장을 '힉스 장'이라고 부른다. 특히 힉스 논문엔 **게이지 이론**이 자발적으로 깨질 때는 골드스톤의 결론이 수정되어 (**질량이 없는 골드스톤 보존이 아니라**), **질량을 가진 스칼라 입자가 나타난다**는 것이 제시되었다. 이것이 바로 '힉스 입자(Higgs **boson**)'이다." [36]

세른(CERN, Conseil Européen pour la Recherche Nucléaire 유럽 입자 물리 연구소, 일명 유럽원자핵공동연구소)에서 힉스입자를 실측함에 따라, 힉스입자의 존재를 가설로 제시했던 영국 피터 힉스와 벨기에의 프랑수아 앙글레르가 2013년에 노벨 물리학상을 수상했다.

힉스 '메커니즘'이라는 이름이 말해주듯이, 이는 흑 또는 백과 같이 단독적 개념이 아니라, (특정 결과를 이루기 위한 과정, 자연스럽게 변화가 일어나는 process) 과정을 통틀어 일컫는 말이다. 공정(工程)과 유사한 개념이다. 어떤 '**과정을 거쳐**' 무언가를 '**산출해 내는 것**'이다.

이 '과정'이라는 개념을 머리에 두고 자동차의 엔진과 비교해 힉스 메커니즘을 이해하면 선명한 흡수엔진의 이미지가 떠오를 것이다. 다음 표에서 디젤엔진의 작동과정과 흡수엔진의 작동과정을 비교하면 이해가 빠를 것이다. 단순한 대비 설명이다.

다음 표에서는 편의상 약력 대신 곧바로 강력을 대비해 설명한다. 흡수엔진의 작동원리인 식 [$E/c^2$ ➔ m]을 이루는 '**과정**'을 디젤엔진의 작동 과정에 대비해 설명한 것이다. 전술에서, 중간중간 약력인 힉스 메커니즘과 강력인 흡수엔진을 구분해 대비 설명했으므로 여기서 또 힉스메커니즘까지 대비 설명하면 난삽하니 힉스메커니즘은 생략한다.

약력의 힉스메커니즘과 (필자가 제안한) 강력의 메커니즘 [$E/c^2$ ➔ m]은 둘 다 '질량을 생산한다'는 동일한 목적을 갖는다.

차이점은 **약력의 매개자**(W·Z)가 매개해 질량을 생산하느냐(힉스메커니즘), **강력의 매개자 글루볼**($A_i^j A_j^i$)이 매개해 질량을 생산하느냐(흡수엔진)만 다르다.

글루볼을 핵 안에만 가두어 놓고 힘을 탐구할 필요가 있을까? 글루'**볼**' 터널링을 수학적으로 이미 증명했지 않은가? 스스로의 사고를 가두지 말자. 즉, 글루볼은 '핵 안에서만 존재한다'고 가두지 말자.

| 디젤엔진의 작동과정 | 흡수엔진의 작동과정 |
|---|---|
| 공기와 경유가 실린더에 유입되고 | 글루볼 터널링으로 양자가 실린더에 유입되고 |
| 압축-폭발로 동력을 얻은 후 | 냉헬륨이 공간양자를 흡수-합성함으로써 비행의 동력인 작용반작용을 얻은 후 |
| 배기가스가 배출된다. | 실린더에 물질이 쌓인다. $[E/c^2$ ➜ m]; 이는 **게이지 변환**이다(다음 쪽 참조). |
| 다시 말해, 공기-경유의 혼합비가 적당하고, 실린더 내부가 <u>**고온 고압**</u>이면 | 다시 말해, 자기장으로 플랑크상수를 크게 공급하고, 헬륨이 <u>**극랭-저압**</u>이면, |
| 즉 공기와 경유가 대칭적인 비율이 맞으면, <u>완전 연소되어</u> | 즉 BEC와 보스노바의 조건을 이루면, **대칭성 깨짐으로 인하여** 양자 글루볼이 터널링해 공간양자를 포획-합성하여 |
| 배기가스가 무색이며, 배기 시에 찌꺼기가 없고, 엔진이 가동 중이다. | 찌꺼기(질량증가)를 이루며$[E/c^2$➜m], 엔진이 가동 중이다. ; 강력의 (질량)메커니즘 mechanism |
| 그러나 경유 농도가 너무 높거나 <u>**저온 저압**</u>이면 | 그러나 (빅뱅 직후와 같이) 실린더 내부가 <u>**고온 고압**</u>이면 |
| 불완전연소를 이루어 | 모든 것이 완전 대칭(같음)을 이루어 |
| 찌꺼기(배기가스)가 검게 배출되며 엔진이 꺼진다. | 모든 것이 같아 질량 생산이 없고, 엔진이 꺼진다. |

[게이지 변환; 전하량에 변화를 주면, 이에 따라서 숨겨진 장인 게이지 장이 **변환**-연동되어, 그 결과값도 이에 대응해 총전하량이 **보존**되는 **불변** 값으로 나오는데, 이는 물리학의 전반을 지배하는 뇌터의 정리와도 일치 하므로 **게이지 불변**이라고 한다. 그러나 게이지 장의 실체(실증)를 우리 인류가 아직 붙잡지는 못했다. (빛이 그 결과물이긴 하다. 물질입자인 전 자를 가속하면, 매개입자인 빛이 방출된다! 이는 관측불가한 전자의 파동 함수가 관측불가한 **게이지 장**을 만나 관측불가한 **게이지 변환**을 한 것임)

물리학에서 만물의 조화를 설명하기 위해 '<u>반드시 존재해야</u>'하는 상황 이므로 게이지 장을 '<u>인위적으로 고안된 장 또는 숨겨진 장</u>'이라고 한다. 파동함수의 연속된 흐름에서, '**가상의**' **게이지(계측기)로** 물리적 흐름을 측 정하면 바늘이 그 <u>물리적 변화량의 흐름에 연동해 움직이는 것</u>에 고안- 착안하여 **게이지 대칭성**, 게이지 **변환**, 게이지 **불변**, 게이지 **장**이라고 한다. '게이지'란 용어는 여기서 기인한다. 인류가 아직 구체적으로 볼 수 없는 부분에 대해 물리 역학적 흐름에 맞추어 고안된 개념이다. 따라서 문명이 진보해 신의 경지에 이르면 '게이지'란 용어는 쓸 필요가 없을 것이다. 그 이전에는 매우 유용한 개념이다. 이런 개념들은 과학에 진보를 준다.]


[힉스 장: "빅뱅 후 온도가 충분히 내려가서 다른 장들은 거의 0에 가 까운 평균값을 갖게 되었을 때, **전 공간에 걸쳐** 0이 아닌 어떤 특정한 값 으로 '동결된 장'을 힉스장이라 한다. 힉스장이 동결된 값을 가리켜 '힉스 장의 진공 기댓값 Higgs field vacuum expectation value'이라고 부른다. 힉스장은 전 우주공간에 걸쳐 골고루 퍼져 있다고 추정되므로 힉스 장을 '힉스 바다 Higgs ocean'이라 해도 되겠다." [37] **346~349쪽** 참조. / '장'의 개념은 중력장처럼 힘이 형성되어 있는 공간상의 역장(力場)이다.]

### <약력자와 강력자의 터널링(매개) 조건 분석> ★★★

힉스메커니즘(약력이 공간양자를 합성하는 것)이 물리학적 이슈를 모두 해결하진 못한 듯합니다. 168쪽까지는 고착적 사고를 잠시 잊고, 신생아의 눈으로 읽으세요. '강력이 터널링해 공간양자를 합성한다'는 것은 현대 물리학을 넘어선 것으로, 아래 인용문이 이를 대변합니다.

브라이언 그린의 말을 인용해, "표준모델에 의하면, 입자의 질량은 힉스메커니즘에 의해 생성된다. 그러나 입자의 질량을 설명한다는 관점에서 볼 때, **이것**(힉스메커니즘)**은 '모든' 난제를 힉스 보손에 '떠넘긴 것'** 에 불과하다……. **이것은 표준모델의 입력 데이터에 해당될 뿐이다. 이로부터 새롭게 알 수 있는 것은 아무것도 없다**"고 한다. [63] ★★ 필자는 '열린 마음으로' 인용문을 숙고한다. 그러나 약력의 매개자와 관련된 약한 상호작용인 힉스메커니즘의 범주 내에서 약력이 질량을 생산한다는 것이 현대 입자물리학의 주론이다. 해서, 힉스메커니즘을 **강한 상호작용에 의한 질량 생산으로 가는 징검다리 삼아** 먼저 살펴봤다.

물리학에서 상호작용하려면, 매개입자의 교환이 필수이므로 이들의 매개능력을 비교하여 추론해보는 것이다. 끈이론가인 브라이언 그린은 인용문 [63]을 자신의 저서 **후미에 있는 주석에다 살짝 끼워 넣었다.** 추정하건대, 입자물리학자들과 갈등을 일으키기 싫어서인 듯하다.

하물며 필자는 일반인이므로 더 말할 것도 없다. 막막하고 고립무원의 섬에 갇힌 느낌이다. 때로는 낙담스럽고 때로는 두려움을 느낀다. 초등학교 중퇴자인 제본공 신분으로 전기를 만든 패러데이와 원자의 지문(항성의 성분)을 밝힌 유리제조공 프라운호퍼를 상기하자.

(명제 1)
힉스메커니즘; 약력의 매개자(W·Z)가 발동되어 공간양자를 포획한다.

(명제 2)
흡수엔진; 강력의 매개자 글루볼($A_i^j A_i^j$)이 발동돼 공간양자를 포획한다.

(명제 3)
188쪽 도면상, 강력의 '조화'진동자에서 매개입자 글루온과 쿼크의 비율이 **3:3으로 수(數) 대칭**으로 '교환대칭(조화-균형-안정)'을 이룬다.


그런데 냉양자에 자기장을 공급하면, 쿼크가 글루온(볼)을 양산한다. 이제 글루온과 쿼크의 비율이 3:3인 '교환대칭(조화-균형-안정)'이 깨졌다고 할 수 있다. 따라서 속박자 글루온만 더 많아지므로 인해 어떠한 입자(에너지, 질량)라도 속박하려 갈망하며 냉양자화된다. 결국, **쿼크**(물질입자 파편류 등 공간양자)**가 매우 부족한 상태로 된다.**

즉 강력이 교환대칭을 이루려는데, 속박자 글루온(볼)만 넘치므로 **냉양자는 어떤 입자도 내어주지 않을 것이다**[증명: 레이저로 원자·핵·쿼크를 고진동시키면, 양산된 글루온이 레이저까지 합성해 냉양자화된다]. **냉양자들은 회전하면서도 마찰저항이 0인 이유다.** 의인화하여, 냉양자 하나가 이웃 냉양자에게 말하기를 "나는 물질입자와 에너지가 매우 부족하니 내게 물질입자(에너지)를 좀 다오"라고 하자, 이웃 냉양자가 "나도 형편이 너와 똑같다. 너가 내게 오히려 좀 다오!" 하는 꼴이다. 하물며 질량이 **양성자 질량의 86, 97배**인 약력자(W, Z)를 내어줄까?

태어난 아이 몸무게가 엄마의 86, 97배! 양성자 질량의 86, 97배인 약력의 매개자(W, Z)를 방출하는 일은 LHC(거대강입자충돌기)에서 광속에 근접한 충돌실험이나, 핵융합 시 **괴력적 운동에너지가 상호 충돌하여 핵의 속박력을 상쇄시키는 엄청난 양자효과**인 혼돈의 순간에나 가능하다.

[예컨대, **입자가속기의 세대별 성능이 향상될수록** 더 큰 질량의 쿼크가 등장한다. 아래는 양성자 질량을 1로 했을 때, 각 세대별 쿼크의 질량이다.
1세대; 업 쿼크(질량; **0.0047**) ⤳ 다운 쿼크(질량; 0.0074)
2세대; 참 쿼크(질량; **1.6**) ⤳ 스트레인지 쿼크(질량; 0.16)
3세대; 탑 쿼크(질량; **189**) ⤳ 바탐 쿼크(질량; 5.2)

☞ 이는 '**양자는 주변의 물리적 조건-상황에 따라 엄청난 양자효과가 유발된다**'는 것을 말해준다. 왜냐면 ★**가속하기 전에는 똑같은 입자였으니까!**]

　핵폭탄과 충돌실험은 속박력을 상쇄시키는 원리다. 반면, '자기장을 공급받는 냉양자'는 속박자 글루온이 양산되므로 **핵의 속박력이 오히려 강화된다. 물리적인 힘의 속박력 상황이 충돌실험과는 반대다! 반대다!** 이때! '**양자는 가능성의 세계다**'는 하이젠베르크 말을 회상하자. 양자는 양자효과의 가변성으로 반드시 힘의 균형을 향하여 움직인다! 따라서 '**조화**'진동자는 조화(힘의 균형)를 복구하기 위해 넘치는 **핵력의 매개 입자 글루볼이** 자기장의 진동 에너지[$E = hf$]를 빌려 삼켜 터널링해 공간양자를 끌어올 수밖에 없다. 이는 **핵 시스템의 균형을 향한 강력의 방향 전환이다.** 특히 글루볼의 터널링은 이미 수학으로 증명된 사실이다.

필자는 위 내용과 약력자(W, Z)의 질량이 양성자 질량의 86, 97배나 되므로 냉양자에서는 결코 약력자가 방출될 수 없음을 유심히 또 유심히 생각한다. 계란으로 권위의 바위를 치는 느낌이지만.......

이렇게 핵력이 끌어당긴 공간양자를 핵 시스템 계(界)의 범주 안에서 조화와 균형, 안정을 이룰 때까지 '**섞음으로써**(222~223쪽 참조)' 핵 시스템은 '조화'진동자로서 조화와 균형을 복구한다(**조화찾아가기**).

철을 향해 가는 **항성**의 핵융합 과정에서도, **초신성** 폭발의 순간에도, 테바트론이나 **LHC**에서 핵자가 충돌하는 찰나에도 강력은 파탄난 소립자들을 포획하고 합성해 핵 시스템을 즉시 복구한다[**강한 속성**].

불균형된 **냉양자**에서도 글루볼이 터널링할 조건인 자기장만 걸어주면, 핵은 **역시** 자신에게 결핍된 물질 파편을 포획해 핵자의 수(數) 대칭 시스템(조화-균형)을 복구하는 방향으로 행동할 수밖에 없다[**강한 속성**].

단순하고 명확한 힘의 논리를 부정하면, 우주 전체의 보편적 섭리를 부정한 것이다. 단순한 힘의 논리니까. 91~94, **125**, **219~223**쪽 참조

이상을 종합한 결과는 다음과 같다.

1. **냉양자에 자기장을 공급해주는 조건에서는** 속박력이 오히려 커질 뿐만 아니라, 질량-에너지가 큰 입자를 방출하지 않으므로(에너지 결핍) 약력 매개입자(W, Z)는 초광속을 유발하는 매개입자 자격이 **전혀 없다**.

2. 그러나 강력의 매개자 글루온의 질량은 0이므로 초광속을 유발하는 매개자의 자격이 **당연하고 충분히 있다**. 왜냐면, $[E/c^2 \rightarrow m]$에서 $c^2$(광속×광속)은 수학적 논리의 연산 과정에서 **핵에 잠재된 $c^2$이므로** 강력이 $c^2$의 속도로 터널링하면, 냉양자와 공간양자가 서로 당겨 각각 초광속 타키온으로 발현되기 때문임(잠재된 초광속; 182쪽, 타키온; 323쪽).

**어쨌든, 초광속을 매개하는 입자는 핵 안에 상존하는 입자라야 한다!**
글루볼의 본질이 글루온이므로 $c^2$(초광속)으로 파진공의 모든 공간
양자를 포획-제거함으로써 진진공을 만들고, 또 그만한 일을 할 수
있는 시스템과 힘, 속도($c^2$)를 가지고 있는 것은 **강력뿐이기 때문이다.**

특히 글루볼의 터널링은 이미 수학적으로 증명된 사실이다. 그리고
핵의 **속박력을 상쇄시켜 핵융합**하는 핵폭탄과 달리, 냉양자에 자기장을
걸면 핵의 속박자인 글루온이 양산되어 **속박력을 오히려 증가시키므로**
글루볼이 터널링 후 핵과 단절되며 붕괴한다는 건 '글루볼 핵폭탄'을
만드는 모순된 논리가 되고 만다. 이는 송아지도 따라 웃을 일이다. /


한편, 핵의 글루볼이 터널링해 초광속으로 매개하여 물질입자를
끌어올 것인데, 이때 끌려오는 공간양자 역시 초광속의 물질입자인
타키온 tachyon이다. 아래는 타키온에 대한 필자의 해석이다.

타키온 tachyon이란?
**질량의 제곱**이 **음수**인 가설적 **초광속**의 '**물질**'입자이다.

★ 여기서 '**질량의 제곱**'의 뜻;
   매개자(속박자 글루볼)와 물질입자(피속박자, 공간양자)의 양자 실체
   핵 자신에 필요한 <u>물질입자(공간양자)</u>를 포획할 때 발현되는 양자 실체

★ 여기서 '**음수(음값)**'의 뜻;
   핵력이 공간양자를 당기는 '인력'을 의미한다.
   '살아 있는' 핵력은 물질입자(쿼크)를 핵 안으로 당겨 속박하는
   인력으로, 물질입자가 멀수록 속박하는 인력이 커진다(안개효과).

폭발하는 압력-척력인 양값(+)의 반대인 핵력은 당겨 속박하는 **인력**으로 **음값**(-), 즉 **음수**이다. 핵으로 끌려오는 공간양자들도 인력(-)으로 발현되므로 **음수**이다(냉양자와 공간양자가 서로 당김).

★ 여기서 '**초광속**'의 뜻; **잠재된 초광속 $c^2$의 발현**(182쪽 참조, 중요!) $[E/c^2 \rightarrow m]$에서, $c^2$은 엄밀한 수학 논리에 따라 도출된 것이다. 글루볼이 자기장의 진동으로부터 힘을 얻어 터널링함으로써 $c^2$으로 당기므로 파진공의 물질입자도 타키온($c^2$)으로 발현된다. 비행체(냉양자)와 공간양자가 **서로 당김으로써 맞서지 않으므로** 비행체와 공간양자가 $c^2$(광속×광속, 초광속)을 따라 서로 당긴다.

[참고; **이때 드러난 $c^2$**은 지구를 초당 224만 바퀴 도는 속도이며, 안개효과(321쪽)로 파진공의 모든 양자를 흡수-합성할 것이다.]

★ 여기서 '**물질**'입자의 뜻;
로켓처럼, 질량을 가진 '물질 입자(양자)'는 결코 초광속이 불가능하다. 그 이유는 비행체와 공간양자가 맞서 얽히기 때문이다(244~247쪽). 하지만 흡수엔진 원리는 **윤팔홀이 형성됨으로써** 맞서는 얽힘이 없다. **비행체(물질)와 공간양자가 맞서 얽히지 않기 때문에 초광속이 가능하다.** 이것이 유일한 초시간 여행선(Time-machine)의 구동원리이다.

양자는 너무나 극미해 양자의 실체와 구조를 들여다볼 수 없다. 그래서 양자(끈)를 엄밀한 수학적 논리로 들여다본다. 특히 끈이론 가들이 **핵을 구성하는 입자들이 상호작용하는 원리**를 수학적으로 퉁겨보았는데, 이때 타키온 tachyon이라는 유령입자가 필연적으로 등장한다.... 타키온에 대한 더 상세한 내용은 323~327쪽을 참조. 이는 흡수엔진의 원리와 정확히 일치한다. ☞ 매우 중요!

## <강한 상호작용 1>    강력 1, strong force 1

강력의 상호작용에서는 '메커니즘'이란 용어가 아직 없다(강력자인 글루볼의 매개에 의해 하드론에 질량을 증가시킨다는 이론이 아직 없다). 이제부터는 강력(핵력)을 살펴보고, 강력이 어찌하여 흡수엔진에 도입될 수밖에 없고, 또한 어떻게 도입될 것인지를 구체적으로 살펴보자.

핵에너지 활용의 근원은 양자 단위의 소립자를 변형 조화시키는, 즉 입자들이 **매개를 달리하면서** 발생하는 에너지를 이용하는 원리이다. 그런데 흡수엔진에서는 강력의 매개입자인 글루볼의 터널링을 발동시켜줌으로써 강력 $c^2$이 매개를 달리하여 **핵 밖으로 외향화를 이루어** 공간상의 물질 파편(공간양자)에게 점근적 자유의 핵력을 행사해 공간양자를 포획-흡수-합성하는 원리다. 여기서 강력 $c^2$이 우주공간으로 외향화할 수 있다는, 또 해야만 한다는 근거 <u>세 가지</u>를 살펴보자.

첫째, $c^2$의 **방향성**과 $c^2$의 **동등성**이 갖는 함의성이다.
둘째, 핵 시스템에 '**잠재된 $c^2$**'이 갖는 **속도**의 함의성이다.
셋째, 글루온의 질량 '**0**'이 갖는 **속도-거리**의 함의성이다.

이제 강력이 핵 안에서만 활동하는 것이 아니라, 내향하는 핵력을 터널링시켜 창공으로 외향화시킬 수 있다는 글루볼의 터널링에 대한 실마리를 하나씩 찾아보자. 먼저 강력을 상징하는 $c^2$을 살펴보자.

첫째, $c^2$의 **방향성**과 $c^2$의 **동등성**이 갖는 함의성이다.

특수상대성이론의 핵심, 식 $[E = mc^2] \rightleftarrows [E/c^2 = m]$을 살펴보자. 냉양자에 자기장을 공급해 플랑크상수를 키워줌으로써, 강력의 매개자 글루볼이 터널링하여 질량을 획득한다는 것을 가설적으로 도입했다.

$$[E/c^2 \rightarrow m].$$

이는 양자 세계이므로 아무도 예단할 수는 없다. 현대 물리이론은 약력자 W·Z가 물질의 매개 역할을 하겠으나, 강력의 '$c^2$을 생각하면' 쿼크와 글루온, 파이온(중간자존)을 연계하여 통찰하지 않을 수 없다. '$[E = mc^2] \rightleftarrows [E/c^2 = m]$' → $[E/c^2 \rightarrow m]$, 이 식을 생각하면 말이다.

강력의 구성입자는 쿼크, 글루온, 그리고 파이온이며(188쪽 그림 참조), '→' 표는 강력이 에너지를 합성하는 의미를 나타낸다(**353쪽 참조**). 매개입자가 어떤 조건으로 매개를 달리해 상호작용하느냐에 따라 식은 **변환**되므로 쿼크와 글루온(볼), 파이온을 연상하지 않을 수 없다.

LHC(거대 강입자 충돌장치)에서 글루온끼리 충돌하는 경우가 있는데, 바로 **이때 힉스 입자가 가장 많이 발견(생성)된다**. 이는 전자가 잠긴 배타성 소실과 글루볼의 터널링에 의해 강력도 외향화 될 수 있음을 암시한다. 쿼크는 분수 전하량인 페르미온(물질)이다. 글루온이 쿼크를 뛰어다니면서 쿼크를 속박하는데, 그럼 쿼크는 원래 어디서 왔는가? 물론 핵합성의 **순간**에 강력의 우월적인 힘과 속도로 이웃에 있는 쿼크를 포획해 속박한다고 답할 것이다. 바로 그 '순간'이 중요하다! 순간적으로, **강력의 매개입자도 매개의 방향을 달리할 수 있구나!**

자신의 주변 환경, 여건에 따라 자발적으로 매개를 순간적으로 바꿔 '새로운 핵'을 재구성함으로써 강력을 더욱 키워 (광포한 운동에너지로) 부서지는 자신의 집(핵 시스템)을 지켜내고, 그 결과 조화진동자(조화-균형-안정) 상태를 복원하는구나! 그게 자연스러운 역학적인 모습이다.

그렇다면 소립자는 분명히 살아 있는, 생동하는, 가변적인, 증식하고 붕괴되는, 주변의 역장에 따라 상호작용하고 춤추는 동적인 것이구나! 그래, 이거야! 원자를 <u>달구고 식히고 차서</u>(헬륨을 레이저로 달구고, BEC 상태로 식히고, 자기장으로 쿼크와 글루볼을 차서 진동시켜 글루볼 터널링을 유도하여) 흡수엔진을 만들면, 우린 또 다른 외계인이구나!

$[E = mc^2] \rightleftarrows [E/c^2 = m]$의 관계가 성립하는데, 아인슈타인에 의해 **먼저 도출된 식이 $[E/c^2 = m]$**이다. 이를 뒤집으면 $[E = mc^2]$이다.

$[mc^2 \rightarrow E]$은 핵끼리 합성한 **후**, 여분의 에너지를 일시에 방출하는 힘의 크기를 상징한다. (이는 **핵폭발의 방향**이다. 핵이 깨져 재합성 **후**, 여분의 물질을 에너지로 변환하여 핵의 밖에다 '**버리는**' 힘이다. 점근적 자유의 속박력이 단절되며 에너지를 일시에 방출하는 '**죽은**' 강력이다.)

$[E/c^2 \rightarrow m]$에서 '$c^2$'은 핵의 양자들을 합성해 속박하는 핵력의 크기를 상징한다. 이는 **핵폭발의 역방향**이다. 에너지를 물질로 변환하여 핵을 구성하는 힘이다. '**살아서 지속되는**' 강력이다.
(질량 m과 에너지 E의 환율 $c^2$의 방향에 따라 $\underline{mc^2}$의 역은 $\underline{E/c^2}$이고, 질량은 에너지로$[mc^2 \rightarrow E]$, 에너지는 질량으로$[E/c^2 \rightarrow m]$ 변환된다.)

식 $[E/c^2 \rightarrow m]$이 뜻하는 것은 '양자-에너지를 광속×광속의 속도로 끌어와서 물질 m을 이루는 것'이다. 이 식의 의미를 둘로 나눠 보자.

1) 핵융합 시, 글루온과 파이온이 **인접한 핵 속에 있는** 에너지와 쿼크를 포획해 하나의 핵으로 융합할 때의 강력 $c^2$은 폭발력이 아니라, 속박력 [$E/c^2$ ➔ m]이다. 즉 **핵끼리의 합성-속박도 [$E/c^2$ ➔ m]**이다. 합성 후, 남는 물질을 에너지로 버리는 것이 **핵폭발로 [$mc^2$ ➔ E]**이다.

2) 그러나 흡수엔진의 원리는 글루볼이 외향화해 실린더를 벗어나 **먼 우주공간에 있는 에너지를 끌어와서** 이를 속박할 것이다[$E/c^2$ ➔ m].

다음의 조건 ① ② ③이 충족되면, (진공, 대기권, 수중 등 가릴 것 없이) 우주에 꽉 차 있는 에너지-공간양자를 끌어와서 이를 속박시킬 것이다. 다음의 ① ② ③은 77쪽 '흡수엔진의 구성요소' 등에서 설명했으므로 '핵폭탄과 흡수엔진의 대비 분석표'인 **178쪽으로 건너뛰어도 된다**(권고).

## ① BEC(보스-아인슈타인 응축)

헬륨이 BEC를 이루어 방패의 역할을 하는 전자가 잠기므로 냉양자-초유체로 되면, **헬륨 냉양자**가 공간상의 **양자**와 합성하기 쉬운 조건이 된다. 냉양자와 공간양자 간의 합성 전제조건이 BEC 상태이다.

## ② 페르미온형 입자 - 공간양자(파편)의 씨 마름

흡수엔진 실린더 안에는 물질입자가 결핍되어야 한다. 물질입자를 가져올 곳은 실린더 밖 우주공간뿐이어야 한다. 흡수엔진 실린더 안에는 속박당하지 않은[즉, SU(3) 상태가 아닌] 물질입자 파편의 씨가 말라 소진되면 글루볼이 터널링해 실린더의 밖으로 펼쳐진다. 자기장의 격한 진동을 삼킨 쿼크가 더욱 진동하며 글루볼만을 양산하면서 글루온에 속박되지 않은 물질입자류의 씨가 말라야 글루볼이 터널링한다. 이는 핵 시스템의 조화-균형을 이루려는 속성에서 비롯된다.

## ③ 하드론되기의 본능과 양자-글루볼의 터널링

흡수엔진 실린더 안에서는 자기장으로 플랑크상수를 충분히 공급해 글루볼(온) 보손이 부글부글 끓어 넘쳐 터널링을 일으켜야 한다.

자기장이 쿼크를 차서 글루온을 양산하면 결국 글루볼이 넘치는데, 이때 글루볼은 중간자(파이온)과 약하게 결합된 구조로 예측되고 있다. **글루볼은 '파이온과의 결합이 약한' 임시적 가상적 입자이다.** [결합력이 약한 이유; 글루볼은 핵 SU(3) 시스템을 이루는 **'일체화된, 일원화된 핵의 오리지널 구성원'이 아니기 때문**이다]. 188쪽 참조 따라서 자기장의 진동수가 문턱진동수를 넘기면 글루볼은 플랑크상수 $[h=E/f]$를 삼켜 터널링해 에너지를 흡수-합성하는데, 이는 핵이 조화를 복구하는 행위로 에너지를 끌어와 질량으로 변환한다$[E/c^2 \rightarrow m]$.

강력의 중간자($\pi$, 파이온)와 얽힌 상태로 글루**볼 중의 일부가** 창공으로 터널링할 것이다. 이 증명은 다음의 인용문으로 대신한다.

"터널링의 문제를 소립자 영역으로 축소시키면, 작은 <u>볼의 파동함수(확률파동) 중의 일부</u>가 벽을 뚫고 지나간다(투과)는 것을 수학적으로 증명할 수 있다." [57]는 점을 보아도 분명하다[**양자 터널링**].

**수학은 엄격한 논리의 전개(연산)이므로 의심할 여지가 없다.** 그렇지만 괴력적 LHC 실험을 참고해 <u>힉스메커니즘의 약력자(W, Z)</u>를 '**자기장 공급으로 속박력이 강화된 냉양자 상태에서도**' 그대로 응용-적용하면, 무리가 있으며, 억지스럽다(상세한 내용은 93~94, **163~168쪽 참조**).

글루볼이 핵 밖으로 터널링하면, 붕괴할 거라고 오해하기 쉽다. 글루온이 일원화된 SU(3) 상태를 벗어나면, 즉 글루온이 핵 밖으로 나오면 곧 붕괴한다고 배운다. 물론, 여분의 에너지가 버려지는 핵폭발에선 글루온이 붕괴하지만, 흡수엔진에선 핵이 공간양자를 포획-합성하기 위해 '**여분의**' 글루볼이 붕괴 없이 터널링할 것이다.

**핵과 얽혀 연결되어 진행하는 파동함수, 즉 진행하는 상태함수인 글루볼의 터널링**이므로 핵력을 공간양자에 매개함으로써 '**글루볼이 공간양자를 포획하기 때문에**' 핵이 공간양자를 흡수-합성하는 매개 행위로 보아야 한다.

① ② ③의 조건이 충족되었을 때 비로소 글루볼이 터널링함으로써, 내향하는 점근적 자유의 강력을 창공으로 외향화해 매개할 수 있다. 이렇게 된다면, **$c^2$의 작용 방향이 핵 밖의 창공으로 바뀌는 것이고, $c^2$의 크기는 여전히 '동등'하다.** 이는 **강력의 작동 '방향 전환'을 의미**하며, $[E = mc^2] \rightarrow [E/c^2 \rightarrow m]$을 뜻한다(강력의 질량생산 '과정'을 뜻함).

점근적 자유의 특성을 감안하면, $c^2$의 음값은 외향화를 이루었을 때 더 뚜렷할 것이다. 음값의 베타함수가 의미하는 건 글루온이 속박하려는 물질입자의 **거리가 멀수록 당겨 속박하는 힘이 더욱 강해지니까.**

[비유; 당길수록 인력이 더욱 강해져 팽팽해지는 고무줄 같은 힘이다. **안개 효과**: 쿼크(물질)가 멀어지면, 그 사이의 안개 같은 양자들이 글루온에 합성되므로 물질 파편이 멀리 있을수록 강력(속박력-인력)은 더욱 강해진다. 따라서 (필자의 가설이 옳다면) 글루볼이 터널링해 공간양자들을 당길 때, 강력은 '**충실**'하게 나타날 수밖에 없다. 글루온이 쿼크(물질)를 뛰며 도는 것은 본질적으로 물질입자를 '속박하는' 본성을 지녔음을 통찰하자. 글루온끼리 충돌 시 생성된 힉스입자도 속성이 물질을 속박하려 끈적하게 당기는 인력이다. 글루온과 힉스입자는 관련이 깊은 듯하다.]

**강력은 고무줄처럼 안으로 끌어당기는 속박력(인력)이 살아 있을 때만 '정말 살아 있는' 강력이다. 강력은 '안개효과를 겸비한' 속박력이므로 강력이 터널링하여 '파동'함수로 전개되면 진진공이 형성될 수밖에 없다.**

핵력의 본질적 의미는 (핵 시스템의 균형이 깨지며 재난적 일시적으로 에너지를 방출하는 핵폭탄의 힘이 아니라) 핵 시스템의 구성입자 간에 상호작용하며 **지속적으로** 속박하는 힘, 내향하는 '<u>균형 잡힌</u>' 힘이다.

강력의 매개입자 글루볼이 터널링한다면, 공간 에너지를 끌어와 속박하는 '살아 있는' 강력이다. 이때 강력(중간자)의 8중항과 **얽힌 상태에서** 매개입자의 결합인 글루볼만 터널링하여 외향화한 결과로 '**살아 있는 강력파**'가 창공으로 전개되면서 모든 공간양자를 포획-흡수-합성하여, 즉 **양자를 재구성해 속박할 것이다**(안정화). 본고에서 서술하는 모든 논리적 정황과 현상의 귀착이 이를 강요한다. 이 핵력-글루볼의 터널링이 믿기지 않는다면, 보스노바와 에스겔서 증명(후술) 등에서 확인하고, 도면 【D.10】을 제작하여 실험하면 판명난다.

강력은 '나에게' 향하는 힘이다. 끌어당기는 고무줄처럼 말이다. 강한 고무줄 양 끝에 야구공을 묶고, 이를 팽팽히 당긴 후 야구공을 동시에 놓으면, 마주 보는 내향의 **인력으로** 서로에게 달려간다. 그러므로 글루볼이 터널링하면, 인력의 힘으로 공간양자들을 붙잡아 와서 냉헬륨의 핵 안으로 포획-합성하여 감아 넣는 힘이다[$E/c^2$ ➜ m].

반면, 핵폭탄은 핵을 재합성하는 과정에서 고무줄처럼 당겨 속박하는 힘이 **단절되면서** 에너지를 일시에 퉁기고 방출하는 '죽은' 강력에 불과하다. 비유하여, 팽팽히 묶여 있던 고무줄이 단절되면 고무줄이 일시에 퉁겨 나가며 흩어지는 **척력**이다. 우라늄 910g 중 약 1%의 질량감소가 에너지로 일시에 변환되면서 히로시마를 날려 버렸던 악마의 폭발이다. 바로 식 [$mc^2$ ➜ E]이다. m ≒ 9g = 핵폭탄은 악마!

우라늄 핵폭탄에서 핵이 분열되며 약 99%의 에너지는 계속 점근적 자유의 힘이 살아 있는 [$E/c^2$ ➜ m]로서 다시 물질(핵)을 재구성한다. '핵 속의 양자와 양자들(구성입자들)'이 분열(또는 융합)을 이룬 결과다. 수소 폭탄에서, [$E/c^2$ ➜ m]는 핵융합의 순간에 핵 속의 굵은 양자와 핵 속의 굵은 양자들이 융합하면서 재구성되는 식이다.

그런데 흡수엔진에서는 전자가 둘러싸 원자 시스템을 이루고 있던 핵끼리 융합이 아니라, 전자가 잠김으로써 **직접 드러나 있는 냉양자와 공간양자**(양자거품) 간의 합성이다. 실증-실험적으로, 보스노바에서의 실험용기(흡수엔진에서는 실린더) 안의 **냉양자**와 공간**양자** 간의 합성이다. 즉, 양자와 양자 간의 합성이 보스노바로 나타나는 현상이다.

이론은 피크노뉴클리얼리액션과 힉스-메커니즘을 통해 간접적으로 들여다봤으며, 그 실험이 곧 보스노바이다. 수학적 증명은 끈(양자)을 수학적으로 통찰하여 일상적인 용어로 후술하는 '책 대비 해설' 332~342쪽에서 플럽변환 등을 예시적으로 후술한다.

전자가 궤도에서 살아 날뛰고 있는 원자핵끼리의 합성이냐(핵폭탄), 아니면 냉양자와 공간양자의 합성이냐(보스노바-흡수엔진)만이 다를 뿐이다. [핵과 핵 vs 냉양자와 공간양자]

수소 핵폭탄에서는 기폭창치에 의한 고온고압 상태의 운동에너지를 이용해 8중항의 글루온과 파이온이 쿨롱장벽을 꿰뚫어 핵과 핵이 융합하는 원리다. 따라서 **'근거리에 있는 원자 속의 핵자들'**이 합성된다.

흡수엔진에서는 자기장을 이용해서 '플랑크상수 키워주기'를 통하여 매개입자 글루볼이 퍼텐셜 장벽을 넘어 냉양자가 공간양자를 합성시킨다. 충실하고 안정된 상태의 '하드론되기'의 본능을 이용한 것이다. 글루볼이 쿨롱장벽을 꿰뚫어 우주 공간의 **'원거리에 있는**(실린더 밖 파진공에 있는)' **공간양자들을 포획 → 흡수 → 합성 → 속박**할 것이다.

식 $[E/c^2 → m]$은 핵폭탄에서나 흡수엔진에서나 기본원리는 같으나, 수소 폭탄에서는 $[E/c^2 → m]$(핵끼리 융합)은 활용되는 힘이 아니다. 핵폭탄에선 $[E/c^2 → m]$의 결과로, 버리는 힘 $[mc^2 → E]$이 활용된다. 즉, 핵폭탄에서는 열적 운동에너지로 원자의 속박력을 상쇄시켜서 하드론(핵)들이 핵반응 후, 방출되는 여분의 에너지를 이용한다.

반면, 흡수엔진은 냉각효과와 쿼크들을 더욱 진동-가속시킴으로써 '속박하는 매개입자 글루온'이 양산돼 각각 핵 시스템은 독립적으로 내향하는 결합력이 더욱 강력해진다. 즉, **각각의 핵들이 개별적으로, 더 강력한 속박 SU(3) 시스템으로 각각 자신들의 핵 시스템을 옥죄므로 이웃하는 냉양자와는 도저히 핵합성을 이루지 못하고, 결국 글루볼이 '중간자와 얽혀 살아 있는 상태로(양자 얽힘)' 터널링함으로써** 공간의 양자를 포획-합성해 핵이 조화와 균형을 향한 속성을 실행할 것이다.

아래는 **'핵폭발과 흡수엔진의 흡수-합성' 과정을 대비한 분석표**이다.

(기폭장치의 의해 핵이 쪼개지거나 융합하는 무지막지한) **핵폭발**과 (337쪽의 균질한 '속박력으로 살아 있는' 강력을 이용하는) **흡수엔진**은 다음과 같은 차이가 있다. 차이점을 선명히 구별하기 위한 표이다.

178

| | 핵폭발에서의<br>융합과 분열 | 흡수엔진에서의 합성 |
|---|---|---|
| 합성 대상 | (수소의 융합)<br>전자가 궤도에 살아 있는<br>핵과 핵 간의 융합 | 양자와 양자 간의 합성.<br>[초유체 상태의 냉양자와<br>우주 공간양자의 직접 합성] |
| 합성 조건 | 고온 고압 | 저온, 저압, 냉양자화(고밀도화) |
| 합성 방법<br>★★★ | 기폭장치에 의한<br>열-운동 에너지로<br>전자와 강력의 큰<br>속박력을 상쇄시켜<br>쿨롱장벽을 극복하여<br>핵과 핵 간의 핵융합.<br>또는 (불안정한 원소의)<br>핵분열 /<br><br>이때 여분의 질량 m이<br>에너지 E로 변환되어<br>공간으로 방사된다.<br>$[mc^2 → E]$<br>그래서 핵폭탄은<br>일시적 재난적이다. | 자기장의 진동(냉에너지)으로<br>커진 플랑크상수$[h = E/f]$를<br>쿼크에 전이(진동)시켜줌으로써<br>글루온(볼)만을 양산한다.<br>따라서 글루온과 쿼크의<br>색깔 교환대칭이 깨진다.<br>(동시에 속박력은 강화된다.)<br><br>그 결과로 핵 시스템이<br>(공간양자를 포획-합성하여)<br>조화로운 교환대칭을<br>복구하기 위해,<br><br>글루볼이 자기장의<br>문턱진동수를 삼켜 그 역동성을<br>우주 거시공간으로 터널링시켜<br>공간양자(물질 파편 등)를<br>포획-합성한다. |
| 힘의<br>활용 방향 | 강력이 단절되며<br>질량m이 에너지E로<br>변환-방출$[mc^2 → E]$.<br><br>('죽은' 강력의 방향.<br>핵 안의 에너지를<br>끌어내어 이용함) | 공간의 에너지 E를 흡수하여<br>질량 m으로 변환$[E/c^2 → m]$.<br><br>('살아 있는' 강력의 방향.<br>핵 밖의 에너지를 끌어들일 때<br>발생하는 작용반작용을<br>이용하여 비행함) |
| 활용 방안<br>★★★ | 에너지E를 일시에<br>방출시키는 핵폭탄. /<br>제어장치 등을 추가한<br>핵발전. (기완성) | 초광속비행선(타임머신) 엔진<br>☞ 우주관광, 우주자원 획득<br><br>발전·에너지, 환경·온난화 해소<br>☞ 발등에 떨어진 불이다! ★★ |

헬기의 프로펠러 모양 구조물 끝에 흡수엔진을 부착-가동하여 회전축을 회전시키고, 기어 장치로 <u>회전축에 발전기를 연결하면</u> 운동에너지가 전기에너지로 바뀌므로 무한한 **발전**(發電)이 가능하다. (엔진의 상대적 에너지원인 **공간양자는 우주에서 무한히 공급되므로**)

이 경우, **흡수엔진이 대기권의 에너지를 흡수-합성하는 것이므로** 지구 대기의 온도를 떨어뜨리는 효과를 가져올 것이다. 이 효과가 얼마만큼 나타날지 당장에 단정할 수는 없겠으나, 지구의 온도를 떨어뜨릴 것은 분명하다. 추정컨대, 지구의 모든 열적 발전소를 흡수엔진 발전소로 대체한다면, 오히려 적절한 기온의 균형점이 맞춰지지 않을까 생각해본다(흡수엔진이 지구의 대기를 식히니까).

석탄, 석유, 가스가 연소할 때 $CO_2$를 내놓고... 동토 유기물이 $CO_2$를 내놓고, 해저 메탄도 녹아... 결국 온난화로 극지방 얼음이 모두 녹아 해수면이 60~80m 상승하면, (그러잖아도 간당간당한 균형을 이루던) 지각판의 균형이 파탄날 것이다. **불균형된 지각판**이 뒤틀리며 **맨틀과 외핵을 흔들면**, 다이너모 모델이 변형되어 지자기극과 지축 이동으로 지각판이 뒤섞일 수 있다(우려). 우리는 조용히 **파국**으로 가고 있는가?

한편, 자가증식(125쪽)한 냉헬륨의 온도가 상승하면, 핵 궤도에 전자가 되살아나 헬륨 원자를 이룬다. 그런즉 흡수엔진은 흡수한 에너지를 담을 용기(원자)를 스스로 만들어 쓴 셈이다. 따라서 체르노빌이나 후쿠시마 같은 사태는 원초적으로 발생할 수 없는 청정에너지다. 그래서 실린더 내부에 냉양자가 증식되어 많아지면, 과다한 냉헬륨을 더 큰 음압으로 빨아내 **밖에다 버리면 그만이다**.

강력 $c^2$이 **에너지**(소립자나 공간양자)**를 속박하는 방향이 같다.**

ⓐ **핵폭탄에서는** 인근 원자 속의 **큰** 양자(소립자)를 포획-합성-**속박**한다. 원자핵의 속박력을 고온고압의 열-운동에너지로 상쇄해 극복함으로써, 이웃 원자핵 내부에 속박된 양자(소립자)를 재합성해 새로운 원소로 탄생한다. 예; 태양에서 **핵융합**. 수소 4개가 헬륨 하나로 재탄생한다.

ⓑ **흡수엔진에서는** 실린더 밖에 있는 **자질한** 공간양자를 합성-**속박**한다. 냉양자 글루볼이 실린더 밖으로 멀리 터널링해 물질 등 공간양자를 흡수-합성한다. 이때는 냉양자와 공간양자가 직접 합성하는 경우이다.

ⓐ와 ⓑ는 모두 속박력이 '**살아 있는 강력**' [$E/c^2$ ➔ m]이다.
ⓐ이든 ⓑ이든 소립자나 양자를 포획하여 '**속박시키는 방향**'이 같다.

ⓐ와 ⓑ는 모두 '살아 있는' 강력으로 결국 **내향하는 힘**이다. 점근적 자유의 힘이다(속박력-인력). 버려지는 힘이 아니다. [$E/c^2$ ➔ m]이다.
[히로시마의 예시; 질량m ≒ 910×99% ≒ 901g이 새로운 원소로 분열]

ⓐ를 이룬 후, [$mc^2$ ➔ E]은 속박력이 '죽은 강력'으로 남는 에너지를 일시적 재난적으로 방사해 핵 밖으로 **버리는 힘**, 핵폭탄이다(질량감소).
[히로시마의 예시; m ≒ 910g×1% ≒ 9g이 팽창한 것이다. $mc^2$➔ E]

**힘의 작용 방향이 내향(속박)으로 같은** ⓐ와 ⓑ, 이 두 힘을 구별해서는 안 된다. ⓐ와 ⓑ는 모두 내향의 속박력으로 살아 **지속되는** 강력이다.

이것이 $c^2$의 **방향성**과 $c^2$의 **동등성**이 갖는 함의성이다.

둘째, 핵 시스템에 '**잠재된 $c^2$**'이 갖는 **속도**의 함의성이다.

$c^2$은 광속c × 광속c이다(초광속). 엄밀한 수학 논리에 의해 $[E/c^2 = m]$이 도출되었을 것이다. $c^2$은 막연히 도출된 것이 아니라, 수학의 '**엄밀한 논리적 연산 결과로**' 도출된 것이 분명하다. 그런즉 $c^2$을 평소에 상수처럼 쓰지만, 실은 '**광속×광속'의 본질적 함의도 있다**.

$c^2$의 함의는 핵 시스템 속에 잠재(潛在)된 초광속을 '**안고**' 있다가, 자기장의 격렬한 진동($E = hf$)을 **전이 받고**, 초광속의 매개입자인 글루볼을 창공으로 태환해 주는 셈이다(**글루볼 태환**). 핵 시스템에 **잠재된 $c^2$을 꺼내 쓸 방법**은 냉양자에 자기장을 공급하는 것뿐이다. 즉 초광속의 발현은 글루볼의 터널링에 따른 '**(맞섬이 없는) 그 순간이 지속되는 동안뿐**'이다! ☞ **이것이 평소에 $c^2$을 상수처럼 쓰는 이유다.**

(핵의 안이든 밖이든 '양자로 가득 차 **맞서 얽히는 공간**'이긴 마찬가지라서 **핵 안의 공간도 윤필홀이 아니다.** 핵은 힘 교환으로 쿼크를 속박하면서도 입자들이 '일원화되는' 구조라서 핵 안의 입자도 초광속은 불가능하다.)

따라서 **핵 안의 $c^2$은** (얽힘 때문에) '**잠재된 초광속'으로 보아야 하며**, 또 일상의 공간에서 핵폭발 시에도 양자들 간에 **서로 맞서기 때문에** 양자나 입자들은 즉시 광속~이하로 방출(방사)된다. 244~248쪽 참조

그렇지만 흡수엔진의 냉양자가 공간양자들을 포획하는 파진공에서는 '**맞섬 없이 서로 딩기는**' 인력의 작용반작용이므로 **핵에 '잠재되어 있던'** 초광속 $c^2$(글루볼)이 파진공으로 전개되어 **초광속 입자 타키온으로 발현** 될 것이다(타키온; 167~168, 323쪽~ 참조).　※ 발현(發顯); 피어 드러남

**잠재된 $c^2$이 터널링한 글루볼(강력파)의 초광속 파동으로 풀리면, 글루볼(타키온)이 강력을 매개해, 냉양자가 공간양자를 포획할 때, 공간양자도 타키온 $c^2$으로 끌려온다($c^2$으로 '서로' 당기므로). //**

['무엇도 초광속은 불가하다'는 집착을 잠깐 벗어나 아이의 눈으로 읽으십시오. 감히 상대성이론이 틀렸다는 게 아니라, 상대성이론에서 말하는 **시공간**(측지 텐서, 공간양자)**을 흡수-제거함으로써 상대**(相對)**적 대립**(對立) **이론이 소멸하여 '맞섬 없는 진진공'이 형성된 효과**를 말하는 겁니다.

☞ "잊었느냐? 그러면 창조할 수 있다." - 아인슈타인]

"우주 자연계에는 4가지의 힘이 있다(강력, 약력, 전자기력, 중력). 이 힘들의 크기를 대략 비교하면 다음과 같다.

강력 ≒ 전자기력 × **100배** ≒ 약력 × **10만** 배,

전자기력 ≒ 중력 × $10^{42}$배 (∴ **강력 ≒ 중력 × $10^{44}$배**)

그러나 전자기력은 음전하 양전하가 항상 상쇄되어 우리 주변의 모든 물체는 겉으로 힘이 드러나지 않는다. 다른 힘들에 비해 중력은 미약하지만 상쇄가 없어 우리가 크게 느낄 뿐이다."[39]

위에서 서술된 힘들의 크기로 보아 약력으로 초광속 $c^2$을 이루는 데 **속도나 힘에 문제가 있고**, 약력은 식 [E/$c^2$ = m]에 합당하지도 않다. 이 식은 강력 $c^2$에 얽힌 에너지와 물질의 상관관계(**환율**)를 나타낸다.

더구나 강력 $c^2$은 전자기력 $c$가 아니다. 흡수엔진은 **시공간**(**공간양자**)을 흡수-제거해 진진공을 형성하는 이론이고, [E/$c^2$➜ m]에서 에너지와 질량의 환율은 항상(상수) $c^2$이므로 $c^2$은 초광속의 발현을 함축한다.

파인만 등 소수를 제외한 다수는 '상대(相對)적으로 맞서며 엮이는 이론인 상대성이론에 의해 비행체와 공간양자가 서로 맞서므로' 비행체는 초광속이 불가하다고 외쳤지만, [E/c² = m]의 c²이 초광속을 함축(잠재)하고 있다. 이게 핵에 '잠재된 c²'이 갖는 속도의 함의다.

셋째, 글루온의 질량 '0'이 갖는 속도-거리의 함의성이다.

UFO엔진으로 예측되는 흡수엔진에서, 글루볼(강력)이 창공으로 터널링한다고 추정되는 세 번째 이유를 살펴보자.

UFO는 왕복 8.5광년 이상의 거리에서 왔을 텐데, 즉 초광속으로 왔을 터인데 c²(광속×광속)이 아니고서는 불가능하다. 이는 강력을 외향화시켜 c²의 속도를 이용했으리라는 함의성을 갖는다. 시공간의 실체인 공간의 양자거품을 흡수-제거하면, 시공간이 소멸됨으로써 시공간 이론인 상대성이론(相對性理論)도 함께 소멸되어 맞섬 없는 진진공 안에 들어서서 초광속으로 왔을 것이다. 상대성이론 장방정식에서, 질량체(핵) 안에 잠재(mc²)된 강력의 속도 c²이 튀어나와 측지 텐서(공간의 실체인 공간양자)를 먹어 치워 비행체가 진진공 안에서 들어서서 비행할 때만 초광속이 가능하다. 이게 과격하면, 흡수엔진 단면도를 실험해 보자.

"전자기 상호작용의 크기를 나타내는 미세구조상수의 크기는 보통 1/137인데, 페르미 상호작용(약력의 상호작용)의 크기를 나타내는 페르미상수 GF의 크기는 베타붕괴가 일어날 확률로부터 계산해 보면 약 1/10만이다. 실제로 일어나는 현상은 대부분 이 값들의 제곱에 비례하므로, 전자기력에 비해 약력은 1/100만에 불과하다." [38]
전자기력이나 강력에 비해 약력의 크기가 그만큼 미약하다는 뜻이다.

약력이 약해 보이는 이유는 W 보손의 무거운 질량 때문이다.

"질량이 거의 없는 광자와 **글루온은 아주 적은 에너지로도 만들 수 있지만**, 무거운 W보손(약력의 매개입자)을 만들기 위해서는 $E=mc^2$에 따라 엄청난 양의 에너지가 필요하다[필자; **LHC에서 광속에 가까운 입자 운동에너지가 충돌한 순간의 '괴력적 고에너지' 상태를 연상하자**]. 입자의 수명이 짧을수록 불확정성원리에 따라 입자가 갖는 에너지의 불확정성이 증가한다. 이 같은 불확정성 덕분에 짧은 시간 동안 에너지를 '빌리는'것은 빌린 에너지를 재빨리 갚으면, 자연법칙을 어기는 것이 아니다. 시간의 틀을 좁힐수록 많은 에너지를 빌릴 수 있다. W 보손의 경우, 너무 짧아 관측할 수도 없는 '(십억×십억×십억) 분의 1초' 동안만 존재해야 W 보손을 빌릴 수 있다(필자; W는 질량이 큰 만큼 에너지를 빌리는 시간은 짧아야 한다).

관찰할 수 없어 가상 입자로 불리는 입자는 파인만 다이어그램에서 수직선으로 표시하여 시간에선 존재하지 않고 공간에서만 존재함을 나타낸다. 공간과 시간에 존재하는 다른 모든 입자는 모두 관측 가능한 실제 입자다. 이런 수명이 짧은 가상 행동으로 인하여 **입자가 약력의 매개입자인 W 보손과 상호작용할 가능성이 줄어든다.** 그 결과 약력이 약하다."[45]

무거운 W 보손을 만들어 매개하려면 <u>많은 에너지가 필요하다</u>. 따라서 약한 상호작용은 극도의 짧은 시간에 많은 에너지를 빌려야 하므로 약한 상호작용이 그만큼 희박하게 일어나 결과적으로 약력은 미약하다. **그러나 글루온은 적은 에너지로 생산이 가능하므로** (글루볼이 핵력에 갇혀 있다가도) 냉원자에서 터널링해 강력을 양자에 매개해 합성할 것이다($E/c^2$➔m).

**글루온은 적은 에너지로도 만들 수 있다.** 이를 역으로 이해하면, 강력(파)이 일단 터널링하는 순간 매우 자잘한 파편인 '**모든**' **공간양자**와 상호작용해 흡수-합성할 수 있다는 뜻이므로 이는 중요하다. 진진공을 형성시키려면, <u>강력</u> **파동으로** 비행체 전방의 모든 양자를 흡수-제거해야 하기 때문이다.

강입자가속기에서 핵이 충돌 순간, 핵이 찢어져 순간적으로 쿼크가 탈옥하지만 곧 파이온이나 약력자의 매개로 포획된다. 핵의 충돌 순간에는 극도의 에너지가 증폭된 순간이라서, **약력자는 많은 양의 에너지를 빌릴 수 있다.** 따라서 검출기는 약력자 W의 큰 질량의 입자가 흐르는 모습의 영상을 잡을 수 있다. 그러나 포획된 쿼크를 최종적으로 속박하는 것은 글루온이다! 글루온은 아주 적은 에너지로도 만들 수 있어서 입자가 극미하고, 또한 이때의 강력은 핵에 잠재돼 있던 $c^2$이 초광속 입자로 드러나는 순간 아닐까?(182쪽) 쿼크를 '맞섬 없이' 포획해 속박할 테니까. 이때의 글루온(볼)은 너무 빠르고 가볍고 물리량도 적어서 검출기에서도 상을 잡을 수 없을 것이다. 검출기는 광속 이하의 피사체 상을 잡을 테니까. 그러므로 학자들은 더 이상의 (충돌 순간의 파이온-약력자-'글루온·볼이 연계된') 충돌실험 내용을 기술하기 곤란할 것이다. 필자도 막연하고 난감하므로 이 부분은 정말 멍설이다 쓴다.

"전기역학에서 전자 파동함수와 광자를 긴밀하게 연결하였듯이 **강력과 약력은 기본입자의 세부 형태와 특성들로 긴밀하게 연결돼 있다.** 사실 현대 물리학에서 **기본입자와 힘의 구별은 인위적인 것에 가깝다.**" [52] 심오한 이 말의 뜻을 필자는 오랜 세월 동안 숙고한다·······

질량을 생산한다는 약한 상호작용 힉스메커니즘에서 유발되는 힘은 (약력의 매개자 W 보손은 질량이 커서 상호작용이 '드물게' 일어나므로 결과적으로) 그 힘이 미약해 흡수엔진의 주된 동력원이 될 수 없다. **여타의 '모든' 공간양자를 제압-포획-합성해 속박할 수 없기 때문**이다.

강력 글루볼도 양자인데, 양자는 가능성의 역장 力場이므로 글루볼이 터널링하면, 모든 공간양자를 포획할 **섬세성**(양자의 '파동성에 의하여' 무한한 복사본을 만들어 파진공의 '**모든**' 양자에 핵력을 매개하는 것)과

**속도, 힘을 갖고 있다.** 글루볼이 전자기력 등등 **여타 힘들을 압도적으로 제압함으로써** 비행체 주변에 진진공을 형성시킬 속도와 힘을 갖고 있다는 것이 **글루온 질량 '0'이 갖는 '비행 거리의 함의성'**이다. 비유하여, 쏠베감펭의 흡입력이 모든 힘을 제압-흡입-포획하는 이치다. 이처럼 힘을 제압당해 **넘어지는 '순간'**의 씨름 선수처럼, 공간양자는 **힘을 전혀 쓸 수 없다.** 강력에 포획된 공간양자는 쪽도 못 쓰고 포획된다(안개효과).

글루온의 **질량은 '0'이므로** 파진공이 멀리 전개됨을 예견할 수 있다. **글루볼은 잠재 속도 $c^2$을 이룰 수 있는 초광속 매개자의 자격에 합당하다. 글루볼(온)은 강력이라는 시스템의 멤버이며, 강력 시스템의 행위자이다.** 이것이 글루온의 질량 '0'이 갖는 **속도-거리**의 함의성이다.

강력 $c^2$(광속×광속)이 암시하는 것은 초광속이다. 이는 상대성원리를 위반하는 것이 아니라, 시공간을 설명하고 있는 상대성이론의 측지 텐서(시공간의 실체인 '양자거품') 자체를 핵력으로 흡수-제거함으로써 그 찢어진 틈새(진진공) 안에 들어서서 비행하는 원리다. **파진공의 양자장을 흡수-합성해 초광속을 이룰 수 있는 방법은 냉'원자'의 글루볼이 터널링하여 (핵의) 조화를 찾아갈 때, '(맞섬이 없는) 그 순간이 지속되는 동안뿐'이다!**

☞ **이것이 평소에 $c^2$을 상수처럼 쓰는 이유다.**

지금까지 강력의 터널링을 추정하는 요소들을 살펴보았다. **//**


이제 본격적으로 강력을 살펴보자. 강력(강한 상호작용)을 구성하는 실체(핵의 구성 입자)는 다음과 같다.

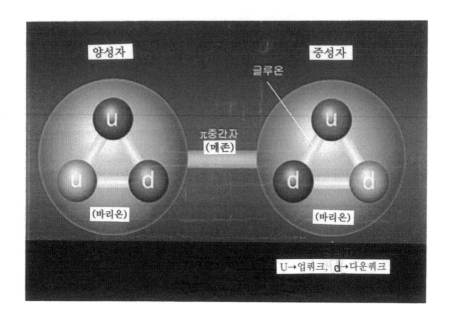

**【D. 강력-핵력을 구성하는 실체, 핵(하드론)의 구성 입자】** 74쪽 참조

**핵**(하드론, '조화'진동자) = **바리온**(양성자와 중성자) + **π중간자**(메존)

### 바리온(양성자와 중성자) baryon

그림에서, **쿼크**(물질)와 **글루온**(매개입자)이 3:3으로 결합한 양·중성자. 글루온은 u 쿼크와 d 쿼크의 사이를 초당 1조×100억 번씩 뛰어다니 며(즉, 글루온을 **교환**하며), 쿼크를 속박해 힘들이 **대칭**된다(**교환대칭**).

**대칭**은 **같다, 조화, 균형, 안정**을 뜻하며, 강력은 아래의 행위이다.

글루온은 <u>SU(3)</u>[Special Unitary **일원화된** 3차원 특수군**群**] 8중항 (힘 교환)으로 '**교환대칭을 이루는 속성**에 따라' 물질입자인 쿼크를 속박하며 뛰어다닌다. [바리온의 <u>8종</u>(<u>191쪽 입자</u>)에서 <u>힘</u>(강전하)을 교환 시켜주면서 입자 간의 힘들이 같아진다. 워낙 빠르니까. **쉽게 생각!**]

### 흡수엔진(UFO)의 구동원리

레이저로 쿼크를 고진동시켜 글루온(볼)만을 양산해 쿼크와 글루온의 3:3의 **교환 대칭**을 깨고, 이때 <u>교환대칭을 복구하려는</u> **속성**을 자기장 으로 **추동함으로써** 공간양자(물질 파편-쿼크류)를 포획할 때 발생하는 인력의 작용반작용을 이용한다(냉원자와 공간양자가 **서로 딩김**).

### π 중간자(메존) mason

중간자 π은 바리온을 연결-속박한다. 쿼크, 반쿼크로 구성된 강력이다. ☞ 글루온 두 개가 결합한 **글루볼**은 중간자와 결합해 있는 것으로 예측된다.

### 헬륨 $^4He$의 원자 구조

<u>핵</u>(양성자 **2개**, 중성자 **2개**)을 전자 2개가 (불확정성으로) **감싼다**.

원소주기율표의 모든 원소와 동위원소는 위 그림의 양성자와 중성 자가 몇 개로 엮여 있느냐에 따라 결정된다.

## <강한 상호작용 2>　　　강력 2, strong force 2

내용의 신뢰성을 위해 책 '보이지 않는 세계' [60] 등에서 인용하며, 본고의 요지를 함께 서술한다. 이해의 편의를 위해 간략히 인용한다.


### 강한 상호작용의 실체 하드론과 그 구성 입자들

핵의 최하위 구성체는 양자이므로 **주변의 역장(力場, 힘)이 변하면 반드시 그에 상응해 상호작용한다**는 점을 꼭 기억하자. 강력의 동적인 **핵 시스템과 양자의 속성을 자기장으로 추동하여** 흡수엔진을 만들자.

하드론(핵)은 강한 상호작용을 하는 모든 입자를 지칭하는 핵력의 실체이다. 먼저 하드론의 실체를 구성하는 입자들을 살펴보자.

● 단단하고 두껍다는 뜻의 <u>하드론</u>은 <u>바리온과 중간자(π)</u>로 돼 있다.

● 무겁다는 뜻의 <u>바리온</u>은 <u>3개의 쿼크로</u> 이루어진 양성자 중성자로 쿼크들 사이를 뛰어다니며 쿼크를 속박하는 <u>글루온</u>으로 되었다.

● 글루온은 쿼크를 뛰어다니며 색을 **교환**시키는 과정에서 쿼크를 속박한다[**색동動역학**]. 이때 입자 간의 힘이 균형(**대칭**)된다[**교환대칭**].

● 중간자는 바리온을 연결-속박한다. 중간자(메존, π)은 1개의 쿼크와 1개의 반쿼크로 구성되어 있어서 핵을 벗어나면 붕괴한다.

● 따라서 하드론(핵)은 강한 상호작용을 하는 입자들을 총칭한다.
　하드론 = 바리온(물질입자 **쿼크** + 매개입자 **글루온**) + 중간자(메존, π).

전기적으로 중성인 중성자와 양성인 양성자가 좁디좁은 바리온 안에 동거하려면 엄청난 힘이 요구되는데 이 힘이 강력, 즉 강한 상호작용의 힘이다. **핵력은 결국 대칭(균형-조화)을 찾아가는 속박력이다!**

....연구를 거듭할수록 온갖 종류의 메존과 입자가 쏟아져 물리학자를 괴롭혔다. 메존(중간자)은 총 **8종**이고[파이온(3종), 케이온(4종), 에타], 바리온도 총 **8종**[양성자, 중성자, 람다, 시그마(3종), 크사이(2종)]이었다. 메존과 바리온이 8중의 같은 구조였다. 학자들은 대혼란에 빠졌을 때, 핵의 내부 질서를 정리할 천재가 등장했으니 그는 머리 겔만(미국, 1929~2019)이다. 겔만은 핵 속의 질서를 연구하다가 노르웨이의 천재 수학자 마리우스 소푸스 리(1842~1899)가 만들어 두었던 '군론(群論, group theory)'을 만나게 된다. 겔만은 여러 군론 중에서 핵물리학과 잘 대응되는 군만 고르면 되었다. 겔만은 하드론 속의 질서를 이해할 수 있는 수단-도구를 찾은 것이다. 그가 찾던 군이 바로 SU(3)군이며, 메존 8종과 바리온 8종이 정확히 물리세계에서 대칭성으로 대응되는 구조였다. SU(3)군[필자; 일원화된 3차원 특수군. 84쪽]은 입자들이 서로 연결돼 대응되는데 3중, 8중, 10중, 27중 상태 중에서 8중重 상태였다. [필자; '중重-fold' 뜻은 '중첩되다, 대칭성을 갖는 8개 항이 중첩-연결된다, 상호작용한다, 무리 속에서 상호작용으로 얽혀 드러난다'는 뜻이 담겨 있다. 이런 대칭적 **동적 과정에서** 이들은 8중으로 얽히며 메존은 바리온을 엮고, 글루온은 '**색(힘)을 교환하는 대칭 과정에서 색동 色動**'으로 쿼크를 엮어 **속박함**]

리가 만들어 두었던 군론 SU(3) 대칭성이 하드론 속에 숨은 질서가 잘 표현된다. 겔만은 메존과 바리온의 8중 상태의 연속되는 변환 구조에 불교의 수행법 8**중**도(八**重**道, Eight-**fold** way)란 이름을 붙였다. (팔정도八正道 = 팔중도八中道 = **팔중도**八'**重**'道 = 팔성도八聖道. 불교에서 궁극의 목적인 열반을 얻기 위한 수행법으로 8가지가 얽히고 **중첩**重疊된다.)

이어 겔만과 츠바이크는 **분수의 전하량**을 갖는 삼중항(u, d, s 쿼크)의 소립자를 정의하고 이를 '쿼크'라 칭하였다.

## 양자 색(동)역학      QCD, quantum chromo**dynamics**

"그런데 한무영(한국)과 난부(일본)는 겔만과 츠바이크의 쿼크 이론에 문제가 있음을 지적한다. 겔만의 쿼크 이론에 의하면, 스핀이 같은 상태의 업u 쿼크 세 개로 이루어져야 하는데 이는 파울리의 배타 원리에 따르면 있을 수 없는 일이다. 동일한 스핀(동일한 양자 상태)을 갖는 페르미온의 양자는 중첩될 수 없기 때문이다. 그래서 이들은 세 개의 쿼크에 각각 다른 양자수를 갖기 위한 대칭성은 SU(2)가 한 짝 더 필요함을 인지하였다. 그래서 <u>두 개의 SU(2) 대칭성을 추가하여</u> **<u>SU(3)의 필중항(八重項)에 따른 쿼크들 간의 상호작용</u>**을 기술했다. 이것은 오늘날 강력을 매개하는 <u>게이지 입자로 알려진</u> **<u>글루온(gluon)</u>**이다.

[참고: gluon = glue(접착제) + one; 붙이는 것, 속박자]

머리 겔만과 프리쉬는 한무영과 난부 요이치로의 논문을 수용했다. **강한 상호작용의 매개하는 역할을 하는 것은 SU(3) 대칭성의 필중항**이라는 것을 밝히고 이를 **글루온**이라고 불렀다. 그런데 **글루온이 필중항이라면 글루온도 쿼크처럼 색깔**(필자; 색전하, 강전하)**을 가진다.** 빛은 전기를 매개하지만 빛 자체는 전기를 가지지 않는다는 것을 생각하면, 이는 양자전기역학과 명백히 다른 성질이다. **글루온이 색깔**(강전하)**을 가진다는 성질은 후술하는 점근적 자유도를 암시하는 것**이며, 쿼크가 쿼크 자체로는 보이지 않는 이유와 깊은 관계가 있는 성질이다." [60]

쿼크는 빨강 파랑 초록 중 하나의 색을 가진다[색(동)역학 色(動)力學]. [실재의 색이 아니라, 편리한 개념구성을 위한 것임. 바리온에서 삼원색이 겹치면 무색이고, 메존에선 쿼크와 반쿼크(보색)가 겹치면 무색이다. 따라서 이들은 항상 무색이다. <u>쿼크는 색(동)역학에서 **힘의 실체이다.**</u> 글루온이 쿼크 간에 **색(전하)**을 교환해주며, $10^{-24}$초마다(초당 1조×100억 번) 쿼크를 뛰어다니는 '**동적 과정에서**' 쿼크를 속박한다(강력을 구성-행사함).

'색을 교환하는 **과정**의 글루온[**색동**色動]'이므로 글루온도 힘의 실체인 전하를 가진다[색전하; 색은 강력, 전하는 힘의 실체]. 글루온은 **강전하**를 가지고 쿼크 간을 뛰어다니며, 강전하를 쿼크들 간에 ★**교환**해줌으로써 강력 시스템의 힘들이 ★**대칭**(조화, 균형, 안정)된다. 즉, **교환대칭**이다. 글루볼이 터널링해 공간양자에 강력을 매개한다고 가정하면, 공간양자 (안개)를 흡수할수록 더 많은 공간양자가 강력의 실체인 색깔로 합성되므로(안개효과), 공간양자 자체가 색전하로 쓰이는 셈이라서 핵력(인력)이 강화되며 **흡수엔진의 단초가 될 것이다**. 이 순간에 진진공이 형성되고....]

up 쿼크의 전하량은 +2/3이고, down 쿼크의 전하량은 -1/3이므로 양성자 u·u·d의 전하량은 +1이며, 중성자 u·u·d의 전하량은 0이다. 이들이 얽히며 속박하는 강력으로 나타나는데, 이들은 정적이지 않고 동적이다. 색(**동**)역학(QCD, quantum chromo<u>dynamics</u>)의 영문 이름에서 보다시피 '동적 dynamic'인 세계다. 강력은 말 그대로 핵 속에서 **교환(색동 色動) 대칭**을 이루며, 강력이 뭉쳐 펄펄 뛰며 살아 있으므로 우리가 **그 힘을 유용하게 전환(터널링)시켜** 흡수엔진을 만들자.

## 점근적 자유 (漸近的 自由, asymptotic freedom)

우리가 경험하는 중력이나 전자기력은 거리가 멀수록 힘이 약해진다. 늘 익숙하고, 뉴턴 역학에서부터 상대성이론까지 모두 당연하다. 강력은 반대다. 쿼크가 멀수록 쿼크를 당기는 속박력(인력)이 커진다. 양자장론에서 그 힘들이 너무 미세한 영역에서 일어나므로 이를 다른 스케일로 재규격화하여 무리 간에 그 힘들이 어떻게 작용하는가를 들여다본다. 이것이 재규격화군 방정식에 나오는 베타(β) 함수이다. [재규격화; 원자핵 내부의 상호작용과 같은 극미의 세계에서 대상을 다루기 곤란하므로, 이를 다른 스케일로 되맞춤 하여 수학적으로 통찰하게 하는 것]

베타 함수는 상호작용의 크기를 나타내는 결합상수가 에너지의 크기에 따라 어떻게 변화하는가를 나타낸다. 그런데 계산하던 학자들은 이상한 현실과 맞닥뜨린다. **베타 함수의 부호가 반대로 나온 것이다(음수)**. 양자 장 이론인 **양-밀스 이론에서는 가까울수록 상호작용의 힘이 더 약해지는 것**이었다. 이런 현상을 '**점근적 자유**(漸近的 自由)'라고 한다. 가까울수록 자유를 얻는 힘! 우리가 지구로부터 우주 멀리 가야만이 지구의 중력으로부터 자유로워지는 것과는 반대 현상이다(321쪽 참조).

[필자; 쿼크가 가까워질수록 인력이 약해지고, 자유스러워져 안정된다. 쿼크가 **멀어질수록 서로를 속박하고 붙잡으려는 인력의 상호작용이 커져** 쿼크를 더 강하게 인력으로 끌어당겨 속박한다(**음수-인력-안개효과**). 양성자 지름인 $10^{-13}$cm 거리에서 쿼크들은 서로 자유롭게 움직인다. 우리가 늘 경험하는 중력과는 반대 현상이 8중항에서 일어난 것이다. 이게 재규격화군 방정식의 베타(β) 함수의 음수 부호가 갖는 뜻이다.]

"그 의미를 숙고해 본 사람들은 차츰 결과가 물리적으로 타당하다는 걸 이해할 수 있었다. 양자전기역학QED에서 전자기 상호작용을 매개하는 빛은 상호작용의 근원인 전기를 가지지 않으므로, 두 전자가 멀어지면 단위 면적당 전자기장이 작아져서 상호작용이 약해진다. 그러나 양자 색역학QCD의 게이지 장인 글루온은 상호작용의 근원인 색깔을 가지고 있다. 그러므로 **두 쿼크 사이의 공간이 클수록 더 많은 색깔이 있는 셈이라서 상호작용은 더 강해진다**(필자; 안개효과, 321쪽). 글루온은 두 쿼크 사이의 공간을 통해 강한 상호작용을 매개하면서, 동시에 다시 상호작용의 근원이 되어 글루온을 만든다. 즉 글루온은 색깔(양자)을 만들어 내고, **색깔은 다시 글루온을 만들어 낸다. 이는 베타 함수의 부호가 반대라는 이론적 결과와 잘 부합하는 현상이다.**

만약 쿼크를 강제로 떼내면 거리가 멀수록 큰 에너지가 필요해진다. 주어진 **에너지가 어느 정도 이상이 되면** 이 에너지는 빈 공간에서 쿼크-반쿼크 쌍을 만들어 **쿼크가 나누어 가진다**(아래의 ★표). 그러면 중성 상태인 하드론(핵)이 되어 더 이상 글루온을 주고받지 않는다. 이렇게 쿼크가 저절로 하드론이 되는 걸 **'하드론되기 hadronization'** 라 한다.

[필자; 전술에서 '핵은 자기복제 능력이 있다'고 한 건 이를 두고 한 말이다. 자기장이 쿼크(물질)를 진동시키면, 글루온(매개입자)을 양산한다. 이때 핵은 '하드론되기'의 복제를 하고 싶으나 물질입자인 쿼크는 핵 자체에서 생산하지 못하므로 결국 **글루볼이 터널링해** 핵 밖에서 물질 파편(양자) 등을 포획한 냉헬륨은 자가증식-분가할 것이다(예측). 125쪽 참조]

이제 쿼크와 하드론의 행동이 이해되었다. 쿼크가 하드론으로부터 따로 떨어지게 되면 바로 강한 상호작용에 대하여 쿼크와 글루온이 생성돼 그 주변을 감싼다(하드론되기). 사실 전자가 하나 있을 때도 비슷하게 전자기장이 전자 주변을 감싸고 있다. 그러나 ★**강한 상호작용의 경우에는 점근적 자유 때문에 쿼크가 혼자가 되는 순간 엄청나게 강한 글루온과 쿼크의 상호작용이 일어나서 거의 곧바로 강한 상호작용에 대하여 중성인 하드론(핵) 상태를 이룬다**(하드론되기). 이 과정 역시 양자 색역학QCD에 의해 묘사되지만, 아직 인간은 그 구체적인 과정을 수학적으로 정확하게 기술하진 못한다[필자; 이 순간적 작용을 아직 수학으로 기술하진 못하나 '섞임과 들뜸, 변환(**안정화**)'은 안다. **222~223쪽**].

쿼크는 점근적으로만 자유로울 수 있다. 즉 높은 에너지 상태에서, 또는 매우 가까운 거리에서는 ☞ **강한 상호작용(핵력)이 점점 약해져 쿼크가 그냥 혼자 돌아다니는 상태에 가깝게 된다.**" [61]

아래 인용문(**양성자 속의 쿼크**)은 핵의 구성입자들 간에 상호작용하는 모습을 서술하는 부분이다. [E = mc²]로서 '<u>살아 있는</u>' 강력의 작동 중 <u>모습을 서술하는 부분</u>이므로 **인용문 중간에서 흡수엔진을 대비해 설명한다.**

## 양성자 속의 쿼크

그러면 하드론 안의 쿼크가 어떤 모습인지 그려보도록 하자.

양성자의 내부는 어떻게 생겼을까? 이제 심층 비탄성 산란 실험에서 전자를 따라 양성자 속으로 들어가 보자. (필자; 입자가속기가 가속시킨 전자가 양성자 속으로 침투해 들어가서 양성자 안의 입자들과 충돌한다. 그 결과로 드러난 큰 혼돈의 결과물들을 검출기를 통해 해석한다.)

우선 파인만은 양성자를 **파톤**들의 속박 상태라고 생각한다. 그러면 양성자 안으로 들어오는 전자는 파톤 중 하나와 충돌한다. 그 파톤의 정체는 무엇일까? 우선 눈에 띄는 것은 두 개의 u(업) 쿼크와 하나의 d(다운) 쿼크다. 이를 **드러난 쿼크**(valence quark)라 한다.

(**파톤**; 파인만이 심층 비탄성 산란 실험으로 해석한 양성자 속의 입자들)

그러면 원자의 경우처럼 나머지 공간이 비어 있는 걸까? 그렇게 보이지는 않는다. 쿼크들은 강한 상호 작용을 통해 양성자를 이루는데, 이들을 묶고 있는 힘은 전자기력보다 훨씬 강하다. 그러면 <u>두 개의 u(up) 쿼크</u>와 <u>하나의 d(down) 쿼크</u>를 글루온이라는 접착제로 단단하게 뭉쳐놓은 것으로 생각하면 될까? 그런데 심층 비탄성 산란의 결과를 해석해보면, 쿼크는 강한 접착제로 고정되어 있는 것이 아니라 마치 마음대로 돌아다니는 자유입자처럼 보인다. 이는 바로 강력(핵력)-색 동역학 QCD의 **점근적 자유**(asymptotic freedom) 때문이다. 점근적 자유라는 성질 때문에 쿼크는 거리가 어느 정도 멀어지면 쿼크를 묶는 힘이 강해져서 더 이상 멀어질 수 없다. 그러나 그 거리 안에서, **아주 높은 에너지로 쿼크를 보면 쿼크는 거의 자유로운 입자처럼 행동한다.** 이것이 쿼크와 강한 상호 작용의 신비한 성질의 비밀이다.

그런데 그것이 다가 아니었다. 튀어나온 전자를 분석한 결과 놀랍게도 파톤은 u 쿼크나 d 쿼크뿐 아니라 이들의 반입자일 수도 있으며, 또 다른 쿼크인 s 쿼크, 혹은 그들의 반입자나 그들을 묶고 있는 글루온일 수도 있었다. 나중에 더 높은 에너지에서 실험한 결과 심지어 파톤은 양성자보다 훨씬 무거운 c 쿼크나 b 쿼크일 수도 있었다. 양성자 안에 이렇게 많은 입자가 있단 말인가? (쿼크의 종류; 74쪽 참조)

<u>양성자</u> 안의 쿼크 수를 종합했더니, 재미있는 관계를 알 수 있었다. s 쿼크와 반 s 쿼크의 수는 정확히 같았다. c 쿼크나 b 쿼크의 경우도 마찬가지였다. u 쿼크는 반 u 쿼크보다 두 개 많았고, d 쿼크는 반 d 쿼크보다 하나 많았다. 쿼크와 반쿼크가 만나서 소멸된다고 생각하면 남는 건 **두 개의 u 쿼크**와 **하나의 d 쿼크**다. 이를 **드러난 쿼크**라 한다. [<u>양성자</u>의 드러난 쿼크; uud, 전하량은 (+2/3).(+2/3).(-1/3) = **+1**, <u>중성자</u>의 드러난 쿼크; udd, 전하량은 (+2/3).(-1/3).(-1/3) = **0**]

지금 일어난 일들은 양자 역학을 고려하면 잘 이해될 수 있다. **양자 역학의 불확정성은 불확정성이 허용하는 범위 안에서는 일어날 수 있는 모든 일이 일어난다.** [필자; 최근에, 양성자 충돌산란 실험 A가 다른 같은 실험 B에 영향을 주는 '**산란의 이중성**'을 보더라도 양자는 가변적이며, 서로 무한히 엮인 **가능성의 세계**다. <u>315쪽 참조</u>] 그래서 아무것도 없는 것처럼 보이는 진공에도 양자 역학의 효과로 입자들은 생겼다 사라질 수 있다. 양성자의 내부는 양자 역학이 지배하는 세상이기 때문에 강한 상호 작용의 양자효과에 의해 쿼크-반쿼크 쌍이 끊임없이 쌍생성 쌍소

멸하는 과정을 반복한다. **쿼크뿐 아니라 강한 상호작용 자체도 끊임없이 양자효과를 반복하고 있으므로 글루온 자체도 생겼다 사라졌다 하고 있다.**

[필자: 쌍생성 쌍소멸 등의 양자효과가 핵 질량의 **95%를 차지한다.** 전자가 잠겨 원자가 양자화되고, 격렬한 자기장에 차인 쿼크가 글루온을 양산하면서 자기장이 글루볼을 가속하면, **불확정성**의 원리에 따라 글루볼이 터널링하여 공간양자를 포획-합성함으로써 하드론되기 이룰 것이다. **이 속성에 의해 스스로 '드러난 쿼크'를 새로 만들어 핵의 안정을 이루기 위해, 즉 하드론되기의 필수 요소인 페르미온(물질) 파편을 창공에서 끌어오기 위해 글루볼은 터널링할 것이다.** 냉각효과로 냉헬륨은 극도의 고밀도 상태이므로 자기장이 공급한 [$E = hf$]를 '효율적으로' 받아 삼킨 글루볼은 우주로 터널링함으로써 핵 밖 우주공간의 에너지-공간양자를 포획-합성할 것이다.]

실험에서, 양성자 속으로 들어온 전자는 u 쿼크와 d 쿼크 외의 다른 쿼크나 반쿼크, 그리고 글루온과도 만날 수 있다. 따라서 양성자의 구조에 관한 이미지는 두 개의 u 쿼크와 하나의 d 쿼크를 글루온이라는 접착제로 뭉쳐놓은 정적인 것이 아니라, 양자 역학의 효과에 의해 글루온과 쿼크가 쉼 없이 나타났다 사라지는, 마치 부글부글 끓고 있는 것처럼 역동적이다[필자: 이때 소멸반응으로 매개자 글루볼은 순증가지만, 쿼크-반쿼크는 쌍소멸하면서 **'쿼크(물질)'만 순증가하지 못하므로** 핵 밖에서 **물질 파편을 포획-합성하여 '조화'진동자로서 조화-균형을 찾아갈 수밖에 없다**].

[필자: 우주 진공에도 바닥상태의 에너지를 가진 양자들이 가득 차 있으며 이들은 끊임없이 '에너지를 주고받으며' 진동하고 춤추며 씰룩거린다. 이 양자들은 양자 서로 간에는 물론이고, 태양, 지구 같은 천체들의 중력장과도 상호작용해 복합적인 힘의 균형을 이루려 하면서 비로소 공간이 형성된다. 그런데 이 바닥상태의 양자들은 에너지가 낮아 진동수도 낮다. 따라서 공간양자는 우주공간에서 부드럽게 춤추고, 약하게 진동하고 있다.

그런데 수많은 공간양자가 글루온 등에 의해 좁은 한 공간에 갇혔다고 가정해보자. 이때의 양자들은 좁은 공간에 모아진 것이다. 이는 단위 부피당 에너지가 높아진 셈이므로 그 결과로 진동수가 높아짐에 따라 상호작용이 격렬히 일어남으로써 진동(요동)이 극대화된다. **글루온의 점근적 자유의 힘에 의해 응축되어** 극대화된 진동상태가 바리온(양·중성자), 하드론(핵)이다. 따라서 바리온이 모여 완성된 원자핵은 항상 파동이 짧고 격렬히 진동한다. 과학이 발전하여 양자현미경으로 원자핵을 눈으로 직접 볼 수 있다. 이때 핵의 진동은 매우 격렬하며, 굉장히 빠르고 짧게 진동하여 전율이 느껴질 정도다(진동의 극한 반짝임). 그리고 엄청난 힘이 느껴진다. '조화'진동자(핵)의 조화가 깨지는 찰나에 질량이 모두 흩어져 버리지 않고 **조화지키기로** 분열(융합) 후 온전히 또 다른 핵으로 재탄생하는 강력을 보면, 극적이고 신비한 강한 상호작용에 전율하지 않을 수 없다 (이처럼 **조화-균형이 깨진 냉양자에서 '조화찾아가기'가 흡수엔진 원리의 근원이다**)! 찰나에 핵융합·분열하고, 정확히 남은 물질만을 에너지로 변환해 밖에 버린다. 이 역동하는 강력이 $c^2$이다. 바로 $c^2$이 UFO(흡수엔진)의 속도를 함축한다. $c^2$은 물질과 에너지의 환율인데, 물질을 에너지로 변환해 방출하고(핵폭탄), 에너지를 흡수-합성하여 물질로 변환한다(흡수엔진)!

**글루볼이 외향화하는 순간에 강력이 우주공간으로 발동돼 공간양자를 포획-합성하여** 공간이 소멸되며 시간도 함께 소멸되어 타임머신이 될 것이다. 더구나 점근적 자유에 의해 멀리 있는 공간양자를 끌어올수록 핵력을 상징하는 $c^2$은 안개효과로 인해 충실하고 어마무시하게 발휘될 것이다. (안개 효과; 강력이 양자를 인력으로 합성하며 강력 스스로의 힘을 증폭시키는 효과. 공간양자가 강력의 실체인 색깔로서 함께 어우러지는 효과)

이는 자기장으로 쿼크를 차서 글루온 보손을 양산하고 가속시켜 **하드론되기라는 속성을 추동해** 강력의 음값이 터널링하여 우주공간을 가득 채우고 있는 페르미온(물질) 파편 등 양자를 포획-합성함으로써 가능한 일이다.]

**톱 쿼크가 붕괴해서 만든 쿼크들은 곧 하드론을 만들기 때문에** 결국 우리가 보는 것은 하드론이며, 전자 전하의 1/3인 전하(down 쿼크)는 관측 불가하다. 쿼크를 볼 수 없는 이유는, 다른 입자들을 볼 수 없는 이유와는 판이하다. 중성미자는 너무 상호작용이 약해서, 심지어 검출기와도 상호작용하지 않아서 볼 수 없었던 것과는 반대로, 쿼크가 보이지 않는 이유는 **상호작용이 너무 강해서**이다. 너무 강한 상호작용이 쿼크 주변을 둘러싸고, 아무것도 없는 것처럼 보이는 **진공에서 입자를 끄집어내어**(필자; 입자가속기 내부는 진공임), 쿼크에 장막을 둘러쳐서 곧 하드론으로 만들어버리는 것이다(하드론되기, **질량 생산**). [41]

- 인용 및 참고 서술 끝.

위 인용문의 "**진공에서 입자를 끄집어내어**"

이 뜻은 흡수엔진의 실린더 안의 냉헬륨의 **글루볼의 터널링하면,** **우주공간의 양자를 흡수-합성할 수 있다는 것**, 즉 핵 밖의 '에너지인 공간양자를 포획하여 질량을 생산한다'는 의미가 담겨 있다.

[★ ☞ 입자가속기로 핵을 광속에 근접하게 가속해 격하게 충돌시키면, 순간에 핵 시스템의 대칭(조화 상태)이 깨지며 찢겨지지만 곧 핵(조화의 상태)를 복구한다. 자연은 항상 대칭(조화-균형-안정)을 향해 움직인다. 핵이 찢겨지면 쿼크 등은 순간적으로 자유를 맛보지만, 곧바로 포승줄 글루온과 중간자의 강력에 포획되어 재속박된다. 핵('조화'진동자)는 조화-균형-안정를 재구성한다. 이게 가능한 건 강력의 힘(속도)이 $c^2$이라서 크고 빨라 절대적이기 때문이다.

마찬가지로 냉하드론(냉원자)의 **대칭이 깨졌을 때**, 매개입자는 자기장의 진동을 삼켜 터널링해 물질 파편을 끌어와 SU(3) **대칭을 복구하며** 새 하드론되기를 이룰 것이다(**질량 생산**). 냉양자에서 매개자 교환 없이 '새로운' 하드론되기를 이룬다면, 이는 물리적으로 모순이기 때문이다.]

**"쿼크에 장막을 둘러쳐서 곧 하드론으로 만들어버린다."**

이는 하드론(핵)의 본성이다! 흡수엔진의 냉하드론이 진공 중의 양자를 **극히 신속하게 합성하여 '조화-균형시킬 것'**을 예견하게 하며, 이 역시 양자를 포획해 질량 생산이 가능하다'는 귀결이다[E/c²➔m].

소립자인 쿼크도 그 기본 바탕은 양자의 기본단위가 감기고 얽혀서 이루졌다고 할 수 있다. 양자 단위의 감김-어울림의 차이로 인하여 쿼크의 특색이 드러난다고 할 수 있다. 강력(핵력)은 원자의 내부에서 작용하는 힘이다. 그러므로 이들은 중력과 달리 매우 근거리에서만 작용하는 파이온이나 글루온, 쿼크 등으로 존재한다. 약력 또한 원자 스케일의 근거리에서만 작용하며 하드론을 가로질러 강력을 경험한다. 따라서 매개입자인 파이온이나 글루온이 쿼크와 핵자 같은 입자를 구성하는 양자 단위 소립자들 간의 힘을 변형시키거나 **매개를 달리하여** 양자들의 배타성을 유지 또는 소실함으로써 순간적 상호변환을 통해 강력의 힘을 행사하는 과정을 이용하는 것이 핵력을 이용하는 원리다.

즉 어떤 힘의 매개입자가 소립자들 간의 힘을 유지, 합성 또는 소실(안정과 균형을 향해 에너지를 융합, 분열, 방출, 포획)하는 것이다. 이게 핵에너지 활용의 핵심원리다(선의이든 악의이든). 모든 힘은 입자의 교환을 통해 시공간에서 그 상호작용의 파동이 나타난 결과인데, 이는 에너지(양자)의 상호작용, 에너지의 이합집산에 의한 것이다. 결국 근원은 **시공간에서 배타성이 나타나거나 소실되는 과정의 힘**이다. 이는 원자핵 속에서 소립자들 간의 역학적 작용에 관한, 에너지를 감아 넣고 풀어내는 기법에 관한 현대 물리학의 서술이다. 더 깊은 근본원리는 아직도 모른다. 물리학은 항상 '왜'라는 질문을 남긴다.

전술한 인용문 '양성자 속의 쿼크'에서, "양자 역학의 효과에 의해 글루온과 쿼크가 쉼 없이 나타났다 사라지는, 마치 부글부글 끓고 있는 것처럼 역동적인 것이다"는 부분을 음미하여 보자.

힘의 실체인 쿼크 같은 물질입자가 힘을 만나면 쌍생성과 쌍소멸을 반복할 뿐이므로, 하드론되기에서 물질입자가 순유입 되지 않는 한 의미가 전혀 없다. 부글부글 끓고 있는 양자 거품과 다를 것이 없다. 더 심하게 들끓고 있을 뿐이지 에너지를 정산하고 나면 남는 게 없다. 반면, 글루온 같은 보손(매개입자)은 중첩되길 좋아하는 속성이 있으므로 '여분의' 글루온(보손)은 에너지가 뒷받침해주는 한 중첩될 것이다 (예컨대, 전자기력의 매개입자인 빛을 돋보기로 모으면 빛이 중첩된다). 물리학적 이론에 의하면, 쿼크와 어울리지 못한 여분의 글루온은 글루볼[$A_1^i A_1^i$] 형태로 중간자와 결합하여 존재할 것으로 예측된다. 핵의 필수 요소인 물질입자 쿼크를 이룰 물질의 파편-양자를 하드론 밖의 우주공간에서 가져오기 위해서 글루볼은 터널링할 수밖에 없다. 글루온 보손과 같은 매개자가 '진정으로' 좋아서 하고자 하는 속성은 힘의 실체인 물질입자 간에 힘을 **매개**하는 것이다. 그러므로 글루볼이 터널링하는 순간, **글루볼(글루온끼리 결합한 것이므로 본질이 매개자임)**이 글루온처럼 자신의 참 짝인 물질 파편-양자에 강력을 매개할 것이다. 물리학에서 매개입자(보손)를 교환하며 상호작용하는 게 기본조건이다.

강입자가속기에서 양성자 가속 충돌 시, 대혼란 순간에도 W(약력자), 파이온(강력자), 글루온(강력자)이 진공에서 입자를 끄집어내 하드론을 만들어 안정되는 것이 이를 증명하고 있다. 매개입자를 교환하지 않고 하드론되기와 같은 상호작용이 일어나면, 물리학적 모순이다.

현대 과학에서 글루온이 '**분수 전하인 쿼크**' 간에서만 색을 교환해 쿼크를 속박한다는 말은, 합당한 조건을 걸어주면 글루볼이 터널링해 (핵이 붕괴되어 **자질한 양자 파편, 즉 분수 전하들인) 공간 양자거품**을 붙들어 속박함으로써 하드론되기를 이룰 수도 있다는 힌트와 확신을 준다. 터널링한 강력의 안개효과가 이런 속성을 대변한다(321쪽). 즉, 글루온은 분수의 전하인 양자 파편들(쿼크의 전하량인 2/3, -1/3과 끈이론에서 등장하는 생소한 분수전하 1/11, 1/13, 1/53 등)을 끌어당겨 **섞어서 재구성하여** 합성-속박하는 특별한 속성이 있는 것이 틀림없다.

전자는 핵(하드론)으로 추락하지 않는다. 전자$^{(-)}$는 바닥상태 궤도에서 불확정성의 진동하는 힘으로 핵$^{(+)}$과 균형을 맞춰 물질의 상을 이룬다. 그 결과 원자는 전자(물질)의 배타성으로 독립성을 갖는다. 그런데! 전자의 배타성이 소실된 페르미 겹침, BEC-BCS 전이 등을 상기하며, 냉헬륨의 대칭성이 깨지고 글루볼이 터널링을 이루었다고 가정하면, 강력과 공간의 음 에너지의 페르미온(물질) 입자 등 공간양자 간에 일어나는 상호작용을 기대해도 되겠다. 양자는 절대 멈추지 않는다.

황당한 논리로 들릴 수 있겠으나, 넘쳐나는 글루볼이 양자터널링을 일으켜 외향화(外向化)를 이룬다면, 강력 장(강력 파동)은 파진공으로 전개될 것이다(양자는 입자이자 파동이니까). 색동역학에서, 글루온이 하드론(핵)의 쿼크 간에 색을 교환하는 과정에서 쿼크를 속박하듯이, 글루볼이 터널링하면 분수전하인 공간양자를 당겨 속박할 것이다. 이 것을 수학적으로 증명한 바는 아직 없으나 태양, 초신성, 강입자 충돌 실험 등에서 모두 **하드론(핵)의 조화지키기의 속성**이 증명하고 있다. **글루온은 물질입자에 힘을 매개할뿐더러 안개효과로 보손도 합성하니까.**

의구심이 들 때마다 보스노바와 피크노뉴클리얼리액션 등을 연상하자!

흡수엔진이 가동되는 조건에서, 글루볼이 우주공간으로 터널링하여 전개한다는 것을 누구도 단정할 수는 없지만, 글루볼이 우주공간으로 전개될 수 없다고 단언할 수도 없다. 그러나 글루볼이 터널링한다는 것을 이미 수학적으로 증명했고, 보스노바도 실증하고 있지 않은가? 또한 후술하는 '7. 증명(검증)'의 수많은 현상적 과학적 사실들에서 단 하나의 모순도 발견할 수 없다. 그 증거의 수가 20여 가지가 넘는다.

흡수엔진 실린더에 자기장을 공급하더라도 **공간으로부터 페르미온 양자의 유입이 없다면, '하드론되기'는 결단코 이루어지지 않을 것이다.** 219~223쪽의 내용을 유념하고, 또한 아래의 인용문이 이를 증명한다.

"**<u>진공에서 입자를 끄집어내어, 쿼크에 장막을 둘러쳐서 곧 하드론으로 만들어 버리는 것이다.</u>**" [41] ☞ 입자를 끄집어냈다는 것은 질량 증가를 뜻하므로 이때 매개입자 개입과 물질입자의 유입이 없었다면 물리적 모순이다. 순간에, 매개입자와 물질입자가 교환됐다는 뜻이다.

자기장으로 쿼크를 더 진동시키면, 글루온이 양산되어 속박력 강화 효과로 일부의 글루온이 더욱더 쿼크를 속박하고, 넘쳐나는 <u>글루볼</u>이 우주 창공을 향해 터널링할 것이다. 아래 인용문이 이를 증명한다.

"터널링의 문제를 소립자 영역으로 축소시키면, 작은 **볼의 파동함수 중 일부**가 벽을 뚫고 지나간다(투과)는 걸 수학적으로 증명할 수 있다." [57]는 점을 보아도 분명한 사실이다. 소립자 중에서 '볼'이 들어간 용어는 글루'**볼**'뿐이다. '벽'은 음값의 속박력인 에너지 장벽을 말한다.

수학을 활용해 이론적으로 글루볼의 존재를 정의하여 예측했으나, 아직 그 실체를 검증하지는 못했다. 이는 전술에서 살펴본 바와 같이, 강한 상호작용의 힘이 워낙 커서 즉시 하드론의 주변에 장막을 형성하므로 - 쿼크만을 따로 떼어내서는 볼 수 없듯이 - 항상 하드론 상태나 수학적인 간접적 방법으로만 글루볼의 존재를 느낄 수 있다.

쿼크는 피속박자이고, 글루온은 속박자 당사자인데 글루볼(온)의 속도 $c^2$이 얼마나 빠르겠는가? 강력의 크기는 얼마인가? 182~183쪽 참조. 비유해 설명하자면, 나는 <u>참새(쿼크)</u>도 보지 못하는 시력을 가진 사람이 그 참새를 잡기 위해 날아가는 <u>총알(글루온·볼)</u>을 볼 수 있겠는가?!

글루온은 약 <u>$10^{-24}$초마다</u>(초당 1조×100억 번) 쿼크들 사이를 뛰어다니며 색깔을 교환시켜줌으로써 힘을 매개한다. 그 과정에서 쿼크를 속박하며 강력(**속박력-인력**)을 행사한다. 즉, 글루온을 통해 쿼크 간에 빨강, 초록, 파랑의 색(강전하, 힘)을 교환함으로써 8중항이 질서정연하게 색동(色動)으로 한 덩어리처럼 **얽히며 일원화되어** 힘들이 대칭-균형-조화-안정된다.

냉양자 글루볼이 <u>(자기장이 공급하는)</u> 플랑크상수로부터 힘을 빌려 터널링해 공간양자를 흡수함으로써, 에너지가 '$E = 2mc^2$'만큼 충족되어 들뜨면 결국 '하드론되기'로 10중항으로 들뜨다 분가하면서 새 질량을 생산한다. 이렇게 8중항 둘로 불어나는 것을 **'윤팔** 潤八 Yun-pal'이라 하자.

[윤팔 潤八; 에너지 흡수로 고에너지 긴장 상태의 10중항으로 들뜬 핵이 **8중항의 핵 둘로 분가하여 불어나며** 대칭(조화, 균형 상태)을 찾아가는 것]

윤潤은 '(물에 젖어) **불다. 불어나다. 더하다**'의 뜻이며, 보스노바는 양陽이 아닌 <u>차가운 음陰의 세계에서 일어나므로 '윤潤'</u>을 쓴다. 동양철학 음양 오행설에서 물은 차가운 음의 세계이고, 불은 뜨거움 즉 양의 세계이다. 음은 모아지는 기운이고, 양은 흩어지는 기운이다. 가동 중의 흡수엔진은 태극(기)의 양극(兩極) 중, 음의 극을 실현 중인 상태다[BEC, 보스노바].

**'팔八'은 팔중항-팔중도**를 뜻한다. 그러므로 **윤팔潤八은 '팔중항-팔중도가 증식된다'**는 뜻이다. 계 界로 보면, 조화진동자 전체가 '조화'를 이루어야 하므로 (양자 유입으로) 쿼크를 이룰 물질 m도 함께 증가한다는 뜻이다. 흡수엔진을 '윤팔-엔진'이라 함이 옳으나, 이해가 쉽게 흡수엔진이라 했다.
[**윤팔 엔진** ☞ **팔중항·물질(쿼크, 전자)을 증가시키며** 동력을 얻는 엔진]

윤팔-홀은 중간자에 얽힌 글루볼의 터널링에 따라 '살아 있는 강력이' 우주공간으로 전개되며 흡수엔진의 **음수의 역장으로 나타나는 공간(파진공)**과 **진진공**을 말한다. 연구 초기에 '웜홀'의 명칭이 마땅치 않아 그냥 필자의 이름을 따서 막연히 '윤팔-홀'만을 명명해 두었는데, 어찌하다 보니 윤팔홀을 형성시키는 핵 시스템적 근원이 필자의 이름과 같은 윤팔로 되었다. 한자는 물론, 과학적으로 또 동양 철학적으로 그 의미가 정확히 일치하는 '윤팔 潤八'을 맞닥뜨리자, 필자 스스로 순간 어리둥절했다. 운명인가?

오랫동안 세계적으로 연구가 진행 중인 '초전도 토카막(일명 인공태양)' 장치를 잠깐 살펴보자(핵융합 시 발생하는 열에너지로 발전하려는 것이 토카막 장치다). 이 장치의 실용화에 대해 필자는 의구심을 갖는다. 중수소와 삼중수소가 핵융합할 때 발생하는 뜨거운 플라스마를 자기장으로 가두어 통제 가능하다고 하는 사하로프의 무리한 발상에서 비롯됐지만, 휘도는 플라스마가 핵융합에 방해를 일으켜 <u>1억 $^{\circ}C$ 이상 고온을 **지속하기 어렵다**.</u> 인공태양은 밀도(압력)이 낮기 때문인데, 온도가 상승할수록 안정적 통제가 어렵고, 통제 실패 시 여러 문제가 발생할 수도 있을 것이다.

이런 문제들이 발생하는 이유는 태극(기)의 음극과 양극에서 양(陽)의 극인 핵융합을 선택했기 때문이다.


그러나 음(陰)의 극인 보스노바를 선택하면, 즉 냉양자 글루볼의 터널링을 통한 공간양자를 포획-합성하는 방법을 선택하면 위 같은 문제들이 일시에 사라지므로 안전하며, 청정한 에너지를 무한히 획득할 수 있다. 공간양자-에너지는 우주공간에서 무한히 공급되기 때문이다.
그러므로 **속도**와 **힘-에너지**를 무한하게 얻을 수 있다.

이하 전술했다. 180쪽 참조.


강한 상호작용의 서술로 다시 돌아가자.

앞 절, '점근적 자유'에서 일부를 다시 인용한다.

"① **높은 에너지의 상태에서**는 (필자; 고온고압의 운동에너지가 쿼크를 속박하는 강력을 상쇄시켜 쿼크가 혼자 돌아다니는 상태, 핵폭탄), 또는 ② **매우 가까운 거리에서**는 강한 상호작용인 인력-속박력이 점점 약해져 쿼크가 그냥 혼자 돌아다니는 상태에 가깝게 된다." 188쪽 참조.

①을 살펴보자.

하드론 충돌실험이나 핵융합에서, 지극한 고온을 이루면 핵자들의 운동에너지가 극에 달하므로 운동에너지가 속박력을 상쇄-극복한다. 이때 극미의 순간 동안 쿼크가 글루온의 속박으로부터 벗어나지만 다시 강력자에게 붙잡힌다(쿼크의 탈옥은 순간에 끝나고 곧 포획된다). 이런 극미의 순간에 일어난 혼란의 와중에서도 강력은 활동을 지속해 이웃 원자와 합성하고, 남은 에너지를 방출하여 도시를 날려 버린다. 핵이 파탄난 **짧은 순간에** 쿼크는 자유입자로 되지만, 핵융합해 더 큰 속박력으로 쿼크를 포획해 **핵(조화진동자)의 조화-균형을 찾아간 것이다. 그러나 흡수엔진은 자기장으로 글루볼을 '추동해' 공간양자를 포획-합성함으로써 핵(조화진동자)의 조화-균형을 찾는다. 결국 둘 다 조화찾아가기!**

②를 살펴보자.

온도를 낮추면 운동에너지가 떨어져 쿼크 간의 거리가 가까워지며 쿼크는 더 자유롭게 될 것이다. 특히 자기장 공급으로 글루볼이 증가하며 조화 상태가 깨지고…. 생략 (116~117쪽 **조화찾아가기** 등 참조). **흡수엔진은 강력의 이 강한 본성(조화찾아가기)을 '추동하여' 이용한다.**

극고온이나 극랭으로 강력의 대칭이 깨지면 **대칭을 반드시 복구한다.** 위 ① ②를 대비해 설명한 건 글루볼의 터널링을 살피기 위한 것이다.

★ 글루볼(온)의 터널링 과정을 살펴보자.

쿼크나 글루온은 3중(빨, 파, 초록) 상태처럼 색전하 양자수의 총합이 무색의 상태로만 존재가 가능하다. 즉 핵 안에서만 존재할 수 있다.

쿼크나 글루온은 색동 상태로만 존재가 가능하다는 뜻이다. 그러나 **균형을 향한 '액션의 순간에는' 양자는 고착적이지 않고 가변적이다. 냉양자 핵 시스템은 균형과 안정을 위해 공간양자를 끌어올 수밖에 없다. 사실, SU(3) 팔중항의 3중 상태일 때도 입자들은 '가변적 순간의 연속'이라고 말할 수 있지 않은가?**

넘치는 글루볼$A^i_j A^j_i$ 중 일부는 <u>SU(3) 8중항 중간자</u>와 **'양자 얽힘으로'** 창공을 향해 파동함수로 터널링하여 공간양자를 포획-흡수-합성함으로써 핵이 균형-안정될 것이다. 이하 84~88, 91~94쪽 참조.

글루볼의 본질은 어디까지나 속박자이다.
(공간양자인 분수전하 1/13, 1/53 등을 또 다른 쿼크류로 연계 상상하자. 그러면 핵 밖에서도 계속 **'살아 있는'** 글루볼(온)의 존재가 가능하다. 냉**'원자'**는 자잘한 양자를 포획-합성-재구성하는 속성이 틀림없이 있다.)


★ 이제 글루볼의 터널링의 타당성을 살펴보자.

"터널링의 문제를 소립자 영역으로 축소시키면, 작은 <u>'볼'의 **파동함수(확률파동) 중의 일부**</u>가 벽을 뚫고 지나간다(투과)는 것을 수학적으로 증명할 수 있다." [57]는 사실이 이를 증명한다. 핵을 구성하는 소립자 중 '볼'이 있는 용어는 글루**볼**뿐이며, **파동함수는 상태함수인 연속함수다.**

보스아인슈타인응축을 이루면, 모든 냉양자들이 한 방향을 보며 '우리는 대칭성이 깨져 있습니다' 하고 말하고 있는데, 대칭성 깨짐이 약력에서만 작용한다는 특별한 이유가 있을까? 원자의 구성에서, 강력이 힘의 99%를 이룬다는 사실을 봐도 강력은 질량을 증가시키는 메커니즘을 갖고 있을 것이다. 힉스메커니즘 이론에만 집착하지 말자. **약력은 하드론을 드나들며 강력을 경험하지만, 강력 그 자체는 아니다.**

BEC 상태에서도 강력의 대칭성(균형)이 깨지지 않는다면, 약력과 관련된 대칭성 깨짐만으로 냉양자가 **한 방향을 본다**는 뜻이다. 그렇다면 약력이 강력을 지배한다는 뜻인데 이는 모순이다. 비유하여, 지구가 태양을 통제한다는 논리와 같다. 미·거시에서 역학적으로 불합리하다. 약력은 강력을 가로질러 경험하며 드나드는 미약한 힘일 뿐이므로 강력은 스스로를 지킬 강력자들(글루온·볼, 파이온)을 가지고 있다. **양**(陽)의 충돌실험에서 드러난 약력의 매개자 W에만 의존하지 말자.

참고; 212쪽으로 **건너뛰어도 된다(권고)!**
아래는 힘의 균형이 깨지므로 인해 드러나는 현상을 비유해 설명한 것임.
* 스핀(spin, 회전); 입자가 갖는 속성으로 고유한 값
BEC(**냉원자, 냉양자**) 상태에서, 자기장을 크게 공급하여 주기 전까지 강력은 대칭성 깨짐을 잠재하고 있을 것이다. 겉으로 드러나지 않을 뿐이다. 왜 그럴까? 팔중항-강력이 행사하는 속박력이 워낙 강력하므로 그러하다. 전술하였듯이, **핵력**(속박하는 인력)**에 의해** 쿼크와 함께 강력의 대칭성 깨짐(드러난 쿼크에 비해서 글루온-볼의 비율이 높은 상태)이 가려져 있다. 대칭성 깨짐을 **간접적으로** 드러낸 흔적이 있긴 하다. 냉양자 **스핀(회전)**이다!

☞ 이를 태풍에 비유 설명하면, 태양 에너지를 함축함으로써 고온다습해진 대기의 에너지-힘은 불안정해진다. **'갇힌 힘이 유동하는'** 이 기단은 어떻게든 에너지를 쏟아내려 한다(고온다습한 기단은 잠열이 커서 에너지를 많이 함축하여 에너지가 빨리 빠져나가지 못해 갇힌 힘이 꿈틀대며 유동한다). 이때 지구 자전으로 '위도 간' 전향력 차이로 **'힘의 균형이 깨져'** 힘이 쏠린다. 꿈틀대며 갇힌 유동의 힘이 쏠리면, 가속적으로 쏠리므로 점차 회전력이 커져 태풍으로 발전한다. 따라서 북반구 태풍은 반시계 방향으로 회전함. 같은 원리로 냉양자에서도 **'갇힌 힘의 균형(대칭)이 깨지면'** 회전이 발생한다.

냉원자는 입자가 극미해 닫힌 힘의 대칭(균형)이 깨져도 회전이 유발되지 않을 것이라는 생각이 든다면, 태풍과 냉양자의 중간쯤인 경우를 살펴보자. 적도선에서 한 걸음 떨어져 둥그런 용기에 물을 채우면, 물은 '중력과 용기의 물가둠'이 서로 균형(대칭)을 이루어 안정하게 그대로 있다. 이때 용기 바닥에 구멍을 뚫으면, 용기에 갇힌 물은 중력의 **'★힘을 받아'** 흘러내린다. 그러므로 용기 안에 **갇힌 물에 '유동하는 힘'이 발생한다.** 그러면 극미한 용기 끝 간의 위도 차이에 따른 전향력 차이로 인해 용기의 물은 쏠려 회전하며 빠진다. 적도선을 한 걸음 넘어 같은 실험을 하면 **물은 역방향으로 회전**하며 빠진다. 이처럼 태풍, 용기의 물이나 냉양자 내부에 **갇혀 유동하는 힘에** 전향력으로 극미의 불균형이 발생해도 회전을 유발한다.

**[전향력 차이 지속 + 갇힌 힘의 쏠림 가속 →** (시간 경과 시) **회전이 뚜렷해짐]** 으로 정리된다. 미·거시의 차이만 있다.

냉양자에서, 냉각 효과와 핵 전체적으로 **'불어난'** 글루볼과 중간자에 의해 대칭(균형-조화) 깨짐이 상존하므로 외형적으로 회전하는 팽이처럼 보인다.

태풍은 갇힌 힘을 흩뿌려 쏟아내지만, 냉원자 핵은 스스로의 속박력 때문에 **갇힌 힘**(불어난 글루볼 중간자)을 쏟아낼 방법이 없어 영원히 회전한다. 냉원자는 중력을 축으로 회전하므로 **원심력을 얻어** 모두 한 방향을 본다(팽이).

냉양자 상태는 강력의 교환대칭에서 조화적 비율 대칭이 깨질 것이다.

색동역학에서 쿼크의 세 축이 SU(3) 대칭을 이루고, 하드론은 전자와 전기적으로 균형-대칭을 이루어 원자들은 언제나 중성이다. 즉 원자는 힘이 균형-안정된 대칭을 이뤄 스핀(회전)이 없다. 즉 SU(3)는 교환대칭이고, 양성자 uud(+1)의 힘을 전자(-1)가 보정하므로 힘이 균형됨(방향성 없음).

그런데 피크노뉴클리얼리액션과 영점운동을 감안하면, 냉헬륨에서는 자체의 진동만으로도 글루온(볼)이 증식해 SU(3) 글루온과 쿼크는 비대칭된다. 더구나 자기장으로 쿼크를 가속해 글루온과 중간자를 더욱 양산하면, 쿼크와 글루온의 비율이 크게 비대칭 불균형되어 불안정할 수밖에 없다 (**수數 대칭 깨짐**). 계 界의 '갇힌 힘'에 균형이 깨지면, 회전이 유발된다. 이게 마찰저항이 '0'인 냉원자의 회전이며, 모두 한 방향을 바라본다. ☞ **이 상태를 가리켜 '방향성을 갖는다'고 한다.**

이런 이유로 회전이 유발되면 원심력이 발생하고, 원심력은 중력을 축으로 회전하는 팽이가 되므로 모든 냉원자는 한 방향을 바라본다.

강력(핵력, 속박력)은 강대하고 빨라서 쿼크를 볼 수 없었던 것처럼, 냉원자 상태에서 강력의 대칭성 깨짐은 속박력 때문에 스핀을 통하여 간접적으로만 드러낸다. 우리가 강력의 대칭성 깨짐을 간접적으로만 추상하여 인식했지만, '냉원자 대칭성 깨짐을 보았다'고 말할 수 있다.

대칭성이 깨진 냉원자에 자기장의 격렬한 진동(**냉에너지**)을 공급하면, 강력 스스로의 속성인 '조화'찾아가기와 불확정성의 원리에 의해서 **양자 글루볼의 터널링**은 발생할 수밖에 없다.

# <냉헬륨 자가증식(自家增殖) - 분가(分家)>

125쪽에서 전술했으나, 중요하고 흥미로운 부분이니 더 살피고 가자. 글루볼의 터널링으로 인해 하드론 시스템을 충족하는 이상의 물질입자 파편이 유입되면, 배타원리로 인해 물질입자(쿼크)는 들뜬다(들뜬 10중항). 들뜬 입자는 '안정된' 균형 상태로 분가하여 '하드론되기'를 이룬다. (예시; 원자에 레이저를 조사(照射)하면, 들뜬 전자가 빛을 방출하여 바닥으로 회귀함으로써 전자와 핵이 **힘의 균형을 찾아가는** 힘의 논리라는 이치가 같다.)

그런데! 페르미온-물질 양자 파편이 유입되어도 실린더 내부의 환경은 이미 절대영도에 가깝게 빨렸으므로 전자가 잠긴 **밑 빠진 독(냉헬륨)**은 '**원자 완성'을 이루지 못하고 냉하드론만 산출할 것이다!**

핵폭탄에서는 기폭장치에 의한 고온고압의 **운동에너지가** 강력 교환대칭의 조화 상태인 **속박력**을 **'상쇄시켜'** 핵 시스템이 모두 붕괴-망가지려는 순간에, **강력의 우월적 속도 $c^2$과 힘 때문에** 붕괴보다 강력의 행위가 더 신속하므로 이웃하는 핵들과 융합함으로써 **총체적으로 더욱 속박력을 키워서** (핵폭발의 찰나에서도 운동에너지에 대항하여) 자신의 핵 시스템인 속박-조화의 시스템을 지킨다. 이것이 모든 항성에서 고온고압의 강도에 따라 수소가 헬륨으로... 철을 향해 가는 핵융합 반응이다. **결국 조화찾아가기!**

반면, 공간양자 흡수로 글루온과 쿼크가 3:3 만큼 증가하면 바리온이 하나 늘어난다. 바리온이 여럿이면 하드론이다. '조화-균형을 위해서'공간양자를 포획하여 들뜬 핵은 안정을 향해 분가 分家할 것이다. **결국 조화찾아가기!**

핵융합이나 냉양자 핵반응도 핵의 물리적 조건에 의해 각각 ($\pi$과 글루온, 글루볼이라는 끌개를 따라) 대칭·조화를 찾아간다.
예컨대, 중력파라는 끌개를 따라 물체가 낙하하고, 물이 흐르듯.......

핵의 '조화찾아가기'는 **힘의 균형이라는** 측면에서 '그냥' 자연스럽다.

냉양자는 **운동에너지가 바닥상태**다. 이 상태에서 자기장이 쿼크를 차면 **속박자 글루온이 양산됨으로써** '**속박력이 오히려 커져** 핵 안에서 시스템을 더 **옥조이므로**' 핵융합은 아예 불가능하다(핵융합의 속박력 상쇄와 반대다). 글루온이 양산된 냉헬륨은 자신의 핵 시스템을 지키려 ⓐ**더욱 옥죄면서도**, 핵이 에너지를 포획할수록 핵은 ⓑ**10중항으로 점점 들뜨며 불안정해진다.**

ⓐ옥죄는 압력과 ⓑ여기(勵起, 힘써 일어남, 들뜸, 불안정, 10중항) 상태의 압력이 **서로 충돌-불안정하므로** 핵은 에너지 준위가 더 낮은 상태인 **8중항** 으로 분가(分家)해 '**가능한 빨리**' 안정을 찾으려고 할 것은 자명한 이치다.

헬륨은 **핵자 수**(양성자 2개, 중성자 2개)**가 적음으로 인해 구조가 단순하다.** 따라서 **핵자가 간결하게 정렬되므로 에너지 손실이 없다.** 따라서 '에너지 준위가 낮음'에도 불구하고 안정하며 결합력이 크다.
☞ **에너지 준위가 낮고, 안정하며 결합력이 크므로 ★★**
들떠 불안정한 10중항이 '**가능한 가장 빨리**' 안정한 8중항 둘로 분가 가능한 핵이 헬륨이다. 자가증식으로 분가하는 자기 알파붕괴다(예측).
[10중항 입자가 8중항 입자로 변환되는 실험의 예시; 125쪽 ◆◆ 표 참조]

UFO가 하늘에서 활동하고 있다는 것이 이를 증명한다. 만약 들뜬 10중항 냉헬륨이 안정한 8중항 냉헬륨 둘로 분가하지 않고 3중점 이 있는 다른 핵으로 된다면, 초유체 상태가 깨져 엔진이 꺼진다. **헬륨은 3중점이 없는 유일한 원소다**(3중점; 기체·액체·고체의 공존 상태). 3중점의 결정체는 엔진을 훼손할 것이 분명하므로 사용 불가하다.

한편 실린더의 내부에 냉양자가 증식돼 많아지면, 과다해진 냉양 자를 더 큰 음압으로 빨아내 **밖에다 버리면 그만이다**(180쪽 참조).

## \<독자들이 당혹해할 두 가지(❶초광속 ❷글루볼의 터널링) 정리\>

독자들이 본고의 서술에 대해 거부감을 느낄 이유는 ❶ ❷이다. ❶ ❷에 대한 독자들의 거부감은 '☞'로 해결된다.

❶ 초광속: **'질량'**이 있는 입자는 절대로 <u>초광속이 불가능하다</u>.

　☞ [해결 ❶] (상대적으로 맞서는 로렌츠 효과로) 유질량의 입자는 초광속이 불가능하다. 그러나 강력 글루볼의 터널링으로 상대성이론의 <u>시공간</u>(측지 텐서, 공간양자)이 질량체(냉양자) 안으로 흡수 제거됨으로써 초광속을 제한하는 '맞섬이 사라지면' 초광속을 이룬다. 초광속은 시공간을 $c^2$**의 속도로** 흡수-제거하는 핵력의 터널링으로만 가능하다. 이때 비행체의 파손 문제도 해결될 것이다(182, 296쪽).

　글루온은 적은 에너지로도 만들 수 있다. **글루볼은 핵 시스템을 구성하는 '일원화된' 오리지널 시스템**[SU(3), 188쪽] **입자가 아니다**. 따라서 여분의 글루볼은 임시적이므로 오리지널 입자보다 약하게 중간자에 결합한 상태다(고로 글루볼은 에너지 장벽이 낮다). 따라서 글루볼은 적은 <u>에너지</u>로도 터널링할 힘을 얻는다. 핵 시스템이 대칭(균형-안정)을 찾으려는 본성에 따라 '강력히' 물질 파편 등 양자거품을 요구함으로써 **비행체의 냉원자**(냉양자)**에서 '살아 있는 강력**(속박력)**'이 냉원자의 밖으로 튀어 나가 시공간의 실체인 양자거품을** 흡수-합성하여 속박한다. <u>**상대**(相對)**적으로 맞서**</u> 비행체의 초광속을 금지시키는 실체가 시공간의 양자거품인데, 양자거품을 제거함으로써 비행체는 **진진공 안에 들어서서 비행하므로 '맞섬이 소멸돼'** 초광속을 이룰 것이고, 파진공에서 끌려오는 공간양자(<u>타키온</u>) **역시** <u>'맞섬이 없어' 초광속을 이룬다</u>(★타키온; 323~327쪽 참조).

❷ 글루볼(온)의 터널링: <u>글루온은 핵 안에서만 존재가 가능하다</u>.

글루온은 '쿼크와 색 교환 상태'의 동적으로만 존재한다[색동 色動]. <u>쿼크와 글루온은 3색의 상태(중입자의 색가둠)의 무색 상태</u>로서 '글루볼은 핵 안에서만 존재가 가능하다'는 고착적 사고의 문제다.

☞ [해결 ❷-1] 수학적 천재인 끈이론 학자의 서술을 인용하여, "양자 터널링 문제를 <u>소립자(핵의 입자) 영역</u>으로 축소하면, 작은 '**볼**'의 **파동함수**(연속적 상태함수인 확률파동) **중의 일부**가 에너지 장벽(속박력)을 뚫고 투과한다는 것을 수학적으로 증명할 수 있다." [57]

핵을 구성하는 소립자 중에 '볼'이 들어간 용어는 글루**볼**뿐이다. **수학은 엄격한 논리의 전개(연산)이므로 의심할 여지가 없다. 그렇지만 LHC의 충돌실험을 참고해 약력자**(W, Z)**를 <u>자기장이 공급되는 냉양자</u>에도 그대로 응용해 막연히 적용하는 건 위험하고 근거가 약해 '떠넘긴 것'에 불과할 가능성이 매우 높다**(상세한 내용은 91~94, ★163~168쪽 참조).

☞ [해결 ❷-2] 피크노뉴클리얼리액션은 글루볼 터널링을 강요한다. OK에선 **(자기장의 격렬한 진동으로 쿼크와 글루볼의 진동을 더욱 가속시키지 않더라도) 자체의 영점운동만으로도** 핵반응이 일어날 수 있다(피크노뉴클리얼리액션). 냉양자에선 음값-속박력이 강화되므로 핵폭발인 양의 방향으로의 핵반응 [$mc^2$ ➔ E]은 절대 불가능하다. '글루**볼**의 파동함수 중 일부가 중간자와 얽힌 상태 함수로' 터널링해 에너지를 포획하는 [$E/c^2$➔m]의 방향으로만 핵반응한다. 냉양자는 에너지가 부족하므로 자신의 에너지(소립자)를 내주지 않는다. 핵폭탄에서 기폭 운동에너지가 핵의 속박력을 상쇄하는 원리와 반대로, 글루온 양산으로 **속박력이 오히려 커진** 냉양자는 에너지를 더 갈구한다.

매개입자는 입자 간에 힘을 매개해 상호작용한다는 본질적 목적을 갖는다. 물질입자가 '매개입자를 주고받을 때' 상호작용이 일어나므로 흡수엔진에서 강력의 매개 행위인 글루볼의 터널링은 질량을 획득하는 [E/c² → m]이며, **양자 얽힘이다**. 이 터널링을 상용화하지 않아서 의구심이 들고, 또 학습된 의식구조가 타인의 생각을 배척하므로 더욱 어렵게 보일 뿐이다(과거에 천동설이 지동설을 학대하였던 것처럼).

☞ [해결 ❷-3] 질량 에너지의 보존이 [mc²→E] 방향으로 되지만, 역으로 에너지를 흡수-합성해 질량으로 변환하는 [E/c²→m] 방향으로 보존을 이루어도 여전히 보존법칙은 불변이다(흡수엔진에서처럼). 조금만 유연하게 '**힘은 조화-균형을 이룰 때까지 작용한다**'고 생각하면 간단하다. 또한 **[E/c² → m]을 이룰 수 있는 매개입자는 글루볼뿐이다!**

☞ [해결 ❷-4] 결정적으로, 보스노바는 그 실험을 마친 증명이 분명하며, 이를 달리 해석하는 건 있을 수 없다. 이는 이미 여러 번 설명했다. 그도 세세히 **구체적인 융축 과정과 고밀도화를 이루는 원리, 고밀도에서는 쿼크·글루볼의 진동-가속이 용이한 점, 음의 연쇄 핵반응, '갑자기' 에너지가 사라지는 이유, 겉보기 폭발 등등** 모두 설명하였다. **양자 글루볼의 터널링**까지 설명했다. 양자 터널링은 범우주적 진리다.

☞ [해결 ❷-5] 약력은 원자핵을 가로질러 기본입자를 변화시키며, 약력은 유일하게 '모든' 물질입자가 감지하는 힘이고, 쿼크만 강력을 감지한다는 고착적 사고를 할 수 있다. 예컨대 베타붕괴 시, 쿼크가 전하의 실체다. 즉 중성자 전하의 **실체(쿼크 ☛ 물질입자)** 중 일부가 약력자의 개입으로 전자라는 명찰을 달고 떨어져 나온다. 그리고 **강력은** 오직 '**쿼크(물질입자)**'하고만 상호작용한다는 것이 현대 물리다.

하지만 자기장을 공급받는 중인 냉양자는 질량(에너지)이 큰 약력자를 절대로 내주지 않을 것이다. 아니, 약력자 자체가 발생 불가능하다(**자기장을 공급받고 있는 중의 냉양자는 LHC의 충돌실험과는 물리적 조건이 반대다. 중요!! 165쪽 참조**). 보스노바에서처럼 **강력 글루볼(온)의 본성대로** 터널링하여 <u>페르미온 '양자-파편'</u>을 합성-속박할 것이다. 의심스러우면 흡수엔진을 실험하면 된다. 간단한 일이다.

<u>**일상에서의**</u> 글루온은 핵 안에서 쿼크하고만 상호작용하고, 전자 등 다른 물질입자와 상호작용하지 않는다. 특히 글루온은 핵을 벗어나면 힉스입자 등으로 붕괴한다. 기라성같은 학자들이 정립한 체계보다 <u>더 진보된 주장(글루볼의 터널링 효과)</u>이 필자가 넘어야 할 산이다. 보스노바와 피크노뉴클리얼리액션, 핵 시스템의 대칭 원리를 추동함으로써 자가증식하는 원리, 초광속을 상징하는 $[E/c^2 = m]$의 $c^2$, 이어 후술하는 증명 등 수많은 목록은 강력-글루볼의 터널링을 강요한다.

원자의 시스템은 정교하여 항상 조화(균형-안정-대칭)를 추구한다. 원자의 들뜬 전자가 에너지를 빛으로 방출하고 바닥 궤도로 떨어진 것은 양성자와 전자 간에 힘의 균형을 맞춰 **'안정을 찾으려는 행위고'**, <u>α, β, γ 붕괴(108쪽)</u>로 에너지를 줄이는 것도 **'안정을 찾으려는 행위다.'**

역으로, 냉원자 핵의 교환대칭이 깨지면 글루볼을 터널링시켜 쿼크를 구성할 공간의 양자를 흡수-합성하는 것도 **'안정을 찾으려는 행위다!'** 모두 다 조화(균형-안정)를 찾아가는 역학적 과정의 귀결일 뿐이다. 진자가 대칭으로 진동하듯, 지구가 균형된 힘을 따라 태양을 공전하듯 모두 단순한 힘의 논리인 조화 상태다. 혼돈(카오스, 부조화, 비패턴)은 조화(코스모스, **패턴**, 균형, 안정)를 찾아가는 게 자연의 제1섭리이다.

# <흡수엔진에서, 강력-글루볼이 터널링하는 필연적 이유>

 빅뱅 직후, 중·양성자의 내적 행위 힘이 **'균형을 맞출 때까지'** 에너지를 흡수-합성한다는 스팔레론처럼, **냉양자에서** 핵 구성 입자들의 행위(교환대칭)에서 **균형을 맞출 때까지**의 관계를 살펴보자(188쪽).

 "★ 글루온은 색동으로 쿼크 간에 색(강전하)을 교환시켜주는 인력의 결과로 쿼크를 속박한다. ※ **쿼크의 수는 변화 없이 끝난다.**

★ **쿼크를 가속하면, 글루온이 생산된다.** (물질입자 가속 → 매개입자 방출)

★ 색전하와 반색전하 결합인 글루온은 다른 글루온을 방출할 수 있다.

★ 글루온끼리 상호작용하면 새로운 물질 글루볼이 예측되었다.

★ 글루온으로만 이루어진 글루볼은 전기적으로 중성이다.

★ 글루볼은 중간자와 결합한 형태로 존재할 것이다(예측).

★ 글루볼에서 나온 글루온은 검출 가능한 '중간자를 형성하는' 다양한 쿼크-반쿼크 쌍을 만든다. [글루온과 중간자는 보손(매개입자)이다.]

★ 다른 보손과 마찬가지로 글루온은 입자·반입자 쌍을 만든다. 글루온은 쿼크하고만 상호작용하므로 쿼크-반쿼크 쌍을 만든다."[40]

★ 쿼크와 반쿼크 쌍은 색전하 인력으로 인하여 떨어지지 못한다. 대신 쿼크와 반쿼크는 짝을 지어 무색의 중간자를 형성한다.

이상을 종합 정리하면, 냉양자에서는 다음과 같은 결론에 이른다.

강력의 매개입자인 글루온, 글루볼, 중간자는 핵 안에서 자체적으로 생산이 가능하지만, **물질입자 쿼크는 핵 자체에서 생산이 불가능하다.** 자기장으로 가속된 핵의 내부는 매개자 글루볼의 바다를 이룬다.

●(드러난) **쿼크 수는 불변이나, 글루온(볼)만 증가해 대칭(균형)이 깨진다.** 글루볼은 색동을 못 이루므로 핵이 비대칭↑ → 회전↑ → 초유(동)체

더 구체적으로, 핵을 구성하는 입자는 다음과 같다(188쪽 참조).

하드론(핵) = 바리온(●쿼크 + 글루온) + 중간자(쿼크 + 반쿼크)

[바리온; 양성자와 중성자 / ●쿼크 = 드러난 쿼크(up 쿼크와 down 쿼크)]

하드론(핵) 안에서 **만들 수 없는 것이** ●쿼크(드러난 쿼크; u, d 쿼크)다. 쌍생성된 쿼크-반쿼크는 중간자, 글루온, 글루볼들을 산출할 것이다. 비쌍(非雙)의 순수한 물질입자 분수전하 '●쿼크(u, d 쿼크)'는 강력의 구성원으로 하드론 안에서 자체적으로는 새로 만들 수 없다. 예컨대, 보손인 빛이 입자를 때리면 **쌍생성**(전자-양전자)하고, 쌍입자가 만나면 쌍소멸하며 빛(보손)으로 다시 돌아간다. 마찬가지로 쿼크-반쿼크도 쌍생성 쌍소멸한다. 물리학에서 공짜는 없다! 즉 **중첩이 불가능한** 물질 파편이 '**순**'유입되어야 영속적 하드론(질량, 3차원 '공간구성'인 8중항) 을 새로 이룰 수 있다. 즉 공짜 ●쿼크가 없으므로 공짜 공간도 없다. [최소의 입자가 존재하려면, 자연의 픽셀은 최소 공간(플랑크 길이 $1.62 \times 10^{-33}$cm) 이상을 요구한다.] ∴ **핵 시스템은 물질입자를 요구한다!**

자기장 진동으로 글루온과 쿼크-반쿼크 쌍의 소멸반응을 통해 글루온과 중간자를 창출하면, 글루온과 중간자는 자신과 상호작용할 파트너[●드러 난 ud 쿼크(물질)]를 찾을 것이나 비속박의 남는 쿼크는 없다. 글루볼이 물질입자로 추정되지만, 어디까지나 **본질이 매개입자인** 글루온이 결합한 '임시적' 결합일 뿐이므로, 진정으로 영속적인 하드론(핵)을 이룰 3차원 '공간구성'인 SU(3) 8중항을 구성 가능하게 할 **참 물질입자가 될 수 없다.** 과잉된 글루볼은 플랑크상수가 낮아지면 결국에는 소멸할 운명이다. 즉 글루볼은 공간을 구성할 수 있는 참된 물질이 아니므로 영속이 불가하다. 과잉된 보손과 얽혀 팔중항을 **새로** 이룰 참 물질입자(●)가 없기 때문이다.

[물리이론에 따라, 입자-반입자 쌍소멸 시, '1/천만' 미만으로 물질입자가 떨어져 남아도 양이 미미해 ●쿼크를 구성할 양이 못 되어 무의미하다.]

냉원자를 가속해 보손(글루온, 중간자)만 양산-폭증한 상태에서는 바리온을 완성할 물질입자(u, d 쿼크)의 결핍으로 강력의 교환대칭이 깨진다. 이때 '안정(대칭)을 이루기 위해' 물질입자을 갈망하지만, 쿼크−반쿼크는 색전하 인력으로 떨어지기 힘들어 쿼크만 떨어지지 못한다. 결국 '속박자' 글루온만 매우 강화된 냉원자라서 이웃 냉원자와 합성은 전혀 불가하다.

피크노뉴클리얼리액션을 감안하면, (특히 자기장의 격한 **진동**을 공급하면) 핵반응이 쉽게 발생할 것인데(보스노바), 그 근원적 이유는 핵이 물질 파편을 흡수해 ●쿼크를 재구성함으로써 **안정(대칭)을 이루려는 행위에 있다.** 이는 새 SU(3) 팔중항 구성에 필요한 물질 파편을 끌어와 교환대칭인 하드론을 창출하려는 역학적 흐름(터널링)이다. 거시에서 행성과 물이 힘을 따라 흐르듯, 미시에서도 조화(균형과 안정)의 힘을 따라서 흐른다. 글루볼은 임시적 존재에 불과하지만, 터널링하면 그 존재 가치가 빛난다.

따라서 하드론되기를 이루려면, 끌개인 글루볼이 터널링해 물질 파편을 포획-합성해 중입자를 완성할 ●쿼크(u, d 쿼크)를 '재구성'해야 한다. 즉 창공에서 물질입자 파편을 **끌어와야(순유입시켜야) 한다**는 결론에 이른다.

문제는 우리 관념에 '글루온·볼은 핵 안에서만 활동한다'고 고착된 것임. 사고가 고착되면 발전은 없다. 핵의 '작동원리와 속성'을 유심히 살피자. 핵은 핵의 행위 논리를 핵 시스템의 **조화**(힘의 균형, 안정)에서 찾는다. **'힘의 조화-대칭 시스템으로'** 중간자와 '양자 얽힘'의 파동(상태)함수로서 **글루볼의 터널링이므로** 글루볼은 붕괴하지 않을 것이다. 진진공을 만들어 그 안에서 비행하려면, 강력의 손발인 글루볼이 튀어 나가 비행체 전방의 모든 입자를 포획-합성-제거해야 한다. 이 능력의 소유자는 강력 **시스템** 뿐이므로 글루볼 터널링이 당연하며, [$E/c^2$ ➜ m]의 $c^2$ 방향에 합당하다.

양성자와 중성자를 만들려고 하면 전하 쿼크 짝을 **'섞어야' 한다**. "약력이 짝을 짓는 입자 사이에서만 변화를 일으키면 문제가 생긴다. 빅뱅 직후 생성된 무거운 톱 쿼크는 모두 보텀 쿼크로 붕괴될 것이다. 그렇다면 약력을 활용할 수 없는 <u>보텀 쿼크는 중성미자처럼 정체한다</u> (즉, 보텀 쿼크만 많아지지 양·중성자를 이룰 수 없다)! ☞ **74쪽 참조**

하지만 **우주 99% 이상이** (톱 쿼크 ⇄ 보텀 쿼크, 참 쿼크 ⇄ 스트레인지 쿼크가 아닌) 양성자·중성자처럼 **'업 쿼크 ⇄ 다운 쿼크'로만 구성된다**. 이는 쿼크가 입자 쌍으로만 구성돼 있지 않고 서로 섞이기 때문이다. 본래 톱 쿼크는 보텀 쿼크뿐만 아니라, (저에너지 상태인) 스트레인지 쿼크나 업 쿼크, 다운 쿼크로 붕괴(섞임-변환)할 가능성을 가진다.

왜일까? 쿼크들이 섞이는 이유를 묻는다면, 표준모형 대부분에서의 설명과 마찬가지로 ★<u>'그것이 가능하기 때문에'</u> **이상의 답을 줄 수 없다**. 양자는 공처럼 단단한 물체가 아닌, 다른 확률을 가진 **가능성들의 집합**이다. 쿼크는 양자적 특성으로 인하여 다른 쿼크 쌍과 섞여 붕괴할 수 있는 여러 가능성을 파악할 수 있다." [72] ☜ **유연한 사고!**

<u>'섞임'이 의미하는 것은 양자는 다양한 가능성을 가진다는 것이므로</u> (붕괴의 역방향인 약력의 힉스메커니즘처럼), 강력 글루볼의 터널링으로 극미한 공간양자를 포획-합성해 '덜 극미한' 업 쿼크와 다운 쿼크로도 재구성됨을 역유추하자[$E/c^2$ ➜ m]. ☜ **섞임은 다양한 가능성을 뜻함!** 이것이 중요하다. '핵 시스템의 **조화**(힘의 균형과 안정)'의 과정에서 핵 스스로 **'균형-안정'**을 찾으려고 공간양자를 **흡수해 섞는 과정**임을 통찰하자. 물질입자와 매개입자의 비율 대칭이 깨짐으로 인해 물질입자를 포획-합성해 균형-안정된 바리온을 만든다. 단순한 힘의 논리다. 하이젠베르크는 양자의 이런 특성을 **'양자는 가능성의 세계다'**고 했다.

중입자(양·중성자)와 중간자의 팔중도에서 **공명 들뜸 상태**를 살펴보자. "중입자처럼 중간자(π)에서도 공명으로 '**들뜬**' 중간자가 발견된다.

들뜬 중입자 중간자가 <u>들뜨지 않은</u> 중입자 중간자와 다른 이유; [필자; 즉, 양·중성자와 중간자가 들뜨지 않을 때 안정되는 이유];

이유는 이들을 구성하는 스핀 배열 때문이다. 자석 두세 개의 N극을 같은 방향으로 향하게 하여 나란히 놓으면 방향을 틀어 정렬 구조를 바꾸려 하기 때문에 자석 사이에 긴장이 느껴진다. 이 같은 긴장 상태는 에너지가 높으므로 **정렬을 유지하려면** 힘을 줘서 붙잡아야 하고, 자석 하나에서 손을 떼면 **그 자석의 방향이 뒤집히며 긴장이 사라진다**. 그러면 자석은 안정된다(필자; 이처럼 자연은 섭리-본성적으로 힘의 균형을 따라가며 안정을 추구한다).
<u>중입자와 중간자 안에 있는 쿼크들에게도 같은 일이 일어난다.</u> 모든 쿼크의 스핀이 나란히 배열되면, 이들은 '**고에너지 긴장 상태**'에 놓인다. **이 고에너지 긴장 상태가 질량을 증가시킨다.** <u>결국 $E=mc^2$ 때문이다.</u>"
[71] (고에너지의 들뜬 긴장은 자연스럽게 '**균형-안정 상태로**' 분가한다.)


'결국 $E=mc^2$ 때문이다'를 흡수엔진의 원리에 따라 설명하자면, 핵이 안정-균형(교환대칭)을 이루려는 속성으로 글루볼이 터널링함으로써 [$E = mc^2$]이 [$E/c^2$ ➔ m]으로 변환되며, 물질 파편을 흡수-합성할 때, <u>고에너지 긴장 상태가 발생해 소립자들이 들뜬다</u>(**10중항의 들뜸, 흥분된 불안정, 힘써 일어나는 여기 勵起 상태**). 에너지를 흡수-합성하는 동적 개념인 [$E/c^2$ ➔ 2m]이 충족돼 들떠 흥분된 상태의 10중항으로 되면, (자석이 뒤집히며 안정되듯) 10중항이 8중항 둘로 분가하며 안정된다. **정지질량 개념인 [$E = mc^2$] × 2개의 핵으로 보존되는 자가증식이다**(214쪽).

## \<디랙의 바다\>    Dirac sea   [34]

공간양자가 흡수엔진의 냉양자로 흡수-합성된다는 가설을 이상에서 살펴봤다. 그 연장선상에서 '디랙의 바다'를 통해 공간을 통찰해보자. 흡수엔진이 '디랙의 바다(양자 바다)'를 피해갈 수 없다. 흡수엔진의 **상대적 에너지원**이 <u>디랙의 바다</u>(공간양자, 양자거품 집합)이기 때문이다. [공간의 실체는 양자이므로 디랙의 바다는 공간양자(에너지)로 가득 찬 시공간을 뜻한다. 따라서 공간양자를 포획-제거하면 공간이 사라진 진진공이며, 비행체는 '진진공 안에 들어서서' 작용반작용으로 비행한다.]

이제 레더먼(노벨상 수상자)과 크리스토퍼 T. 힐의 저서에서 인용하여 디랙의 바다는 진공이 어떻게 이루어져 있는지, 또 공간이 존재하는 이유를 보여주는 수학적 통찰을 보자(양자거품은 무엇으로도 감지 불가하므로 수학적으로 들여다본다). 아래는 일상적 언어로 디랙의 바다를 설명하는 내용이다. 우리는 공간(**공간양자**)을 이해함으로써 흡수엔진의 '**상대적 에너지원으로서의 공간양자**'를 **인식할 수 있다.**


<u>따라서 공간에 양자-에너지가 가득 차 있다는 것을 인지하고 있다면,</u> **237쪽으로 건너뛰어도 된다(권고)**. 편의상, 간략히 정리해 인용한다.


### 양자물리학과 특수상대성이론의 결합

특수상대성과 양자이론이 결합하면, $E = mc^2$에서 입자가 **움직이는** 상태까지 포함해 $E^2 = m^2c^4$로 표현해야 한다. 이 식에서 에너지 E를

224

얻으려면 양변에 제곱근을 취해야 한다. 그러면 해는 두 개($E = mc^2$, $E = -mc^2$)이다. 즉 $2 \times 2 = 4$도 맞지만, $(-2) \times (-2) = 4$도 맞다. 양수의 '또 하나'의 제곱근은 음수이다....... 특수상대성이론이 등장한 직후 학자들은 음의 제곱근을 거부해, 음의 제곱근은 '사이비 해'이며, '물리적 입자를 기술하지 않는다'고 했었다.

그러나 음의 에너지 입자들이 존재한다면 어떻게 될까? 그 입자들은 음의 정지 에너지 $-mc^2$(필자; 원자를 벗어난 자잘한 양자상태)을 가질 것이다. 만일 그것들이 지속적으로 운동한다면 그것들의 에너지는 점점 더 큰 음수가 될 것이다. 다시 말해 그것들의 운동량이 증가하면, 그것들은 에너지를 잃고, 그들이 보유한 에너지는 0보다 점점 더 작아질 것이다(필자; 이때의 '0'은 '에너지 비교 척도의 기준'). 그것들은 다른 입자들과 충돌하고 광자들을 방출함으로써 끊임없이 에너지를 잃을 것이고, 그 과정에서 그것들의 속도는 증가해 광속에 근접할 것이다! 에너지가 줄어드는 이 과정은 중단되지 않을 터이므로 그것들은 결국 무한한 음의 에너지를 가질 것이다. 요컨대 음의 에너지 입자들은 끝없이 에너지를 방출하며 무한한 음의 에너지의 심연으로 떨어지고, 결국 우주엔 무한한 음의 에너지를 지닌 괴짜 입자들로 가득할 것이다. **그 입자들은 끊임없이 에너지를 방출하면서 무한한 음의 에너지의 심연으로 점점 더 깊이 떨어질 것**이다.

[필자; 우주에 존재하는 모든 입자는 두 종류로 존재한다. 한 종류는 정수 스핀(회전)을 가지고 중첩을 하며 힘을 파동으로 매개하는 **보손(매개 입자**; 빛, 글루온, W·Z, 중력자, 힉스 보손)이고, 다른 한 종류는 반정수(半整數)의 스핀을 가지고 **중첩을 이룰 수 없어서 고유한 공간을 점유**하며 물질과 시공간을 형성하는 **페르미온(물질 입자**)이다. 그러므로 물질인

원자가 붕괴되어 파편(공간 양자)으로 되면 시공간이 되고, 공간양자가 덩어리로 뭉치면 물질-원자다. 따라서 **공간의 실체는 공간의 양자거품이다.**

원자를 구성하는 소립자 중, (중첩이 불가해 고유한 공간을 차지하는) 물질인 전자와 쿼크가 더욱 붕괴하면, 이 파편적 입자(공간양자)들마다 **고유의 공간을 차지해 공간을 이루므로 공간의 실체는 공간 양자거품이다.** 시공간은 양자거품의 종속 개념이다. 전자는 물질을 대표하는 입자이므로 '디랙의 바다'는 전자를 수학적으로 탐색해 우주 '공간'을 설명한 것이다.

전자의 에너지 분량(크기)의 기준을 편리하게 설정하자면,

① 전자가 원자 궤도에 속박된 전자를 '속박된 전자' 상태이고,

② 원자를 갓 벗어난 자유전자 상태가 '0의 에너지 전자' 상태이다.
  (이는 전자가 정말로 0의 에너지가 아니라,
  상대적 에너지 분량의 비교 척도로서 '기준'을 잡기 위한 것이다.)

③ 원자의 궤도를 벗어난 자유전자가 진공 중에서 더욱 붕괴되면서 에너지를 잃어 가는 상태가 '음의 에너지 전자' 상태이다.
  (이하에서 말하는 '**음의 에너지 전자**'는 이 상태를 말한다.)

④ 그리고 음의 에너지 상태에 있는 전자가 계속해서 에너지를 잃어 음의 심연으로 떨어지면 음의 무한대이다. 음의 무한대는 불가능하다. 공간이 음의 에너지 전자로 가득 차면 더 이상 떨어질 수 없기 때문이다(내가 더 낮은 음의 에너지로 떨어지려고 하면, 더 높은 에너지 입자들이 오히려 내게 에너지를 나눠 준다. 양자는 늘 에너지를 주고받으므로 불확정하다). 결국, **페르미온(물질) 형形 양자는 중첩이 불가하므로 공간을 구성하는 실체다.**

그 결과, **이미** 우주공간에는 음의 에너지를 지닌 전자 등 페르미온의 자잘한 파편들로 가득 차 있다. 물론 공간에는 보손의 파편도 함께 섞여 운동하고 있다. 즉 거시의 우주공간에는, 원자가 자잘한 파편으로 붕괴된 **양자들로 이미 가득 채워진 상태**이다. 즉 **디랙의 바다**이다. 더 살펴보자.]

## 제곱근의 세기(世紀)

20세기의 양자물리학은 '제곱근 구하기, 확률의 제곱근을 다루는 이론'이었다. 그 결과는 슈뢰딩거의 파동함수였다. **파동함수의 수학적 제곱**은 입자를 특정한 시간과 장소에서 발견할 **확률적 가능성**이다.

평범한 수의 제곱근을 계산하면 기이한 일들이 일어난다. 예컨대, 제곱근으로 허수나 복소수가 나오기도 한다. 양자이론을 발명하는 과정에서 악명 높은 -1의 양의 제곱근 i = $\sqrt{-1}$ (허수)를 비켜 가는 건 불가능하다. 양자이론은 본성상 제곱근을 기초로 삼기 때문이다. 그러나 우리는 **'얽힘과 혼합상태'** 같은 다른 기이한 것들과 마주쳤다. 이것들 역시 '예외'이고(확률의 제곱근을 기초로 한 이론이기 때문에 발생한 귀결이고), 이런 예외들은 우리가 전체를 제곱하기 전에 더하는 (혹은 빼는) 걸 허용한다. 이 덧셈(혹은 뺄셈)은 상쇄 효과를 내어 영의 실험에서 관찰되는 <u>간섭현상</u>(필자: 양자의 파동성)을 산출할 수 있다.

[필자; 양자론에서 필요한 파동함수는 '양자가 특정 위치에 존재한다'가 아니라, 존재할 가능성의 확률로 존재하는 상태, 음 에너지의 전자가 공간에 '퍼져 있는 듯한 형국으로 **진동하는 상태**'를 말한다. '퍼져 있다'는 말은 정말 퍼져 있다는 것이 아니라, **쉼 없는 '양자 진폭'**을 말한다.

슈뢰딩거의 양자 파동함수는 시간과 공간상에서 연속함수이지만 **평범한 실수가 아닌 복소수(실수 + 허수i)**를 값으로 갖는다. 따라서 파동함수를 직접 측정하는 것은 **허수i 때문에** 절대로 불가능하다. 양자는 진동-요동하면서 허공에서 특정 시간과 공간에서 **존재할 확률로서 존재(진동)**한다. 예컨대, 원자에 속박된 전자는 입자로서만 존재하지 않고, 원자핵 주변에 뿌연 구름 형태인 파동으로 존재한다(속박된 전자 상태다). 모든 양자(전자)는 확정된 입자의 위치가 아니라 불확정한 '확률-가능'으로 존재한다. 이는 불확정성에서 기인하며 **양자의 위치와 속도(운동량) 측정 시의 오차는 반비례하므로 '불확정하여'** 동시에 측정할 수 없다. 수학으로 한쪽을 측정(확정)하면 다른 쪽이 무한대다. 이는 불가능하다. 이하 77쪽 ①에서 전술했다.

원자에서 전자<sup>(-)</sup>가 핵<sup>(+)</sup>으로 떨어지지 않고 최저 에너지의 상태를 취할 수 있으므로 전자라는 양자가 궤도에서 안정되는 것은 불확정성에서 기인한다. 만약 핵자의 인력으로 전자가 핵자에 추락하면 전자의 위치가 확정되었다는 뜻이고, 그 전자의 위치가 확정되었다면 운동량-진동은 무한대가 되는데, 그러면 전자가 추락한 것이 아니라 궤도를 탈출하여 날아가 버릴 것이다. 이는 모순이다. 핵의 인력과 전자의 운동(진동)의 최저 균형점이 곧 바닥 상태로 안정을 이룬다(자연은 섭리적으로 대칭-균형과 안정을 추구한다). 그리하여 원소의 붕괴가 일어나지 않는다.

슈뢰딩거의 파동함수와 하이젠베르크의 불확정성을 대체로 지배하고 있는 허수 $i = \sqrt{-1}$의 뜻을 영국의 수학자 드모르간은 '**허공, 공적 영역**'이라고 정의했다. [15] 특정한 위치가 아니라 핵의 궤도에서 뿌옇게, 또는 공간에서 **공적 영역**을 차지하고 있는 **입자**(!?)를 생각하면 드모르간의 추상력이 놀랍다(드모르간은 20세기 초 양자혁명이 일어나기 전인 1781년에 사망했다). 양자는 불확정한 위치와 속도로 진동하고 있다.]

20세기 물리학에서 나온 또 다른 충격적인 결과는 전자의 스핀이라는 개념이었다. 제곱근에 기초한 수학의 귀결인 전자스핀은 **스피너**(회전하는 것)에 의하여 귀결된다. 스피너는 벡터의 제곱근이다. 알다시피 벡터는 방향과 길이를 가진 공간상의 화살표와 비슷하며 예컨대 대상의 속도를 나타낼 수 있다. 공간적인 방향을 가진 무언가의 제곱근은 기묘한 함의들을 지닌 기묘한 개념이다. 우리가 스피너를 360도 회전시키면, 원래 스피너에 음의 부호를 붙인 결과가 나온다. 이러한 사실로부터, 동일한 스핀 1/2인 전자 2개의 위치를 맞바꾸면 두 전자를 한꺼번에 기술하는 파동함수의 부호가 바뀌어야 한다는 결론에 이르게 된다. 즉 ψ(x, y) = -ψ(x, y)가 수학적으로 도출된다.

특수상대성이론과 조화를 이루는 스핀1/2 스피너 이론을 구성하는 단계에서 우린 <u>음의 에너지 상태</u>(필자; 자잘하게 붕괴된 양자 파편으로 **시공간의 실체**)와 대면하게 되고, 이는 우리를 위대한 디랙에게 이끈다.

### 폴 디랙

기본적으로 스피너는 (복소)수 쌍인데, 한 수는 위-스핀일 가능성을 나타내고 다른 수는 아래-스핀일 가능성을 나타낸다. 늘 그렇듯 우리가 이 수들을 제곱하면, 위-스핀일 가능성이나 아래-스핀일 가능성이 나온다. 그런데 스피너로 전자를 기술하는 방법이 상대성이론과 '조화'를 이루려면 복소수 네 개가 필요하다는 것을 디랙은 발견했다. 이 발견을 반영한 새로운 방정식이 '**디랙 방정식**'이다.

그러나 양자이론과 특수상대성이론을 조화시켜 **음의 제곱근을 제한 없이 일반화한** 스핀1/2 전자를 기술하는 새로운 방정식 '디랙 방정식'을 이룬 디랙은 파국을 맞는다.

문제는 디랙 방정식이 제곱근을 정말로 제한 없이 일반화한다는 점이다. 우리가 출발점으로 삼은 (위-스핀 전자나 아래-스핀 전자를 나타내는) 스피너 부분 2개는 양의 에너지를 가진다. 즉 우리는 $E^2 = m^2c^4$의 양의 제곱근 $E = + mc^2$을 얻는다. 그러나 상대성이론이 요구하는 새로 필요해진 스피너 수 2개는 음의 제곱근을 취해 우리에게 음의 에너지, 즉 $E = - mc^2$을 안겨 준다. 디랙은 이 사태를 피할 수 없었다. 상대성이론의 대칭 조건들(운동에 대한 옳은 상대론적인 기술의 조건들)은 이 사태를 강제하였다. 이 사태는 디랙을 좌절시켰다.

실제로 이러한 <u>음의 에너지 문제</u>(필자; 공간에서 자잘한 양자로 붕괴된 상태의 에너지 문제)는 특수상대성이론의 구조에 깊숙이 내장돼 있으며 간단히 무시할 수 없다. 디랙이 전자를 다루는 양자이론을 구성하려하자, 이 문제는 더욱 심각해졌다. 우리는 제곱근(에너지)에 붙은 음의 부호를 절대로 간단히 무시할 수 없다. 전자가 <u>양의 에너지 값</u>을 갖는 것과 <u>음의 에너지 값</u>을 갖는 걸 모두 허용하는 듯하다. 음의 에너지 전자는 단지 또 다른 '허용된 전자의 양자 상태'라고 말 할 수도 있겠지만, 이 말 역시 파국적이기는 마찬가지다.

이 말은 모든 평범한 물질의 원자가 안정적일 수 없음을 함축한다. 즉 음의 에너지가 허용되면, 양의 에너지 $mc^2$을 지닌 전자는 광자들을 에너지 총합으로 $2mc^2$ 만큼 방출하고 음 에너지 $-mc^2$을 지닌 전자로 될 수 있을 테고, 이런 식으로 반복하며 무한한 음의 에너지 심연으로 계속 하강할 수 있을 것이다. (입자의 운동량이 커질수록, 음의 에너지 절댓값은 점점 더 커질 것이다.) 그러므로 온 우주가 안정적일 수 없을 것이다. 이리하여 **새로 필요해진** '<u>음의 에너지 상태</u> <u>(- mc²)</u>'는 커다란 골칫거리가 되었다.......

그런데, 수학적으로 서술된 디랙의 천재적 발상은 여기서 비롯된다. 배타의 원리, 즉 페르미온인 두 전자가 동시에 정확히 동일한 양자상태를 취하는 건 불가능하다는 것에서 착안한 발상은 **진공 자체가 모든 음의 에너지 상태들이 점유한 전자들로 '가득 차' 있다(양자는 공간의 실체다)**. 즉, 온 우주의 모든 음의 에너지 준위들은 각각 위-스핀 전자와 아래-스핀 전자들로 가득 채워져 있다는 것이다.

그렇다면 예컨대 원자 내부의 양의 에너지 전자는 (핵 자체 내에서) 광자를 방출하면서 적은 음의 에너지 상태로 내려갈 수 없을 것이다. 왜냐면 **파울리의 배타원리 排他原理가 그 하강을 금지하기 때문**이다.

[필자: 파울리의 배타원리 排他原理, Pauli exclusion principle; 스핀이 반정수(정수에 1/2이 붙은 수)인 페르미온은 중첩되어 존재할 수 없다는 이론. 전자는 대표적 페르미온(물질입자)이다. 만약 물질입자가 동일한 상태에 중첩되어 있다면 파동함수가 **0**이 된다. 원소주기율표를 대체로 지배하여 화학 원소들을 구성시켜주는 파울리 배타원리는 **전자가 벡터의 제곱근, 이른바 스피너에 의해 기술되는** 놀라운 사실의 귀결이다.

전자는 대표적 물질입자(페르미온)이고, 물질입자는 중첩(겹침)이 불가하므로 전자가 더욱 자잘하게 분산되어 있는 공간은 물질입자 파편-양자가 가득 찬 상태다. 이때 양의 에너지 전자가 광자를 방출하면, 그 결과로 전하량이 더 낮은 음의 에너지 전자로 계속 떨어지려 하지만 한계가 있다. **이미** 음의 에너지 페르미온으로 꽉 차 있는 공간을 파고들 수 없다. 더 적은 전하를 가진 내가 더 큰 전하들 사이를 파고들며 전하를 계속 붕괴-분산시키려 하면, **더 큰 전하들이 오히려 내게 전하를 나눠줄 것**이다. 양자들은 공간에서 **늘 에너지를 교환**하며 불확정하게 진동하기 때문이다. 결과적으로, 배타원리에 의해 시공간인 **우주공간까지도 '존재'**하게 된다.

반면, 정수의 스핀을 갖는 <u>보손 입자</u>(매개 입자; 글루온은 강력을, W$^{\pm}$Z은 약력을, 빛은 전자기력을, 중력자는 중력을 매개한다)는 중첩이 가능하다. 보손은 중첩되길 좋아한다(예; 돋보기로 빛을 모으면 빛이 중첩된다).

필자는 진동하는 페르미온과 보손의 파편인 공간양자들을 흡수엔진의 '상대적 에너지원'으로 가정한다. 이는 초광속 엔진의 필수조건이다.]

이처럼 모든 가능한 음의 에너지 상태로 우주 진공이 가득 차 있다면, 진공은 사실상 거대한 불활성 원자와 유사할 것이다.

[필자; 불활성 不活性 원자 ☞ 원자의 구성에 있어서, 헬륨 아르곤 등 18족 계열의 원자는 전자의 최외곽 궤도까지 전자로 꽉 찬 상태라서 공유결합 등으로 이웃 원자와 손잡을 여백이 없다. 이웃 원자의 전자가 내 원자의 전자 궤도에 점유할 공간이 없이, **이미 전자 궤도가 꽉 찬 상태의 원자**. 따라서 18족 계열의 원자는 분자결합을 이루지 못한다(불활성 원자). 이처럼 **우주공간에는 물질입자 파편들**(양자)**이 꽉 차서 빈 공간이 없다는 뜻임**]

이처럼 음의 에너지 준위들[필자; 전자 등 물질 입자가 공간양자로 붕괴된 상태]로 가득 채워진 우주라 하여 **진공을 '디랙의 바다'**라 한다. [필자; 대기권 수중에도 공간양자는 상존한다. 태양에서 쏟아지는 중성미자가 우리 몸을 초당 200~400조(?!) 개나 투과하며, 지구를 투과한다.] 그런데 디랙은 이 디랙의 바다에 '구멍'이 날 수 있음을 발견했다.

## 디랙의 바다에서 낚시하기

낚시를 하듯, 물리학자들은 충돌실험을 통해 진공에서 '음의 에너지 전자'를 끌어낼 수 있음을 발견하였다. 고에너지 감마선이 음의 에너지 전자와 충돌하면, 대개 아무런 일도 일어나지 않는다. 감마선 하나로 음의 에너지 전자를 때려서 진공에서 끌어올릴 수는 없다. 왜냐하면, 그런 끌어올리기 과정은 물리학에서 보존이 요구되는 모든 필수적인 양들, 즉 **운동량, 에너지, 각운동량**을 보존하지 않기 때문이다.

그러나 다른 입자들이 충돌에 참여한다면 [이를테면 충돌 시 근처의 무거운 원자핵이 약간 밀려남으로써(이러한 경우를 **'3체 충돌'**이라 함) 충돌에 참여하는 입자들의 총운동량, 에너지, 각운동량이 보존된다면], 디랙 바다에서 **음** 에너지 전자가 **양** 에너지 전자로 튀어나올 수 있다.

그러나 이런 충돌이 일어나면 **진공에 구멍**이 생길 것을 디랙은 알아 챘다. 하지만 그 구멍은 **음의 에너지 전자의 부재**를 의미할 것이다. 즉 그 구멍은 양의 에너지를 가질 것이다. 그 구멍은 음전하를 띤 전자의 부재를 의미할 것이므로, 결국 그 구멍은 **양전하를 띤 입자**이다 [필자; 전자는 (−)전하인데, 양전자는 (+)전하라서 반물질이라 한다].

이로써 디랙은 전혀 새롭고 정말$^{)}$로 기괴한 **반물질(反物質)**의 존재를 예측했다. **전자$^{(−)}$의 반물질은 양전자$^{(+)}$**이다. 반입자란 음의 에너지 입자 부재를 의미하는 (즉 양의 에너지를 지닌) 진공 속의 '구멍'이다.

자연의 모든 입자는 각각에 대응하는 반입자가 존재한다. 양전자는 양전하와 양의 에너지를 지녔고 전하를 뺀 나머지 모든 면에서 전자와 구별할 수 없는 입자이다. 물론 사실은 음의 에너지 준위들이 채워진 진공 속의 구멍에 불과하지만 말이다.

특수 상대성이론의 법칙에 따르면, 진공 속의 구멍은 멈춰 있을 때 정확히 $E=+mc^2$의 에너지를 가져야 한다. 이때의 질량 m은 정확히 전자의 질량이다. 디랙은 양전자 존재를 예측했고, 양자이론과 특수상대성이론이 옳다면 양전자는 존재해야 한다. 상대성이론의 대칭성은 양전자(구멍)의 질량과 전자의 질량이 동일할 것을 단호하게 요구했다.

양전자는 1933년 앤더슨에 의해 안개상자 속에서 관찰돼 검증했다. 양전자는 전자와 함께 쌍생성으로 나타난다. 측정 결과 양전자와 전자의 질량은 동일했다. 이런 실험들에 의해 지금까지 알려진 **모든 입자**(쿼크, 전하를 띤 렙톤, 중성미자 등)는 반입자를 지닌 것으로 판명됐다.

반물질 발견은 인류 역사에서 가장 놀라운 이론적, 실험적 성취의 하나다. 반물질 물질이 충돌하면, 양의 에너지 전자가 다시 진공 속의 구멍으로 돌아가며 반물질과 물질이 둘 다 소멸한다. 이때 에너지와 운동량의 보존을 위해 대개 감마선(강한 빛)이 방출된다. 멈춘 전자와 양전자의 쌍소멸하면 두 입자의 정지질량 에너지가 모두 감마선으로 변환되어 $E = 2mc^2$ 만큼의 에너지가 방출된다. 빛의 샤워다[필자; 물질을 차거나 <u>쌍소멸하면</u>, 에너지인 매개자(빛, 글루온)이 생산된다].

물질과 반물질의 쌍소멸이 일어나면, 입자들은 간단히 디랙의 바다 속 구멍으로 돌아가고, 방출된 에너지는 질량이 작은 다른 입자로 변환된다.

양전자를 비롯한 반입자들은 입자가속기에서 인위적으로 생산할 수 있다. PET[양전자 방출 단층촬영] 스캐너에 쓰인다.......
(필자; PET - 양전자 즉 반물질을 방출하는 의약품을 체내에 투입해 암 세포를 추적 검사하는데 주로 쓰는 3차원영상의 핵의학적 추적 검사법.)

[34] (인용문 끝)


필자가 '디랙의 바다'를 인용해 세세히 살피는 것은 우주공간에 양자 파편들의 생멸(이합집산)은 있을지라도 공간은 항상 양자들이 에너지를 주고받으며 가득 찬 상태에 있다는 양자들의 존재감, 그리고 공간의 실체인 양자를 분명하게 보여주기 위해서다. 흡수엔진의 입장에서 보자면, 디랙의 바다가 비행체의 상대적 에너지원으로서 공간양자이기 때문이다.
**(공간양자는 시공간의 실체다.** 즉 **시공간은 공간양자의 종속 개념**이다.)

이제 공간양자가 흡수엔진의 내부로 응축-합성된다는 가설을 디랙 바다를 연계하여, 그 연장선상에서 흡수엔진의 구동원리를 살펴보자.

음에너지의 전자 상태로 있는, 즉 **가상의** 물질이 겨우 잔존해 있는 바닥 상태의 양자가 광자나 큰 힘을 만나면, 쌍생성 $2mc^2$이 발생한다. 에너지가 쌍생성으로 변환되는 것이다. 즉 힘-에너지가 더 높아져 입자 질량의 2배가 되면 다른 입자의 쌍생성이 나타난다. 전자(물질)와 양전자(반물질)이다. 그러므로 **진공은 만물의 어머니**이다. 물질입자에는 모두 그 반물질이 있고, 전자는 물질입자의 대표일 뿐이다.

그러나 흡수엔진의 가동에 의해 쌍생성-쌍소멸이 발생하지 않는다. 흡수엔진 비행체는 공간양자와 '맞서는 충돌'이 없으므로 공간상에서 운동량, 에너지, 각운동량을 보존하지 않기 때문이다. 공간양자가 **'강력에게 제압당한 상태로'** 흡수엔진의 실린더로 빨려 들어가기 때문에 디랙의 바다인 '공간'이 소멸할 뿐이다.

[비유하자면, 상대에게 **강력하게 제압당해 '넘어지는 순간'**의 씨름 선수(공간양자)는 다른 대상에게 전혀 힘을 쓸 수 없는 이치다. 즉 엔진이 양자를 포획할 때 3체 충돌이 발생할 수 없기 때문이다.]

그 결과로 진진공이 생성되어 초광속을 이룰 조건을 획득한다. 포획된 공간양자는 냉양자에 질량으로 쌓이므로 진공이 만물의 어머니인 것은 마찬가지다. 실린더 내부의 냉양자가 우주 공간으로부터 모유를 빨아먹으며 자라는 셈이다. 다음을 상상하자.

흡수엔진에서 **대칭성이 깨진** 헬륨 냉원자에서 글루볼이 터널링을 이루면, 진공 속의 자잘한 양자인 음의 에너지 전자, 힉스 보손 등에 강력이 매개되고, 이에 흡수엔진의 냉양자가 음의 에너지 전자 등 공간양자를 흡수-합성함으로써 작용반작용이 발생할 것이다. 그 결과, 공간양자들은 실린더 내부로 빨려와 (냉양자에게 에너지를 채워주며) 질량으로 쌓이게 될 것이다.

이는 힉스-메커니즘에 따라 대칭성이 깨진 입자에 공간양자가 달라붙은 결과로 질량을 생산하는 것처럼, 대칭성이 깨진 냉헬륨의 핵에서 강한 상호작용 $[E/c^2 \rightarrow m]$이 발동되어 공간양자들이 냉헬륨으로 빨려와서 질량으로 변환되며 비행체의 상대적 에너지원으로 쓰일 것이다. 이는 <u>이미</u> **실험으로 '실증된'** 보스노바를 흡수엔진에 적용하는 것이다.

결론적으로 디랙의 바다이든, 힉스 메커니즘이든, 흡수엔진에서 터널링에 의한 강한 상호작용이든 그 근본을 다루고 탐구하는 대상은 모두 양자다. 핵에 속박되어 좁디좁은 공간에서 핵력에 의해 감기고 얽힌 양자든, 인플레 되어 넓디넓은 우주공간에 자잘한 파편으로 펼쳐져 있는 양자이든 결국 모두 양자들의 상호작용에 관한 이야기이다. 좁디좁은 공간이든 넓디넓은 공간이든 모두 다 양자들이 **'공간상에서'** 상호작용으로 드러나는 귀결이다. 흡수엔진의 원리는 핵의 <u>**미시공간**</u>과 <u>우주의 **거시공간**</u>을 대칭적으로 찢는 작업이다(공간 찢기). 다시 말해, 미시의 핵막(에너지 장벽)을 찢어서 우주 시공간의 에너지(공간양자)를 흡수-제거함으로써 거시공간도 함께 찢어지며, 흡수된 에너지는 질량 m으로 변환되어 냉원자에 쌓인다$[E/c^2 \rightarrow m]$. 그러므로 흡수엔진을 제작해 우주공간에 날린다는 것은 양자 터널링을 통해 디랙의 바다에 진진공을 만들어 그 진진공 안에 들어서서 비행하는 일이다(공간 찢기).

## <파인만의 경로 합>　　　Path sum

다음은 (공간양자가 우주공간을 가득 채우고 있다는) 디랙의 바다에서 발생하는 물리적 사건을 파인만이 <u>경로 합의 관점에서 해석하여 초광속을 예측하는 내용</u>이다.

[★ 경로 합(적분); 광자 등 양자의 진행경로는 무한하며, 경로 중에서 최단 거리를 택해 진행한다. 연속적 경로적분은 이산적 경로합과 같다.]

경로 합의 관점에서는 반물질을 어떻게 이해할 수 있을까?

파인만은 양의 에너지 입자는 **시간상에서 전진하는 경로들을 따라** 움직이는 반면, 음의 에너지 입자(더욱 자잘하게 붕괴된 공간양자)는 **시간상에서 후진하는 경로들을 따라** 움직인다고 해석했다.

경로 합으로 전자-양전자의 쌍생성-쌍소멸을 인용해 설명하자면,

"첫째 사건은 광자 하나가 (음의 에너지 입자와 충돌하여) 시공간의 점(A)에서 전자-양전자 쌍을 산출하는 것이다(쌍생성). 그러나 경로 합 관점에서 이 사건을 보면, 양의 에너지 전자는 시간상에서 전진하지만, 반입자인 양전자는 미래에서 후진하여 점(A)에 도착한 것이다.

그다음 사건은 먼 미래에 시공 상의 점(B)에서 전자와 양전자가 충돌하여 쌍소멸을 이루며 다시 광자로 돌아가는 것이다. 그러나 경로 합의 관점에서 보면, 시간상에서 전진하던 양의 에너지 전자가 점(B)에서 방향을 바꿔 **시간상에서 후진하는** 음의 에너지 입자가 되는 것이다. 즉, 전자가 시간상에서 전진하다가 광자 하나를 방출하면서

방향을 바꿔 음의 에너지 입자로서 다시 과거로 돌아간다. 외계인이 이 사건을 보면 전자와 양전자의 쌍소멸처럼 보일 것이다.

이제 반대로, 다음에 음의 에너지 입자는 우주의 기원까지 후진하여, 광자와 충돌하고 다시 방향을 바꿔 양의 에너지 전자로서 미래로 전진할 것이다. 외계인에게는 이 충돌이 전자와 양전자의 쌍생성으로 보일 것이다. 이런 전진과 후진은 끝없이 반복될 것이다.

반물질이 **시간상에서 후진하는 물질**이라는 황당해 보이는 생각에는 심층적인 근거가 있다.

물리적 신호들이 '인과적'이도록 만드는 것은
시간상에서 <u>전진하는 양자 입자들의 경로들</u>과
시간상에서 <u>후진하는 음의 에너지 경로들</u>
**'사이의 균형'**이다.

바꿔 말해서, 이 **'사이의 균형**(필자: 맞섬, 얽힘)**'**이 광속보다 빠른 신호 <u>전달을 막는다.</u> 요컨대 시공의 구조 전체(인과율과 상대성이론)는 양자물리학에서 다루는 반물질의 존재와 뗄 수 없게 연결되어 있다. 이 모든 사실은 <u>보손(매개자)과 페르미온(물질입자)에 공통으로 적용된다.</u>

만약에 입자의 **질량**이나 **스핀**이나 **전하량의 절댓값**이
**그 반입자의 절대 것과 다르다면**(필자; 맞서 얽히는 상쇄가 깨진다면),
**신호들은 원리적으로 빛보다 빠르게 전달될 수 있다고 경로적분은 예측한다.** 그러나 그런 입자-반입자의 차이가 존재한다는 증거는 없다."[35]

## &lt;디랙의 바다와 대칭성 깨짐 - 초광속&gt;
### Dirac sea & superluminal speed

위 인용문에서 '음의 에너지 입자는 시간상에서 후진하는 경로들을 따라 움직인다'고 파이만이 해석한 의미는 무엇일까? 대칭성 깨짐으로 인해 '**사이의 균형**'이 깨진다는 의미는 무엇일까?

시간은 원래 미래를 향하여 앞으로 전진하는 것이 우리가 4차원 시공간인 일상에서 느낀다. 그런데 이와는 반대로, 음에너지의 전자는 미래에서 **후진하여** 우리에게 오는 개념이다(물질입자인 전자 등의 페르미온도 물질 '**파동**'이므로 이들도 공간을 내달리고 있다고 상상하자). 따라서 대칭(맞서며 상쇄되는 균형)이 깨지면, '미래로 달릴 수 있다.' 즉 **상대론적 논리로 말하면**, '우리가 초광속으로 간다'는 말과 동치다. 사이의 균형이 광속보다 빠른 신호 전달을 막는데, 균형이 깨짐으로써 초광속을 이룬다(정확히 맞서 충돌하면, 쌍생성 쌍소멸로 상쇄-균형되니까).

이를 직설적으로 쉽게 말하면,
'**꼭 맞게 맞서 얽히며 상쇄되지 않으면, 초광속으로 달린다**'는 뜻이다.

흡수엔진의 양자 포획의 관점에서 이를 이해하자면, 즉 글루볼이 외향화해 공간양자를 붙잡아 온다는 관점에서 위의 내용을 이해하면, (**양**陽의 상대론적 저항력-척력-맞섬이 아니라), **음**陰의 상대론적 개념 즉 핵의 속박력(인력)이 행사되면서 '맞섬'이 사라지고, 대신 서로 끌어당기며 마주 보고 달리는 '인력'에 의해서 초광속을 이룰 것이다. 냉양자와 공간양자가 '서로 당기는' 인력뿐이므로 맞서는 상쇄가 없다. 이는 맞서는 **균형 깨짐에서 비롯된다**고 파인만 경로합이 예측한 것과 같다[근본적으로는 가속된 냉원자 핵 시스템의 비대칭에서 비롯된다].

일상에서는 하나의 물체를 양값으로 밀어붙이든, 아니면 음값으로 끌어당기든 결국 맞서서 부딪히기는 마찬가지다. 그런데 대칭성이 깨지면 '맞섬의 균형'이 없어 초광속을 이룬다. 근원적으로, 핵의 대칭성이 깨져야만 [$E/c^2$ ➔ m]을 이룰 수 있을 것이다. [$E/c^2$ ➔ m]이 이루어지며, 냉헬륨과 공간양자 간에 '**맞섬 없이**' 일방통행 방식으로 흡수-합성된다. ☞ 이는 296쪽 '흡수-합성 선행의 원리'에서 상술한다.

여기서 '**미래에서 후진하여**'의 의미가 얼른 머리에 와 닿지 않을 것이다. 더 깊이 살펴보자.

우주는 광대무변하고 만물이 움직인다(비유; 물통 속에서 회전하는 물). 그러므로 학자들은 우주 공간상에서 무엇에 기준을 두고 물체의 운동을 측정하고 서술할 것인가에 고민하였다. 고민 끝에, 학자들에 따라 각각 **정지 상태에 있다는 '기준점'**을 정했다. () 안의 굵은 글씨가 학자들에 따라 정한 운동 시의 기준점들이다.
이를 매우 간단하게 서술해, '뉴턴(**절대공간**) / 마흐(**별 등 물체**) / 아인슈타인(특수상대성이론에서는 **절대 시공간** / 일반상대성이론에선 질량-중력에 의해 왜곡된 시공간으로 질량체 주변의 측지 텐서, 즉 '**시공간 그 자체**'). ☜ 이렇게 나름으로 운동 시의 기준점을 정했다.

그러나 아인슈타인에 의해 뉴턴의 절대공간은 없음이 판명 났고(특수상대성이론의 **속도**와 일반상대성이론의 **질량체**에 의해 시공간이 왜곡되므로 절대공간은 없다), 마흐의 별 등 물체는 (물통 속에서 회전하는 물처럼) 움직이지 않는 별(물체)이 없으니 답이 될 수 없고, 특수상대성이론의 절대공간은 특수상대성을 설명하기 위해 일시적으로 절대공간을 '가정'한 것이므로 **일상적인 정지 상태의 기준점**으로서는 무의미하다.

240

아인슈타인은 시공간이 중력에 의해 왜곡되므로 결국 일상적이고 보편타당한 정지상태의 기준점은 **'시공간 그 자체'**라는 결론을 내렸다. 중력은 가속으로 드러나므로 중력과 가속은 구분할 수 없다는 것이 일반상대성이론의 기반이다. 즉 가속에 의해서도 공간은 왜곡된다. [가속과 중력(질량체)은 시공간의 실체인 공간양자와 상호작용으로 **엮인** 동적 상태라는 장場방정식의 의미로 '**상대적, 대립적**' 상호작용이다.]

 **가속과 중력을 구분할 수 없으므로**, **자신을 제외한** 모든 것이 움직인다는 관점을 가질 수 있다. 우주공간에서 내가 상자 안에 있을 때, 상자와 함께 자유낙하 해도 내가 자유낙하 중임을 전혀 눈치챌 수 없다['중력 ≡ 가속' 등가원리]. 즉 공간에서 운동의 기준은 자기 자신이다. 따라서 움직이는 물체를 서술할 때, 그냥 '나'를 기준으로 하면 된다. 결국 모든 관찰자는 자신의 운동 상태를 고려할 필요가 없으므로, 즉 관성계인 '등속도의 운동 상태'를 고집할 필요가 없으므로 일반상대성 이론은 모든 관찰자에게 '평등'을 제공했다[**관성계 불변성**이라 한다]. 따라서 '일반'이란 단어엔 '보편적인 상대성'이라는 의미가 함축된다. '누구나 평등하다'는 의미를 내포하는 물리학의 민주주의인 셈이다.


 그런데 여기에 더해, "아인슈타인은 과감한 도약을 시도하였다. **'모든 물체는 시공간에서 항상 빛의 속도로 이동한다'**는 것이 그것이다. 이는 독립적인 시간이나 공간상에서의 속도를 말하는 것이 아니라, 시간과 공간이 **합쳐진 시공간** 상에서 볼 때, **모든 물체들이 한결같이 광속으로 움직인다**는 뜻이다." [46]

우리가 광속으로 달리면 에너지가 운동(y축)에 모두 할당돼 시간은 정지하고, 에너지가 시간(x축)에 모두 할당되면 가만히 앉아 있어도 늙어간다. 가만히 앉아 있으면 에너지가 시간에 모두 할당된 것이다. 특수상대성에 따라, 광속에 근접한 속도일수록 에너지가 시간 쪽에서 공간 쪽으로 할당되어 시간 T는 느려지고, 반면에 공간 L은 짧아진다. 그러므로 에너지의 할당에 따라 <u>시간 T</u>와 <u>공간 L</u>은 **가변적**이다.

"속도v가 광속c에 근접할수록 공간L이 짧아지고, 시간T은 느려진다. 좌표의 시간x축과 공간y축을 오가는 '**시계바늘의 길이**'는 일정한 '**불변 간격($\tau$)**'이다. 타우$\tau = T^2 - (L/c)^2$으로 정의되며, ($T \leftrightarrow L$)로 반비례하고, 타우는 불변이다. <u>시간은 에너지($T \leftrightarrow E$)와 공간L은 운동량p($L \leftrightarrow p$)</u>과 서로 연계된다." [74]


그 할당이 어떻게 분배되든 **광속은 일정**한데 말이다. 이를 간략히 표현하면, [**물체의 속도 = 공간이동 + 시간이동 = 광속(일정) = 현재**]이다. 따라서 우주를 이루는 공간의 전체적인 틀은 [우주 = 시간 + 공간 = 광속-빛]이 되며, 이 틀 안에서 우리가 인식하는 만물이 드러나 있다. '우주는 빛으로 디자인되었다'고 하는 말은 이것을 두고 하는 말이다. [시간 + 공간 = 1 = 광속]이다. 시·공간의 공존 개념, 즉 시간·공간이 통합된 일체라는 개념은 물리학자에게 확고하게 자리 잡은 개념이다. **시공간의 공존-통합(時空間의 共存-統合)은 곧 4차원인 우리의 일상**이다.

우리가 사는 세상은 우리가 움직이든 앉아 있든, 시간과 공간이 합쳐진 광속의 세상이다. 현재 우리 우주의 모습이다. <u>광속은 '**현재**'를 말한다[**광속 = 현재**].</u> (여기서 광속은 속도만을 의미하는 것이 아님)


(광속 = **시간과 공간이 통합되고 할당되는 개념에 의해** = 현재)

[지구 A에서 내가 $c^2$의 속도로 가서 B에 도착하면, B에 있는 빛c이 아직 지구에 도착하지 않았으므로 B의 현재는 지구의 미래다. B에 있는 빛c이 한참 더 와야 비로소 B가 지구의 현재가 된다. 즉 지구 A의 사람들은 한참 후, <u>**미래** B에서 달려온 빛(**광속** c)</u>를 보고, 그때서야 B의 위치에 있는 온갖 물체가 '<u>**현재**</u>에 보인다!'고 외친다. 광속은 '시간 속의' 현재이다. 그러므로 우주의 물리적 기준시간은 곧 광속이므로 '어떤 별이 몇 광년의 거리에 있다'는 말이 합당하다. 우리는 단지 해와 달의 운행주기에 맞춰 생활에 편리하게 시간을 만들어 사용하고 있다. (광속c ≒ 30만 Km/초)]

그러므로 파인만의 인용문에서,
음에너지의 전자는 '**미래에서 후진하여**'의 뜻은 다음과 같다.

양자-빛은 광속으로 달리므로, 저편의 또 다른 양자-빛은 미래에서 후진하여 온다는 뜻이다. 가정적 비유로 예를 들면, <u>우리가 광속으로 내달려도 현재이므로</u>, 저편에서 또 다른 사람이 달려온다면 그 사람은 미래에서 달려온 것이다. 이를 적절히 표현하기 위하여 파인만은 '**미래에서 후진하여**'라고 하였다. 가령 갑이 빛을 타고 달려가면 현재인데, 멀리 맞은편에서 을이 다른 빛이나 전자 파편을 타고 이쪽으로 온다면, 갑의 입장에서는 을이 미래에서 후진하여 온다고 말할 수 있다. 이처럼 우주공간의 온갖 양자들이 내달리는 상황을 상상하자.

이 말을 '초광속'과 연계하여 이해하면 될 듯하다. 파인만이 '초광속을 예측'한 점으로 보아 결과적으로 그렇다는 말이다. 이쪽에서 달려가는 <u>냉양자의 **대칭성이 깨짐으로 인하여**</u>, 저쪽에서 오는 공간양자와의 '맞섬'이 없다(흡수-합성 선행의 원리에 의하여 초광속이 발생하므로). 이를 전제해 '**미래에서 후진하여** 우리에게 오는 전자'로 이해해도 무방하다.

엄히 강제하는 상대론적 인과율에 따른 이들의 **'맞섬'이 사라짐으로써 결국 같은 뜻(초광속)이 된다.** 파인만의 해석에서, '사이의 균형'에 의해 초광속이 불가한데, '사이의 균형'이 깨지면 초광속을 이루는 것이나, 흡수엔진 냉헬륨의 대칭성 깨짐으로 인하여 (**$c^2$의 속도로 공간양자를 흡수해 버리므로**) 비행체와 공간양자의 '맞섬'이 사라져 '초광속'을 이루는 것이나 같은 결과를 낳는다. 근본적으로 동일한 속뜻의 원리다. 파인만은 (UFO나 흡수엔진과는 무관하게) 공간적 시각화의 다이어그램으로 디랙의 바다에 숨은 속뜻을 간파하여 쉬운 그림으로 초광속을 예측했었다. 그래서 파인만을 생각하면 놀랍다.

    그러면, **'맞섬의 당사자인 힘 먹는 끈(공간양자)'**으로 돌아가서 대칭성 깨짐과 초광속의 이해를 더 해보자.

    비행체가 비행할 때, 광속에 근접할수록 기하급수적으로 질량이 증가한다. 결국 질량의 증가로 인해 초광속은 불가하다. 앞으로 전진하는 비행체나 양의 전자들이, 미래에서 후진하는 음의 전자(에너지-공간양자-**힘 먹는 끈**)를 만나 얽히면서 서로에게 맞서는 저항체로 작용하여, 각각 서로가 질량의 증가를 이루는 것은 마찬가지이므로,

<u>시간상에서 전진하는 양의 입자들(공간양자, 전자, 비행체 등) 경로</u>와
<u>시간상에서 후진하는 음의 전자(공간양자-**힘 먹는 끈**) 경로</u>
<u>**사이의 '균형'**</u>이
**얽혀 '맞섬'으로써** 비행체와 공간양자는 질량이 증가한다.

       ☞ 상세한 원리는 38쪽 등에서 전술했으므로 참조할 것.

(추력 '1' = 비행체 질량증가 0.5 ➔ 얽혀 '맞섬' ⬅ 0.5 공간양자 질량증가)

여기서 '맞섬의 한계'는 광속이다. 맞섬의 저항력은 비행체가 광속에 근접할수록 기하급수적으로 증가하여 광속에서 끝이 난다. 서로 맞서니까 정확히 상쇄된다. **엄격히 강제하는 상대론적 인과율 때문이다. 일상의 거시공간에서, 입자 간에 맞서 얽힘으로써 입자들의 운동이 광속~이하로 제한되기 때문이다.** T. 힐은 이를 다음과 같이 말한다.

"파인만의 관점에서, 이것은 특수상대성이 결합한 양자 세계에서 어떤 것도 광속보다 빠르지 않다는 사실을 보증하려면, 왜 반물질이 필요한지를 설명한다. 시간을 거꾸로 가는 음의 에너지의 파동을 포함하면, **이 파동은 빛보다 빠른 신호를 정확하게 상쇄시킨다.**" [55]

[필자; 달려가는 광자와 (미래에서 역행하여 달려온) 음 에너지의 전자가 충돌해 맞섬으로써 정확히 상쇄되며, 물질-반물질의 쌍생성이 발생한다. 그 상쇄되는 한계점이 광속이며, 이는 **엄격히 강제하는 상대론적 인과율 때문**이라는 것을 말한다. 이것이 '초광속 불가(금지)'의 근원이다.]

비행할 때, 비행체와 양자(끈)가 서로 맞섬으로써, 비행체와 양자는 질량이 똑같이 누적하며 증가하므로 (상호 저항력이 점증해) 초광속은 불가하다. 맞서는 끈의 질량증가로 인해 비행체도 질량이 증가한다. 상대(相對)적으로 맞서는 개념으로 보자면, 비행체와 양자(끈) 사이의 **'맞섬'이 저항력으로 작용한다.** 광속에 근접할수록 '맞섬'에 의한 질량 증가로 (추진력에 비해) 비행체의 속도 증가가 점점 더뎌진다.

"시공의 구조 전체 - 인과율과 상대성이론 - 는 양자물리학에서 다루는 반물질의 존재와 뗄 수 없게 연결돼 있다. **반물질의 존재 자체가 인과율을 엄격하게 강제하기 때문에 신호는 빛보다 빨리 전달될 수 없다.** 왜냐하면 빛보다 빨리 전달되는 신호의 경로 합은 **0**이기 때문이다.

그리고 이는 반물질이 물질과 정반대되는 속성을 가지고 존재한다는 사실의 귀결이다." [35] (물질과 반물질의 **질량은 같고 전하만 반대다**.)

---

그런데! 흡수엔진에서는 냉헬륨 핵력(속박력-포획)의 터널링에 의해 공간양자라는 끈을 포획함으로써 흡수엔진과 맞서지 않고, 오히려 상호 인력으로 작용한다. 끌려오는 공간양자가 흡수엔진과 **맞서지 않고**, (끌어당기는 음값인 핵의 속박력에 의해서) 흡수엔진 실린더의 냉헬륨으로 곧장 빨려 들어가 합성될 것이다. 그런즉, 이것은 핵 안에서만 활동하던 속박력(핵력)이 핵 밖으로 외향화한 위력인데, '글루볼이 터널링한 결과로 초광속을 이룰 것'이라고 필자는 주장한다.

글루볼이 터널링을 이룬다고 해도 점근적 자유의 근원인 뿌리, 즉 냉헬륨의 SU(3) **중간자 팔중항과 글루볼은 '얽힌 터널링'**일 것이므로 음의 전자 등 공간양자를 붙잡아 와서 핵에 속박시킬 것이다. 즉 터널링한 글루볼은 - **중간자와 '파동'함수로 얽힌 글루볼은** - 공간양자로 하여금 냉헬륨으로 달려가도록 매개할 것이므로 **음값(속박력, 인력)의 힘을 쓰는 실체는 핵**[쿼크들과 얽힌 SU(3)의 팔중항]**이다**. 더 이상의 깊은 내막은 자연(自然)의 신비(神秘)다. 즉 더 깊은 내막은 스스로 그러한 것이고, 신만이 아는 비밀이다. 더 깊은 내막은 아직도 모른다.

이때 실린더의 냉헬륨은 냉각효과로 대칭성이 깨져 있다. 그러므로 '맞섬'이 아닌, 일방통행식의 경로가 29쪽의 그림 【D.7】【D.7-1】처럼 나타날 것이다. '맞서야만' 힘이 누적돼 질량 형태로 저장될 터인데, '맞섬'이 없는 **일방통행식의 경로이므로** 비행체 자체에는 질량 증가가 발생하지 않는다(실린더의 냉양자에는 $E/c^2$➔m으로 질량 증가가 있음).

"조금이라도 다른 특성이 있다면(필자; 대칭이 깨지면), 곧 **질량**이나 **전하** 또는 **스핀 값**이 조금이라도 다르면 **상쇄는 완벽하게 일어나지 않으므로** 신호는 빛보다 빨리 갈 수 있으며 CPT 대칭은 어긋난다."[56] (CPT 대칭; Charge-전하 ±켤레 변환 대칭. Parity-거울반사, 반전성 대칭. Time-시간 대칭. 이 대칭이 꼭 맞게 상쇄되지 않으면 초광속을 이룬다는 뜻)

그 값의 상쇄되는 양이 정확히 일치하지 않으면, 초광속이 발생할 수 있다는 뜻인데, 흡수엔진에서는 공간양자가 애당초 일방통행식으로 빨려오므로 **맞섬이 아예 발생할 수 없는** 공간상의 동적 흐름이다.

따라서 흡수엔진의 원리처럼 냉양자와 공간양자 간에 **맞섬의 대칭이 깨지면(아니, 맞서 얽히는 저항력이 '아예' 사라지고, 오히려 서로 당기는 인력뿐이라면)**, 두 입자 간의 상호 인력은 다음과 같이 나타날 것이다.

시간상에서 전진하는 <u>양의 입자들</u>(비행체, 흡수엔진의 냉양자) 경로와 시간상에서 후진하는 <u>음의 전자</u>(공간양자; **인력의 힘을 먹는 끈**) 경로 **사이의 '균형'**이
**'맞서' 나타나지 않음으로써** 초광속을 이룬다고 경로 합의 관점에서 해석해 예측한 것과 같다[맞서는 저항력이 아니라, 오히려 속박하는 핵력-인력이 공간양자를 **끌어당겨** 합성하기 때문임. 일방통행식의 경로].

양자를 포획-합성하는 원리이니, 아래 문장을 뒤에서부터 읽으세요.
[강력인 핵에 **합성** ⬅ 얽힌 '맞섬'이 없는 일방통행 ⬅ 공간양자]

(이때 인력의 작용반작용에 따라 비행체의 비행 방향은 '➜' 쪽이다.)

'**살아 있는**' 핵력의 터널링으로 인해 맞섬이 없다는 걸 정리하자면,

① 냉각으로 전자가 잠겨 배타성이 소실되면, 냉양자화돼 입자 간 상호작용이 쉽게 발생할 조건을 얻는다. 또 냉양자가 초고밀도화되어 자기장의 격렬한 진동(냉에너지)를 잘 전이 받을 수 있는 상태로 된다.

② ①의 상태에서, 자기장 공급으로 글루온이 양산됨으로써 핵의 색깔 대칭(188쪽 도면상에서, 글루온3 : 쿼크3)이 깨진다. 두 비율의 대칭성이 극단적으로 깨짐으로써 안정과 균형의 조화를 이루기 위하여 글루볼이 터널링해 공간양자를 흡수함으로써 하드론되기가 이루진다. 이때 글루볼 터널링은 중간자와 '**얽힌 파동함수 상태**'에서의 터널링이므로 글루볼의 붕괴는 없을 것이다. 93~94쪽 참조(중요!)

③ 쿼크의 전하량은 +2/3 −1/3인 데 반해, 공간양자의 전하량은 끈이론에서 등장하는 다양한 분수전하(1/11, 1/13, 1/53....... 등)이다. 이들은 맞서지 않고, 조화찾아가기의 속성에 따라 포획-합성될 것이다. 이때 공간양자가 일방통행식의 경로로 빨려오므로 맞섬이 전혀 없다.

[핵 시스템은 다양한 분수전하를 '**섞어 재구성하는**' 특별한 속성이 분명히 있다. 이는 빅뱅 직후의 스팔레론처럼 중입자(중·양성자)의 내부 질서가 '**균형을 이룰 때까지**' 물질입자 등 양자를 포획-합성하는 것이며, 냉원자의 대칭(조화, 균형)의 깨짐에서 비롯된 '조화찾아가기'다. 222~223쪽 참조]

④ 결정적으로, 전술한 '강력의 핵자'에 '공간양자'가 감기는 원리, 즉 맞섬이 없는 '3.3) 흡수-합성 선행(先行)의 원리'에 의해서 초광속은 이루어질 것이다. 이는 252쪽에서 곧 상세히 후술한다.

## <양전자 구멍과 진진공>    positron hole & jinjingong

여기서 잠깐 **양전자 구멍**과 **진진공**(찢어진 공간)을 대비해 살펴보자. 진진공은 '반물질(양전자) 구멍'이 아니라, 참된 구멍이다. 왜일까?

냉헬륨의 글루볼로부터 신호를 전달받은 '음 에너지의 전자 등'은 그 자체만 곧장 냉헬륨의 핵자로 직행한다. 음 에너지의 전자 등이란, 에너지가 극미하게 남은 가상에 가까운 에너지(끈)의 바닥상태를 말한다. 거시적으로, 우주공간 전체로 보면 2.7K(-270.45℃, 우주 배경복사의 등방성)로 희박하고 고르게 분포된 에너지-끈을 총칭한다.

음 에너지의 전자 등 공간양자가 비행체(냉원자)에게 포획당하되, 쌍생성이 발생하지 않을 것이다. 이유는 미처 '3체 충돌(3자 개입)'이 없이 포획돼 소멸당하기 때문이다. 쌍생성의 근원이 되는 공간양자가 포획되어 소멸당하지 않는다면, 진진공과 초광속은 논리적 모순이다.

감마선(빛)이 음 에너지의 전자에 충돌할 때, <u>그 주위에서 무거운</u> <u>원자 등을 참여시켜 3체 충돌(**운동량, 에너지, 각운동량**)을 **보존시켜야만**</u> 쌍생성(전자와 양전자 구멍)을 이룬다.

그런데 흡수엔진에서는 양값의 힘으로 맞서며 충돌하는 것이 아니다. 흡수엔진의 원리에서는,
'핵력 글루온-8중항의 <u>음값 힘(속박하는 인력, 점근적 자유)</u>'에 의해,
공간의 <u>자잘한 양자-파편</u>이 포획당해 힘을 쪽도 못 쓴 상태로 실린더 안에 있는 냉헬륨 핵으로 끌려가서 **곧바로 합성-소멸을 당하는 과정**이므로 **3체 충돌은 없다**. 모든 힘들이 점근적 자유의 강력에 포획당해

'강력에게 **지속적으로 제압되며 포획을 당한 상태로**' 빨려오기 때문이다[씨름 선수가 상대 선수에게 강력히 제압당해 **넘어지는 '순간에는'** 다른 상대에게 힘을 전혀 쓸 수 없는 이치와 같다].

모든 힘의 끈들이 **'지속적으로 제압을 당한 상태로'** 가속을 더하면서 끌려오다가, 마지막까지 **포획-합성 당하는 것이 선행**하기 때문이다!

이 과정에서 쌍생성은 발생할 수 없다. 마주 보고 달리는 두 입자가 충돌이 발생하기도 전에, 흡수-합성이 선행(先行)하는 원리에 의해 공간양자는 일방통행이므로 '맞섬에 의한' 양값의 질량증가는 없다. 양값의 힘을 먹는 끈이 아니다! 강력 음수의 힘과 얽힌 **인력의 끈이다!**

[예시; 깔때기의 넓은 끝 쪽에서 물을 양압으로 밀어내는 경우와 역으로 물을 **'깔때기의 좁은 쪽에서'** 음압으로 **빨아내는 경우**를 비교하자. 후자는 병목 현상이 없다. **입자들이 가까워지되 닿지 않고 빨려간다**. 255, 350쪽]

양값이 아닌, **일방통행식인 음값의 힘에 의해** 3체 충돌이 일어난다면 이는 모순이며, 더구나 흡수-합성 작용으로 쌍생성이 발생한다는 건 더 모순이다. '충돌' 자체가 발생하지 않기 때문이다. $c^2$의 음값 힘이 워낙 강대해 여타의 자잘한 모든 양자장은 속칭 '쪽도 못 쓴 상태로' 음극(陰極, 냉헬륨)의 방향으로 **제어를 당하므로**. 예컨대, 씨름 선수가 힘을 제압당하여 넘어지는 순간, '넘어지지 않고 일어서야 해!' 하지만 더 이상 **(의지할 누군가의 3자 개입이 없어)** 힘을 쓸 수 없는 처지이다.

바다의 쏠배감펭(lionfish)이 물고기를 통째로 흡입하여 잡아먹는다. 물고기뿐만 아니라 바닷물(시공간)까지 한꺼번에 순간에 흡입하면, 물고기는 바닷물에 의지하여 버티고 맞설 수 없는 상황이므로 속칭

'쪽도 못 쓰고' 빨려 들어온다. 물고기는 '맞설' 수 없다. <u>바닷물이라는</u> <u>시공간</u>이 물고기와 함께 감펭의 입으로 빨려 들어온다. 쏠배감펭의 흡입력이 **순간적으로 전방의 모든 힘을 제압**하는 것이다. 바닷물까지 동시에 빨려 들어가는데 물고기가 무얼 의지해 맞서 버틸 수 있는가? 감펭의 입안에 도착한 물고기는 곧 후술하는 '4) 흡수-합성 선행先行의 원리'가 적용된다. 이같이 흡수엔진의 작동원리 과정에서 맞서거나 3체 충돌 같은 것은 없다. 따라서 흡수엔진의 <u>비행체 주변에서</u> 발생한 공간상의 구멍은 '3체 충돌에 의한 양전자의 구멍'이 아니라, **'진정한 구멍 – 참된 구멍 – 찢어진 공간 – 참된 진공 – 진진공** 眞眞空**'**이다.

이상에서 양전자 구멍과 진진공을 대비해 설명하는 것은 곧 대칭성 깨짐에 의한 효과를 설명하는 것이며, 초광속으로 연결되는 근본 원리를 설명하는 것이다. 파인만은 디랙의 바다(양자 바다)에서 이것을 미리 읽어내어 예측한 셈이다. 디랙(1902~1984), 파인만(1918~1988)
--- (양전자 구멍과 진진공의 대비 설명 끝)

현대 물리학은 자연의 근본 원리를 대칭성으로 인식한다. 대칭성이 깨졌다는 것은 **'질량을 이룰 준비가 되어 있다'**는 것을 뜻한다. 따라서 흡수엔진 안에 존재하는 냉하드론(양성자, 중성자 등)의 대칭성이 심하게 깨졌다는 것은 흡수엔진 밖의 양자를 합성할 이룰 준비를 마친 셈이다. 이 상태에서 매개입자 글루볼이 터널링하면, 비행체 전방의 공간양자를 남김없이 포획 합성하여 냉원자는 질량을 생산할 것이다. 이는 **대칭(균형) 깨짐에 의해 초광속이 가능하다**고 파인만이 경로합을 해석해 예측한 것과 같다. **냉원자 핵 시스템 내부의 대칭성 깨짐으로 인해 상대론적 거시공간에서 '(입자 간에) 맞섬이 없어 초광속을 이룬다'는 같은 함의를 갖는다.** 파인만의 '공간적 시각화의 해석'은 탁월하다.

## 4) 흡수-합성 선행(先行)의 원리(감김 선행의 원리)

사실 간단한 이치이지만, 엄청난 가능성을 함축한 원리를 알아보자. 로켓 엔진은 폭발-분사(에너지 버림)의 원리임에 반하여, 흡수엔진은 에너지를 흡수-합성(질량 획득 = 에너지 획득)하는 원리다. 그러므로 혹자는 작용반작용으로 흡수엔진이 작동되면, (거시에서처럼) 서로 마주 달리던 F1과 F2가 **맞서**-충돌-상쇄될 것으로 예상할 것이다. 즉, 양자를 포획하며 진행하는 흡수엔진과 빨려 들어오는 양자가 서로 마주 달리는 열차와 같은 형국이므로, 힘의 상호충돌로 맞서 상쇄되어 흡수엔진의 비행체가 비행을 이루지 못할 거라고 생각할 수도 있겠다.

그러나 그런 일은 일어나지 않는다.

그 이유는 에너지의 흡수-합성이 맞섬-충돌보다 선행(先行)함으로써 맞섬-충돌이 발생할 시간이 없다. **대칭성 깨짐**과 **$c^2$의 속도 때문**이다. 에너지 E를 포획-합성할 때[$E/c^2$ ➔ m], 내파(內波)와 흡수의 충격은 있을지라도 비행체(냉양자)와 공간양자 간에 맞서는 충돌은 결단코 없다. 다음을 곰곰이 생각해보자.

핵폭발하는 순간에, 강력의 속도는 가령 $c^2$으로 시작하여 핵폭탄이 떨어진 곳에서 **즉시** (입자 간에 엄히 강제하는 상대론적 인과율에 따라, 입자 간에 서로 **맞서며** 상쇄되므로) **광속(이하~)로** 방사된다. 이어서 입자들이 멀어질수록 힘의 크기(밀도)는 공간으로 분산되며 약해진다. 복사에너지가 3차원 공간으로 방사되는 것과 같은 원리이다. 즉 중력처럼 방사되어 퍼지며 나아가는 힘은 $1/r^2$로 약해진다. 반대로 면적은 $r^2$로 커진다. ☞ 이를 적분(확장)하면 공간이 된다.

그런데 흡수엔진은 이와 반대의 원리이므로, 흡수엔진이 작동되면 공간양자가 – 핵폭발의 역처럼 – 처음에는 흡수엔진을 향해 천천히 다가올 것이고, 공간양자가 흡수엔진에 근접할수록 그 속도가 점차 증가해 (맞서는 상쇄가 없어) 흡수엔진에 도달했을 때는 $c^2$의 속도로 흡수되어 감길 것이다. 공간양자(에너지 E)가 냉헬륨에 합성되면서 질량 **m**으로 변환되는 순간의 **마지막 속도가 $c^2$이다**[E/$c^2$ ➔ m].

공간이 수축되면 수축되는 공간에는 단위 부피당 양자들의 밀도가 높아질 것이므로 음값의 힘(점근적 자유의 힘)도 힘이므로 그 힘이 더 뭉쳐 커지며 빨려오는 동적 흐름을 머릿속 동영상으로 돌리자(안개효과).

중력이 3차원 공간으로 퍼져갈 때, 특정 지점에서 그 힘의 크기는 '$1/r^2$'(r = 질량체의 반지름 대비 단위 거리)이다(역제곱 법칙). 원의 면적이 복사형(輻射形)으로 확장되면 확장된 면적이 '거리의 **제곱**에 비례'한 것으로도 알 수 있다. 구(球)의 물체에서, 넓이 $1m^2$가 반지름 거리의 3배 멀어지면($r^2 = 3^2$), $9m^2$의 넓이가 된다.

이를 역으로 설명하면 다음과 같은 의미다. 흡수엔진의 상황과 같다. 블랙홀을 예로 들면, 블랙홀이 사건의 지평선 범위 내에 있는 모든 것을 중력(인력)으로 빨아들일 때,
단위 거리 1에서 빨려드는 입자는
단위 거리 3에서 빨려드는 입자보다 9($3^2$)배의 큰 힘으로 빨려든다.
즉, 단순한 면적으로만 보아도 제곱하는 힘으로 빨려든다.

흡수엔진에서는 흡수-합성의 마지막 속도는 $c^2$이며, 먼 거리에 있는 공간이 빨려오며 흡수엔진에 근접할수록 공간은 더 수축된다. 즉 흡수의 힘이 '**모아지는**' 동적 흐름이다. [부피가 역세제곱으로 수축되어

모아지며 빨려온다. 양자 반비례 관계만으로도 공간이 좁아진다. 255쪽]
음값(인력)의 힘이 모아지며 '뭉친 큰 덩어리의 물리량'으로 빨려오고,
또한 비행체에서도 상대운동이 일어나며 그 작용반작용으로 비행한다.
마주 당기는 '**인력**'으로 말이다. 메존(중간자)이든 글루온(볼)이든 이들
은 강력이므로 뛰어다니는 발 같고, 당겨 속박하는 손 같은 것이다.

　그리고 공간 에너지(양자)가 흡수엔진 안으로 흡수-합성되는 순간
그 실체는 에너지가 아니라 질량이다. **상호 맞서 충돌할 시간적 여유도
없이 감겨 버린다.** 공간상의 양자거품인 에너지 E가 **최후의 초극미의
순간까지도 강력의 힘에 제압-포획되며 '가속적으로'** 감기며 냉헬륨의
**핵(하드론) 안으로 빨려 들어가므로** 상호 맞섬이 발생하지 않을 것이다.

　공간양자의 입장에서 서술하면, '타인의 인력에 의해 나의 가속이
지속된다는 것은, 내가 연속되는 게이지 <u>음값으로 버티려는 것</u>이다.'
즉 실린더의 냉원자의 8중항에서 음값이 터널링하여 상호작용하면,
비행체의 전방의 파진공 범위 내의 **공간양자들에게도 역시 '버티려는'
음값(인력)이 형성된다.** 따라서 비행체와 공간양자는 '<u>서로 당기는</u>'
결과가 된다. 힘의 작용반작용은 대칭적으로 나타나니까 당연하다.

　파진공의 공간양자에게 음값(음압)이 형성되면서 인력(引力)이 발생
하니까 공간양자도 역시 비행체를 끌어당긴다(인력의 작용반작용).
파진공에서 음압 형성으로 인해 **공간양자들 간에는 척력이 발생한다.**
파진공에서 음값(음압)이 증가하는 걸 '<u>부負의 공력空力</u>'이라 칭했다.
특히, 공간에 형성된 **음수(음압)은 물체를 멀리 벌려 놓은 속성이 있다.**
즉, 공간의 양자들을 멀리 벌려 놓는다. 350~352쪽 참조. 그러므로
빨려가는 공간양자들 간에서 '맞섬-충돌'은 절대로 발생하지 않는다.

공간양자가 흡수엔진으로 빨려올 때, 파진공의 병목에서 양자들 간의 간격이 좁아지며 양자들끼리 충돌할 듯이 생각될 것이나 그렇지 않다. 공간양자들은 **병목에서 빨려가는 음압이 오히려 더 증가하기 때문**이다. [예시; 깔때기의 넓은 끝 쪽에서 물을 양압으로 밀어내는 경우와 역으로 물을 '깔때기의 좁은 쪽에서' 음압으로 빨아내는 경우를 비교하자. 후자는 병목 현상이 없다. **입자들이 가까워지되 부딪치지 않고 빨려간다.** 350쪽]

양자가 흡수엔진에 가까워질수록 **양자들에게 음값이 더욱 어우러지면서 걸려 오므로(안개효과)**, 공간양자 간에는 밀어내는 척력이 생긴다. 또한 양자들은 이미 강력 $c^2$에게 제압을 당했는데, '공간상에서' 어찌 '맞섬-충돌'이 발생하겠는가? 이런 설명이 혼란스럽게 느껴질 수 있다.

쉽게 말해서, 공간양자인 나보다 앞서 달려가는 또 다른 공간양자는 나보다 앞서 '더 강하게' 빨려간다. 마지막에 $c^2$으로 감겨 합성된다! 냉원자에 합성되면 양자(덩어리)가 아니라 원자를 이룬 구성원이다!

[양자들이 빨려가며 모아지는 동적 흐름이므로 고밀도화되어 가까워지면서도, 빨려갈수록 파진공의 음압(힘)이 커져 양자는 **위축**된다(양자 반비례, 354쪽). 한편 빨려갈수록 **음압**(척력)이 커지므로 양자들은 서로 멀어지려 하면서도(350쪽), **안개효과**(321쪽)와 특수상대성 **속도-공간 반비례** 원리에 따라 나보다 앞서가는 양자의 힘은 나보다 크고 고밀도화되면서 양자 간 거리는 가까워진다(242쪽). 이 인자들이 모두 어울리면, 결국 파진공에서 실린더의 냉양자를 향해 **빨려가는 양자들은 위축되고, 가까워지면서, 앞서가는 양자가 냉양자에 먼저 도착한다.**

모순된 듯한 내용으로 헷갈릴 것이다. 위를 모두 이해하면, **냉양자(핵력, 속박력)에 잡힌** 양자가 포획당할 때의 양자 위축, 음압(척력), 안개효과, 특수상대성 등의 인자가 **동시에 어울려 흐르는 양태**를 통찰한 것이다.]

감기는 원리, 즉 글루온이 쿼크와 공간양자를 합성하는 근본원리는 '점근적 자유'에 있으며, 수학적으로 SU(3) 팔중항의 얽힘에 있다. 더 깊은 내막은 자연의 신비이다. 이 점근적 자유의 속박력이 얼마나 크고 빠른지를 이해하려면 핵폭탄의 핵융합 순간을 상상하면 된다. 그 짧고 짧은 순간에 SU(3) 팔중항-핵력은 자신의 할 일을 다 한다. 히로시마 원폭에서 전체질량 910g의 우라늄 중 겨우 9g(1%) 정도의 질량을 감소시키며 에너지로 방출하였다. 그런 짧은 찰나의 순간에도 자신에게 필요한 99%의 에너지를 잽싸게 합성-재속박한다. 핵의 속박력은 안개효과로 인해 입자들이 멀수록 총량적으로 더 강해진다. 따라서 글루볼이 실린더 밖으로 터널링하면, 핵 안에서 점근적 자유를 행할 때보다 훨씬 효율적인 '살아 있는' 핵력이 발휘될 것이다. '안개효과로' <u>공간양자(안개)가 핵력에 어우러지기 때문이다</u>. 321쪽

바로 이것이 '맞섬'이 없이 감기는 자연의 비밀이다. 자신에 필요한 99%의 에너지를 이웃 핵에서 끌어와서 재속박하는 핵폭탄에서든, 아니면 우주공간의 에너지 E인 공간양자를 흡수하는 흡수엔진에서든, 두 경우 모두 에너지를 포획-흡수-합성하는 점근적 자유의 힘, 즉 핵 <u>안으로 속박하는 **'살아 있는 강력의 $c^2$은 동등**'</u>한 원리다. [$E/c^2$ → m]

핵폭탄의 핵융합 순간에,
만약 ('살아 있는' 강력의 행위인) **포획-합성-속박**[$E/c^2$ → m]보다
(강력이 죽으며 에너지를 버리는) **맞섬-팽창-폭발**[$mc^2$ → E]이 선행하면,
강력 팔중항은 자신에게 필요한 99%의 에너지를 온전히 재속박하지 못하고 말 것이다. 핵의 재구성에 필요한 에너지가 멀리 날아가 버릴 테니까. 핵력의 매개자인 강력자(글루볼 등)의 터널링은 이렇게 무시무시하면서도 엄밀하다. **그렇게 잽싸면서도 자신에게 꼭 필요한 양만을**

**정확히 합성-속박한다.** 이게 하드론-SU(3) 팔중항-팔중도가 갖는 수학적 함의이다. **태양이나 별, 핵폭탄, 흡수엔진에서 지켜질 철칙**이다. 핵융합에서, 짧은 순간에 강력 $c^2$은 융합에 필요한 99%의 에너지를 모두 합성하고 나서 [**선행하여** 포획-합성하고 **나서**; $E/c^2$ ➜ m], 여분의 1%를 방출한 것이다. [필요 없어 버리는 힘 1%가 맞섬-팽창-폭발로 이어지며 **후행**한 것이다. 약 1%의 힘이 핵폭발이다; $mc^2$➜ E]

바로 이 '선행과 후행'을 구분 짓는 근본이 $c^2$이다.
모든 힘을 제압하여 속박하는 속도와 힘 $c^2$!!
터널링 시, 살아 있는 강력에서만 **$c^2$이 발현**된다[$E/c^2$➜ m]. 182쪽
**강력이 단절되어** '죽은' 1%는 질량이 에너지로 변환된다[$mc^2$➜ E].

따라서 핵합성 순간에, '살아 있는' 강력에서는 양자 간의 맞섬-폭발보다 더 잽싸게 **흡수-합성이 선행한다는 것을 명백하게 증명**하고 있다. 만약에, 포획-합성이 선행하지 않고, 양자들의 '맞섬'이 선행하여 양자들이 멀리 날아가 버려지면, 핵 합성은 엉망진창이 되어 합성의 결과가 어떻게 될지는 전혀 예측 불가능하다. 즉 핵합성 후의 결과물을 전혀 예상할 수 없으므로 지금의 우주 존재 자체가 불가능하다.

왜 포획-흡수-합성의 선행(先行)이 가능할까?
**여타의 자잘한 힘(양자장)이 꿈질할 틈도 주지 않기 때문**에 가능하다. 점근적 자유의 힘이라는 강력으로 여타의 힘(양자장)을 **'제압-포획해'** 속박하므로 가능하다. $c^2$이 광속×광속이라는 순수한 뜻을 인정하자. 초광속 불가라는 로렌츠의 단편적 맹신보다 핵에 숨은 수학 논리가 옳다(182쪽). 물질과 에너지의 환율 $c^2$이 갖는 수학적 결론이자 함의다.

광속 c는 1초에 지구를 7.5 바퀴 돈다. 그러나 터널링한 강력 $c^2$은 1초에 지구를 224만 바퀴 도는 속도이므로, 약 30만 배의 속도다. 이 두 **속도**의 빠르기를 비유하자면, 30만 배의 속도를 가진 사람 $c^2$이 개미 c를 가지고 노는 형국이다. c가 뛴다고 한들 어디로 뛰겠는가? c(핵이 붕괴할 때 방출된 광자, 음의 에너지 전자 등 우주공간의 양자)는 찰나에 $c^2$(터널링한 글루볼)에게 포획당해 핵에 합성-속박될 것이다.

이 두 힘의 **크기**를 비유하면, 강력 $c^2$은 전자기력 c의 약 100배다. 줄다리기를 하는데, 청군(c)은 한 명이고 백군($c^2$)은 100명인 셈이다. 이 허망한 게임을 게임이라고 할 수 있겠는가?! (힘들의 크기; 183쪽) **$c^2$이 c를 절대적으로 제압하는 것이 흡수-합성 선행 원리의 근원**이다. 흡수엔진에서 글루볼의 터널링이 연쇄적으로 일어나며 파진공이 멀리 전개될수록 '살아 있는' 강력의 안개효과 때문에 핵력이 더 강화된다. 이는 흡수-합성 선행을 돕는다. 그런즉 흡수엔진에서는 35쪽 그림처럼 힘 먹은 끈들이 양값으로 비행을 방해하는 **'맞섬'의 애당초 없다**.

글루볼의 터널링이란, '**핵 속에 잠재되어 있던 $c^2$(초광속)이 핵 밖으로 풀리며, 타키온의 음수(인력)이 $c^2$(초광속)으로 공간양자를 포획한다**'는 뜻을 함축하고 있다.     ☞  ★ 182쪽, 323~327쪽 참조. 중요!

흡수엔진의 원리를 구상하고 탐구하면서 필자는 자신도 모르는 사이에 점점 자연스럽게 진진공, 대칭성 깨짐, 초광속으로 연결되면서 강력과 [$E/c^2$ ➜ m] 등으로 굴러떨어졌다. 먼저 대칭성 깨짐을 인지하거나 파인만의 초광속을 인지해 연구를 시작하였던 것이 아니다. 이러한 사실들을 먼저 인지하여 억지로 꿰맞춘 것이 아니라는 뜻이다.

정리하자면,

① 글루볼의 터널링으로 인해 공간양자는 맞섬이 없이 일방통행의 방식으로 흡수엔진으로 빨려 들어온다. 쏠배감펭에 의해 바닷물이라는 시공간이 순간적으로 제어되며 쏠배감펭의 입으로 빨려서 들어오는 이치이다. 이는 거시공간에서의 '맞섬 없는' 일방통행식의 흐름이다.

② 흡수-합성의 마지막 단계에서도, 공간양자는 강력의 속도인 $c^2$에 의하여 끝까지 흡수-합성이 선행(先行)한다. 흡수엔진에서는 냉양자에 속박 중인 물질입자 쿼크는 냉각효과로 더욱 속박당할 것이며, 또한 자기장에 차인 쿼크가 속박자 글루볼을 양산하고, 터널링한 글루볼은 공간의 양자를 포획-합성하여 속박할 것이 분명하다. 따라서 태양이나 핵폭탄에서 에너지를 방출하는 식 $[mc^2 \rightarrow E\ ]$의 과정이 결코 발생할 수 없다. 이것이 피크노뉴클리얼리 핵반응이 $[E/c^2 \rightarrow m]$의 방향으로 이루어질 수밖에 없는 귀결일 것이다.
이는 핵 시스템의 <u>대칭성 깨짐(부조화)</u>에서 유발된 강력의 터널효과이며, **'살아 있는 강력의 터널링'**으로 묘사된다(내향인 인력-속박력의 터널링).

③ SU(3)의 팔중항-팔중도는 강력이고, 글루볼의 터널링은 핵 속에 **잠재되어 있던 $c^2$이 발현**(發顯)되는 초광속의 물질입자 타키온으로서 '하드론되기(**조화**진동자되기)'의 속성에서 비롯된다. 182, 323~쪽 참조

그리고 ① ② ③은 모두 냉각효과에 의한 냉원자의 대칭성 깨짐과 자기장(플랑크상수)에 의한 글루볼 터널링으로 공간양자를 $c^2$의 속도로 흡수해 물질을 이루는 식 $[E/c^2 \rightarrow m]$으로 귀결된다.

## '냉양자 쿼크·글루볼 진동-가속 조건부'에 따른
## 강력(속박력)-글루볼의 터널링! 그 실험이 바로 보스노바이다. ★★

결론적으로, 흡수엔진에서는 $c^2$에 의해 흡수-합성이 선행함으로써, 애당초 '맞섬'이 발생할 수 없는 [$E/c^2$→ m]의 일방통행식으로 공간양자를 포획하는 물리적 과정에 의해서 '맞섬'은 없다!

물질입자인 쿼크끼리 멀어질수록, 쿼크 사이의 안개(양자)효과에 의해 쿼크를 속박하는 힘이 커진다는 색동역학에 따라, 글루볼이 터널링한 힘 $c^2$은 안개효과로 공간양자(안개)를 강력에 합성함으로써 강력을 더욱 충실히 해줄 것이므로 터널링한 강력은 '극한으로' 발휘될 것이다. 이것이 타임머신의 원리다. 이런 이유로 흡수엔진이 공간양자를 포획-합성하는 것이 비행체와 공간양자 간에 서로 맞서는 것보다 선행한다.

자꾸 색동역학 SU(3)에서 무색 상태로만 글루온이 존재 가능하다는 관념이 머리를 붙잡을 것이다. 그러나 터널링한 건 글루온이 아니라 글루볼이다. 의구심이 들 때마다 182쪽(잠재된 $c^2$), 185~187쪽(검출기의 한계), 247쪽(파인만의 초광속) 등등, 또 후술하는 증명 등을 생각하자. 학습 후, 세월이 갈수록 고착된 관념을 극복하기란 이렇게 힘들다. 어쩌면 이 세상을 떠나는 그날까지......

이론이 옳다고 해도 설득력이 없다면 무위로 돌아갈 공산이 크다. 열역학의 아버지 볼츠만은 위대한 업적을 이루었음에도 입증과 세력이 부족해 학자들 간의 갈등과 소외로 자살했다. 자살한 직후에서야 그의 업적이 옳게 평가받았다. 안타깝다. 인간사는 상당히 정치적이고 어이없는 측면이 있다. 과학자들의 갈등은 더욱 극단적인 듯하다. 1938년, 중성미자가 그 반입자로 대칭성을 갖는다고 해 갈등을 겪은 이탈리아 마요라나는 은행 돈을 전부 찾아 잠적했다(그가 옳았음에도). 잠적 이유는 추측뿐.... 칭찬만 받고 자란 천재는 내성이 없어서일까? 이런 특성이 있는 거대집단의 이론체계에 개인이 창조적이고 진보적 이론을 제시하는 것은 무모하고 위험하다. <u>본고의 핵심인 앞쪽 ★★</u>를 수긍하는 학자도 선뜻 나서서 본고를 이슈화하기에는 부담이 있을 수 있다(뭇매를 맞을 수 있거나, 이해 부족 등등 때문에). 그렇더라도 본고의 원리는 시대가 바뀌는 파급력이 있으므로 제현의 이해를 얻고 싶다.

그러므로 **이하에서는 전술한 내용을 입증하기 위해 서술할 것입니다**. UFO에서 나타난 현상들을 과학적으로 해설 및 정리해 증명합니다. 학자든 일반인이든 유추나 예측, 가정이란 단어를 좋아하지 않습니다. 확실한 것이 좋으니까. 실험으로 검증되지 않은 주장은 억측이 될 수 있습니다. 해서, 구체적으로 실험할 도면 【D.10】 [흡수엔진의 단면도] 를 제시했고(보스노바), 흡수엔진에 융합된 과학원리들을 정리합니다.

먼저, UFO엔진과 흡수엔진이 동일하다는 걸 증명하기 위해 다음의 사진을 제시합니다. 이는 **UFO엔진과 흡수엔진이 동일하다는 '현상적 증거로써' 제시하는 것**입니다(현상을 과학적으로 해설하여 증명함). 아래 사진들은 인터넷에서 검색해 **선명한 화면으로 보면 더욱 좋습니다!**

https://blog.naver.com/jajuwayo/50172498442 - [8]

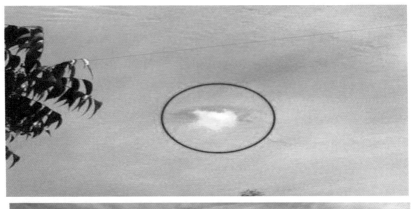

【Photo - 1】 정지비행 시간이 짧은 UFO 사진

UFO(**극랭엔진**)의 <u>하부에서</u> 물 분자들이 응결해 구름이 되어 흘러내리는 모습이 선명하다(빛이 더 두꺼운 곳의 구름을 투과한다는 건 모순이다). UFO가 무심히 라이트를 켜둔 듯하다. **자세히 보면**, (자기장의 격렬한 진동을 전이 받아) 광체 주위에 원형으로 **구름의 응결이 소멸되고 있다.** **한곳에 머무른 시간이 짧아**, 【Photo - 2】처럼 선명한 정도는 아니다. 【Photo - 2】의 **선명한 형태로 진행 중이다.** <u>자기장의 격렬한 진동에 의한 구름 소멸현상이 **희미한 걸로 보아**</u> UFO의 정지비행 시간이 짧았던 듯하다.

https://cafe.daum.net/ufoseti/Rj/2352?q=10%BF%F9%202%C0%CF%20%C6%E4%B
7%E7%20%B6%F4%C4%DC%BC%AD%C6%AE&re=1  ☞ 네이버; UFO외계연구소

【Picture UFO】 정지비행 중인 UFO (뉴햄프셔주 상공, 2005년)

미 해군 **퇴역 장교**인 돌지 씨가 목격한 후, 나중에 그린 UFO 모습이다. UFO가 정지비행 중, 중력을 극복하려면 **흡입구를 항상 하늘로 향해야 하고, 차가운 실린더는 항상 지면을 향하는 것은 자명하다. 또 흡입관은 길어야 한다.** 따라서 UFO의 하부는 항상 극랭 상태이므로 정지비행 중의 UFO에서는 **그 '하부에'** 구름이 형성된 장면을 자주 목격하였다. 이게 시가형 상자형 등(대형 모선) UFO 하부에서 구름이 자주 목격된 이유다(목격자들의 추정처럼 외계인들이 자신을 은폐하려는 게 아니다).

UFO의 하부에 존재하는 **차가운 엔진으로 인하여** 극도의 냉기가 비행체의 하부 쪽에만 전도되기 때문에 **하부에서만 연무가 심하게 생성되고 있다.** UFO의 상부나 측면에는 연무의 발생이 전혀 없다. 연무가 붉은 것은 아티스트가 붉게 덧칠한 각색(Rendering) 때문이다.

https://blog.naver.com/jajuwayo/50172498442 - [9]

February 10, 2010

【Photo - 2】멕시코, 록-콘서트 현장의 상공 (2010. 02. 10.)

① 절대영도 (-273.15 °C)에 근접한 <u>UFO 극랭엔진(**UFO 하부에 위치**)</u>을
   접한 공기는 극한의 냉각효과로 물 분자가 응축-응결돼 구름이 되고,

② 주변보다 **심하게** 응축되어 단위 부피당 무거워진 구름이 흘러내린다.

③ 기체가 흘러내린 빈자리를 메우기 위해 주변의 공기가 모여들고 있다.
   마치 줄을 서서 모여들 듯 선명하다. 그만큼 <u>**UFO 하부가 극랭**</u>이다.

④ 원(웜홀) 모양은 **자기장의 격렬한 양자적 진동을 전이 받은** 물 분자의
   운동에너지가 높아져 구름의 응결이 풀려 구름이 소멸하는 현상이다.

⑤ 따라서 ①②③④가 동시적 연속적으로 합성돼 흐르는 모습이 선명하다.

【Photo - 3】 모스크바 상공 (2010. 02. 27.)

구름 위에 **머물었던** UFO가 불가시한 속도로 떠난 후, UFO엔진의 냉각 효과가 사라지므로 **아래로 흘러내리는 구름이 없다**. 또 자기장도 함께 떠나니 잘린 듯했던 원 모양의 구름이 **원상으로 회복되는 모습도 역력**하다.

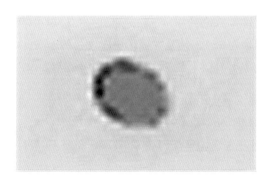

【Photo - 4】 미 날씨 우주국 인공위성에 찍힌 **괴물체 주변의 <u>자기장 띠</u>**

UFO에서 강한 자기장이 발생하고 있다는 증거다. 거대 UFO 모선(흡수엔진)은 '**살아 있는**' 강력 글루볼을 터널링시켜 공간양자를 계속 포획-합성하기 위해 **자기장을 계속 공급**하는 중으로 추정된다(1999. 11.).

출처: https://blog.naver.com/artmix01/222009973135 아담스키 UFO

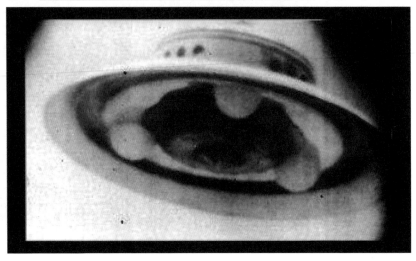

【Photo - 5】 아담스키 UFO (1952. 12. 13. 미국 캘리포니아)

삿갓(위) 모양의 **외장체**와 하부 3개의 **회전추**에 (자기부상열차의 원리로) 척력을 걸어주면, 외장체와 회전추는 반대 방향으로 심하게 회전한다. 이때 두 회전체의 철 알갱이들은 **원심력**을 얻어 튀어 나가려 하지만, 철 알갱이들 사이에는 거미줄처럼 끈적하게 늘어지는 성분 **포논**이 개입돼 있어 철 알갱이들이 떨어져 나가지 못하고 **수평력이 유발**된다.

[포논 예시; 겨울에 열차 레일을 조금 잘라내고 인장기로 당기면, 포논의 끈적한 성질에 의해 궤도의 **철 원소들 '사이가' 늘어나** 맞닿는다. 이때 궤도를 용접해 여름철에 철 알갱이들 사이가 늘어나(열팽창) 선로가 휘는 것에 대비함]

회전체는 팽이처럼 넘어지지 않으므로 **수평유지 및 수평복원, 수직 이착륙 등을 이룬다**. 예컨대, 팽이와 자이로스코프는 **원심력**과 **포논**의 성질을 이용한 것이다. 상식적으로, 이유 없는 과학적 구성체는 없다. [UFO와 근거리 목격자들이 '웅~~' 하는 공명음을 들은 경우가 있는데, 이는 회전추와 삿갓 모양체가 교차회전 시 발생하는 공명음이었을 것이다.]

그런데, 외장체와 회전추가 서로 평행으로 교차하는 형국이므로 두 회전체의 사이에선 순간적으로 저기압이 발생하고 저기압이 발생하면 연무가 발생한다(지구 전투기가 급선회 시, 더러 나타나는 현상임). **바로 그 연무가 회전추 뒤에서 선명히 발생 중이다. (특히, 우측의 연무!)**

컬러 복원된 사진으로는 초등학생도 바로 분별해 연무를 인식한다. 빛을 감광한 사진을 부인하면, 태양(빛)의 존재를 부인하는 것과 같다. 이를 부인할 수 있는가? 지금은 컬러 사진을 컴으로 찾아도 없다(?!).

[회전추가 3개인 이유; 회전추가 회전하면, 튀어 나가려는 하나의 추를 다른 추 2개가 **벡터 합성의 힘으로** 잡아주므로 모든 추의 회전이 **안정됨**]

이 사진이 갖는 중요한 의미는
① 이 사진이 가짜가 아니라는 것(UFO, 외계인의 **실존성**).
② UFO가 **초광속**으로 왔었다는 것.
③ UFO에 **합당한 엔진이 있다는 것**.
(아담스키가 '실에 매달아 연출한 사진이다'고 말을 번복한 것은 종교 단체 등 검은손의 압력 때문이었을 것이다. 말보다는 과학수사를 믿자! 저 무거운 회전추를 실로 매달아 연무가 발생하도록 회전시킨다고?!!)

　1999. 7. 4. 필자는 컬러 처리된 이 사진을 보자마자 (그렇다면 외계인은 존재하고, 초광속으로 왔다는 의미 아닌가! 하며) 충격으로 10분쯤 멍하니 있었다. 이게 24년 동안 물리학을 공부하며 UFO 구동원리를 탐구한 동기다. 탈진으로 죽밖에 먹을 수 없을 때까지 탐구했다. 늘 야근 후, 홀로 몰아의 삼매로 탐구할 때, 부드러운 손이 머릿속을 어루만지는 듯하고, 마음이 매우 포근해지며 흡수엔진의 원리가 확연히 떠올랐다 (사색에 잠길 때, 필자에겐 가끔 이 특유의 영적 작용이 있으며, 이때는 늘 옳았다).

허황되지 않고, 철저한 과학적 합리주의에 기초해 노력한 것을 달리 표현할 방법이 없어 겸손하지 않은 것이니 이해 바랍니다. 필자는 냉양자에 자기장을 걸면 외관상 폭발처럼 보이는 **보스노바를 해석**하고, 여러 물리학자가 이룬 **과학원리들을 융합한 것에 불과**합니다.

5) 흡수 엔진과 UFO 엔진의 동일성 증명

UFO 사진들에서 나타난 현상을 흡수엔진과 대비하여 설명함으로써 과학적으로 분석하여 흡수엔진과 UFO엔진의 동일성을 증명해보자.

먼저 BEC와 보스노바는 절대영도 **OK(-273.15°C)에 근접한 온도**이고, **격렬한 진동인 자기장이 공급 중인 상황임**을 염두에 두고 아래를 읽자.

① UFO에서 나타난 여러 현상

시가형 등 대형 모선 UFO는 한곳에 머무르는 경우가 더러 있는데, 이때 UFO 주변에 늘 구름이 형성된다고 사진과 목격자들은 말한다. 많은 사람이 추정하는 것처럼 '외계인이 자신들을 은폐하려고 의도적으로 만든 구름'이 결코 아니다. 지적 외계인이 그렇게 어리석겠는가? 그러한 현상들에는 반드시 과학적이고 합리적인 이유가 있을 것이다.

262쪽, 【Photo - 1】 설명; 구름이 밝게 빛나지만, 이는 태양 빛이 아니다. 투사광 밑으로 구름이 상당히 생성되고 있음을 알 수 있다. 빛이 얇은 구름이 아닌, 두꺼운 구름을 택해 투과한다? 말이 안 된다. 햇빛이나 분사 흔적이 아니라, UFO가 무심히 켜둔 라이트인 듯하다. 구름이 뭉쳐 밑으로 흐르는 것은 **UFO 엔진의 하부가 극랭하므로** 인해 물 분자의 응결-위축으로 무거워져 흘러내리는 모습이다. 또 자세히 보면, **(자기장의 격렬한 양자적 진동인 냉에너지를 전이 받아)** 광체 주위에 원형으로 **구름의 응결이 풀리는 중임**을 희미하나마 알 수 있다. **정지비행 시간이 짧아** 냉각과 자기장 진동 효과가 뚜렷이 나타나지 않아 **아직 선명하진 않으나,** 264쪽 【Photo-2】의 형태로 진행 중이다.

263쪽의 【Ficture UFO】 설명; 이는 UFO보다 높은 곳에서 비행 중, 대각선으로 UFO를 내려다보고 나서, 이를 나중에 그린 이 그림은 **UFO 하부에서** 연무가 심하게 생성되어 회절하며 유동하는 모습을 분명히 보여준다. UFO의 상부나 측면에서는 구름 발생이 전혀 없다.

(검색어: UFO외계연구소 등 사이트에 들어가면 흐리게나마 찍은 UFO의 실물 사진이 있다. 스케치한 그림과 촬영한 사진은 그 외형이 일치한다. 단, **비행 중인 UFO**를 찍은 사진이므로 당연히 구름 생성의 장면은 없다.) http://cafe.daum.net/ufoseti/Rj/2352?q=10%BF%F9%202%C0%CF%20%C6%E4%B7%E7%20%B6%F4%C4%DC%BC%AD%C6%AE&re=1 [10]

미 해군 퇴역 장교인 돌지 씨가 목격한 그림 【Ficture UFO】의 UFO 하부에 생성되는 구름은 원래 붉은색이 아닐 것이다. 지구인인 아티스트의 머리엔 비행 에너지는 무조건 뜨거운 에너지로 각인되어 있으므로 열적 효과를 주기 위해 구름에 붉게 덧칠하고, 또한 방향 감각을 주기 위해 나무를 그려 넣어 rendering(각색, 가미)한 듯하다. **비행체의 하부가 극랭이라서 연무-구름이 생성되면서 회절도 심하다.**

정지비행 시는 중력을 극복하기 위해 공간양자 흡입부를 하늘로 향하겠지만, 자신의 행성으로 돌아갈 때는 비행체 전방에 있는 흡수 창을 개방해 비행체 주변에 진진공이 형성시킬 것으로 추정된다(초광 속으로 가야 하니까). 창문이 많은 걸 보면 감마선 분사형 UFO와 장비, 외계인 등을 함께 싣고 다니는 거대 시가형 모선 UFO임이 틀림없다.

그럼, 【Ficture UFO】처럼 거대 모선들이 일정 시간 동안 정지비행 하는 장면을 **지면에서 올려다보면** 어떠한 모습일까? 그 장면은 바로 264쪽 【Photo-2】의 사진과 같다. 이 사진은 물 분자가 구름이 되어

**흘러내리는 모습이 뚜렷하다**(전체적인 구름 생성의 모양으로 볼 때, 구름에 가려 보이지 않은 이 UFO는 거대 상자형 UFO로 추정된다. 부시 전 대통령이 사는 텍사스 일대는 레이더 방공망이 치밀하기로 유명하다. 264쪽 【Photo-2】의 UFO는 이곳에서 목격된 거대 상자형 UFO인 듯하다. 경찰 등 거짓 증언하지 않을 목격자가 다수다. 이곳 치밀한 레이더망 상공을 UFO가 탐색하듯 훑고 지나가자 전투기가 추격했으나 어림없었다).

【Photo-2】에서, **구름이 형성되어 가운데로 모아지면서 흘러내리고 있다**. (사진 촬영 시, 멕시코 지상에서 록-콘서트를 한창 진행 중이었다는데, 외계선이 '**정지비행을 하며**' 원격 장비를 이용하여 이를 감상했을까?)

❶ UFO 하부를 접한 공기의 급랭으로 물 분자의 운동량이 떨어져서 물 분자가 **융결되어 구름이 되는 현상**이 매우 선명하다.

❷ UFO 하부의 극랭으로 UFO 하부 주변에 **공기(물분자)가 융결되어 단위 부피당 공기가 더 무거워져 흘러내리고 있다**(물분자 융결-구름).

❸ 따라서 비행체 바로 아래에 저기압이 발생하므로 **저기압 자리를 메우기 위해 공기가 가운데로 모이는 현상**(공기가 저기압의 자리를 메꾸기 위해 끌려오며 동시에 차가운 비행체 하부로 점점 접근함에 따라 다시 구름이 생성되는 모습이 마치 줄을 서서 끌려오는 듯하다).

❹ 자기장場은 자기장 발생원을 중심으로 **구(球)의 형태로 전개되므로 구름의 '융결이 풀린 범위'도 원 모양이다.**

☞ 구름이 원 모양으로 둥그렇게 잘린 듯한 모습이 보이는데, **자기장의 양자적 진동은 매우 격렬하기 때문이다**. UFO에서 자기장이 방출돼 전개되고, 이때 자기장의 격렬한 진동으로부터 **진동(운동에너지, 냉에너지)**을 전이 받은 구름의 양자적 진동이 활발해짐에 따라 구름의 '응결'이 풀린 것으로 해석된다. 256쪽 【Photo-4】에서 증명하듯

UFO에선 자기장이 발생하고 있다. UFO 구동원리가 흡수엔진과 정확히 일치한다. **❶ ❷ ❸ ❹가 동시적, 연속적으로 합성되며 흐른다.** 또한 원의 중심에서 자기장이 강할지라도, UFO의 하부가 절대영도 (-273.15 °C)에 근접하므로, UFO의 바로 하부에서는 구름이 다시 극심하게 생성되며 흘러내리는 모습을 맨눈으로도 식별할 수 있다.

하부에서 흘러내리던 구름은 곧 다시 소멸하는데, 구름의 응결이 저렇게 짧은 거리에서 해소되기 어렵다. 이는 <u>**자기장의 격렬한 진동이 구름에 전이됨으로써**</u> 구름(물 분자)의 양자적 진동운동이 지속적으로 활발한 데다가, 동시에 구름이 <u>극랭의 근원(UFO 하부)</u>으로부터 다시 멀어지므로 물 분자의 응결이 바로 해소-기화되는 것으로 분석된다.

[자기장의 **격렬한 진동**이 쿼크를 차서 글루온을 양산하고, 또한 글루볼의 터널링을 유도하기도 하지만, 격렬히 진동하는 자기장은 외부로 유출되면서 구름인 물 분자에 <u>양자적 진동(**냉에너지**)</u>이 전이됨에 따라 물 분자의 운동량이 증가함으로써 구름의 응결이 곧바로 해소된다는 뜻이다. 즉 짧은 거리임에도 불구하고 곧바로 물 분자의 응결이 풀리는 현상이다. 물 분자가 자기장의 <u>진동 $[E = h f]$를 삼켜, 즉 $[E \propto B^2]$를 전이 받아서</u> 구름의 응결이 풀리고 있음을 **사진으로 분명히 증명한다.**]

이 모든 동적인 현상을 해석하면, UFO에서는 **지속적으로 글루볼을 터널링시키기 위해 강한 자기장을 지속적으로 공급하고 있는 것으로 추정 및 확신한다.** UFO 엔진(흡수 엔진)을 지속적으로 가동하기 위해서다.

따라서 차가운 비행체의 하부에 근접하게 된 공기는 더욱더 차가워지므로 더욱 수축-응결되어 단위 부피당 무거워지므로 하강을 지속한다. 그 결과 위에서 설명한 바와 같이 ❶ ❷ ❸ ❹가 연속적으로 합성됨으로써 <u>구름을 **재생성**</u>하며 하강하고, 연이어 구름이 비행체 하부의 극랭에서 멀어지며 다시 구름이 소멸하는 모습, 즉 **자기장 공급이 지속되므로 짧은 거리에서 곧 구름이 소멸하는 모습**이 매우 선명하다.

반면에, 2010. 2. 27일 소련에서 촬영된 265쪽【Photo-3】을 보자. **UFO가 불가시(不可視)한 속도로 떠난 후의 구름에는** 냉기류가 하강하는 모습도 없고, 원(웜홀)형의 구름이 정상으로 회복되는 모습도 역력하다. 이는 <u>**UFO**(자기장과 극랭 엔진)**가 떠나자**</u>, 구름이 원상회복 중인 모습이다. 256쪽【Photo-4】는 자기장을 생성해 공급 중임을 직접 보여준다.

이 논리가 과학적이고 합리적인 해석이다. 이 설명의 논리에 모순이 있을 수 없다. 해괴한 기상현상이라는 등 달리 해석할 수 없다. 【Photo - 2】는【Photo - 3】보다 17일 후에 나타났었다. 멕시코의 2월 10일 이후에는 (지구에선 볼 수 없는) 달의 뒷면에 숨어 있다가 17일 후, 2월 27일에 모스크바 상공에 다시 나타난 동일 UFO일까?

UFO가 정지비행을 해야 구름이 형성될 시간적 여유가 있다. 시가형 UFO가 '**정지비행 중**' <u>하부에서 연무가 생성되는 이유</u>는 아래와 같다.

114쪽의 흡수엔진 단면도【D.10】에서, 공간양자를 흡입하는 **흡입관** (흡수창 위쪽)**이 '길수록'** 흡입에 따른 흡입관 속의 작용반작용 효과가 제대로 발생할 것이다(이는 흡입관 내부에서 발생한 일).

또 흡입관이 **길어야** 파진공이 좁고 길게 형성되며 진진공도 깔끔하게 형성될 것이다(흡입관 내부의 일로 인해 흡입관 밖으로 나타난 효과). 이는 총신이 길어야 총알이 멀리 또 정확히 표적을 향해 날아가는 이치다. 예컨대, 총신이 짧은 권총은 사거리도 짧고 명중률도 낮다. 비유; 총신은 흡입관, 총알은 공간양자, 화약 폭발은 양자터널링이다. 그러므로 총신(흡입관)이 **길어야** 작용반작용의 힘이 제대로 발휘된다. 단지 힘의 작용 방향만 반대이다(총은 양의 역장, UFO는 음의 역장). 따라서 총신 역할을 하는 **흡입관을 길게 만들기 위해**, 흡입의 초입부와 엔진의 실린더는 항상 서로 멀리 떨어진 **원위부에 위치**할 수밖에 없다.

그런데 UFO가 정지비행 중, 중력을 극복하려면 흡입구를 꼭 하늘로 향하고, **차가운 실린더는 항상 지면을 향해야 하는 것은 자명한 이치**다.

그리고 정지비행 시, 실린더의 냉기를 차단한다고 하더라도 피스톤이라든가 부품의 접촉면 등으로 냉기가 전도될 수밖에 없을 것이다. 따라서 UFO의 하부는 항상 극랭 상태라서 **정지비행 중의 UFO에서는 그 '하부에'** 연무-구름이 형성된 장면을 사람들이 자주 목격했다. 이게 시가형이나 상자형(모선) **UFO 하부에서** 구름이 자주 목격된 이유다.

 UFO는 반드시 보스아인슈타인 응축 BEC를 이루어야 하고, 자기장을 공급해 글루볼 터널링의 조건인 자-글 효과를 유발시켜야 한다. (자글 효과; 문턱진동수 이상의 **자**기장을 공급하면, **글루볼**이 터널링하는 효과)

다발적 조건획득과 글루볼 터널링을 위해 냉헬륨에 <u>강력한 자기장을</u> **지속적으로** 공급하고, 냉헬륨의 **냉각도 지속돼야 하므로** 비행체 하부에 저토록 사진처럼 냉각과 자기장의 파장이 드러난다고 봐야 마땅하다.

 이처럼 흡수엔진 원리로 UFO 중요 현상들을 논리적 모순 없이 설명할 수 있는 것은 그 작동원리와 구조가 완벽하게 일치하기 때문이다. **연구과정의 여러 단계에서도 그렇지만, 후술하는 수많은 UFO의 비행 현상 및 UFO의 구동원리에 적용된 과학적 원리가 크로스 체크 되면서**

**모순이 하나도 발생하지 않은 것은 흡수엔진과 UFO엔진이 동일하다는 것을 완벽하게 증명하고 있다.** 필자는 UFO의 구동원리를 탐구하면서 20여 가지의 중 한 가지라도 현상적 과학적으로 불일치(모순)가 나면 끝장이기 때문에 노심초사했다. 회상하면 인생은 짧은 것을……

이 외에 다양한 UFO 현상이 있다. 예컨대 광점형이나 분사-추진형 UFO는 가설적으로 물질 반물질을 합성한다든가 $^3$He를 이용한다든가 하는 UFO일 것이다(이 경우, 지면에서 방사선이 검출되기도 할 것이다). 특히 여러 광점형 UFO는 V자 대형으로 정지비행 하는 경우가 있다. 이는 시가형 같은 UFO 모선에서 탐색선만 나와 사주경계 하는 것으로 추정해 볼 수 있다. V자형 사주경계는 입체적으로 모든 공간을 세밀히 경계할 수 있다. 만약 여러분이 거친 야성을 지닌 체 문명을 이룬 외계행성에 진입하였다면 어찌하겠는가? 매우 불안하지 않겠는가? 야생 호랑이와 놀다 물려 죽고 싶은가?! 필자는 사주경계를 할 것이다.

이처럼 광점형 등과 같이 물질과 반물질의 합성이라든가 $^3$He를 이용한다든가 하는 별개의 기술들이 장착된 장비가 다양하게 있을 것이다. 인류 근·현대과학은 갈릴레오 이래 고작 400년의 짧은 역사를 가졌다.

[양자 혁명, 1927년 5차 솔베이 회의의 코펜하겐 해석을 기준으로 하면, 현대문명은 고작 100년에 불과하다. 그러나 빅뱅 이래 우주의 나이는 138억 년이므로 우주 시간으로 10만 년은 짧은 시간이다. 따라서 우리보다 1~10만 년 앞선 외계인이면 별의별 UFO를 만들 것이다. 또한 우리은하에만 태양 같은 항성이 약 4천억 개다. 항성(태양, 별)의 생성 원리가 유사하므로 항성들은 위성(행성)을 거느린다. 1억 개의 항성 중에 지구형 행성이 하나 존재한다고 가정하면, 우리은하에 지구형 행성이 4천 개다. 지구형 행성들은 이미 흥망성쇠를 겪었을 수도 있다. 좌정관천을 말자.]

따라서 유연하게 생각하며 외계의 기기들을 분석하고 접근해야 한다. 이들의 다양한 현상은 본고의 흡수엔진과는 별개의 문제인 것들도 필연적으로 있을 것이다. 우린 이제 겨우 '과학의 맛'을 보았을 뿐이다.

**거대한 상자형이나 시가형 등과 같은 대형 모선의 경우는 반드시 본고의 구동원리가 장착된 엔진일 것**이다. 그 이유는 최근접의 외계 행성까지 왕복 8.5광년 이상의 거리라서 초광속으로만 오갈 수 있기 때문이다. 그들은 광점형 등 잡다한 기기들은 모두 모선에 싣고 왔었을 것이다. 물론, 소형 UFO에도 흡수엔진을 작게 만들어 장착할 수 있을 것이다.

이어서 UFO의 실존론 차원의 사진을 잠깐 살펴보자.

266쪽【Photo - 5】에서, 비행체 측부의 삿갓과 회전추의 교행에 따라 금속 알갱이들이 원심력을 얻어 수평 유지 및 복원력을 얻는다. 아담스키 UFO처럼, 비행체의 외부에 회전 장치를 설치하고, 엔진의 위에 흡입구를 설치하면 **수평유지(복원)**, **수직이착륙이 훨씬 효율적이다.** [팽이나 자이로스코프 회전 시, (거미줄처럼 끈적한 성질이 있는) 포논이 철 알갱이들을 끈적하게 잡아 주므로 원심력을 얻은 철 알갱이들이 튀어나가려 하며 수평유지·복원력이 유발된다. **포논과 원심력을 이용한 것임!**]

삿갓과 회전추가 평행교차 시, 회전추의 뒤에서 순간적으로 **저기압이 발생하여 온도가 떨어짐으로써 연무가 발생하고 있다**(예컨대, 지구의 전투기가 급선회할 때, 날개 뒤에서 연무가 자주 발생한다). 이 흑백 사진은 컬러로 복원된 사진이 있다. 컬러 사진에선 누구도 부인할 수 없을 정도로 연무가 선명하다. 매우 선명해 당시 보자마자 깜짝 놀랐다. **회전추 뒤에 연무가 선명히 발생하고 있다. 특히, 사진 우측의 연무!** (1999년 9월, 당시 특허청에 출원된 사진은 컬러 사진이었다. 지금은 인터넷에서 찾아도 없다. 왜, 어디로 갔을까? 탐욕의 군상 群像?!?...)

266쪽【Photo-5】은 특허 출원했던 9~10쪽 [도. 16-1999]의 원리다. 이 원리는 2014년 6월에 미국에서 실험한 LDSD의 원리 중 하나다. 이 실험의 다른 목적 하나는 하강 시 우주선의 연료를 절약하기 위해 풍선의 공기저항 실험이었다(이는 핑계 또는 부차적인 실험에 불과하다). 266쪽에서,

[회전추가 3개인 이유; 회전추가 회전하면, 튀어 나가려는 하나의 추를 다른 추 2개가 **벡터 합성의 힘으로** 잡아주므로 <u>모든 추의 회전이 **안정됨**</u>]

<u>이게 UFO 실존론의 근거</u>다. (컬러 처리된 사진을 보면) 초등학생도 단숨에 연무임을 알 수 있으므로 'UFO 실존론의 근거'로 제시한다. UFO가 실존해야 필자의 논리가 더욱 타당할 것이므로 강조한다. <u>필자가 UFO를 연구한 동기가 이 사진이 증명한 'UFO 실존' 때문임</u>

이상의 내용을 곧 이을 '7. 증명'에서 함께 서술하지 않고, 미리 서술한 것은 **명확한 사실성과 흥미로움 때문**이다. 빛을 감응한 사진을 부인할 수 있는가? 이를 부인하면 (물리적으로) 태양의 존재를 부인하는 것과 같다. 263쪽 미 퇴역 **장교** 돌지씨의【Ficture UFO】 해석과도 정확히 일치한다. 진리는 결코 모순을 유발하지 않는다.

**흡수엔진은 에너지 문제와 온난화를 해소**하고, 시대가 바뀌는 일이므로 **세상에 널리 알리자.** 사욕도 정도가 있는 것이지 공멸당할 수 있다 **(180쪽 참조).** 모를 때 신비(神祕)한 것이지, 알고 나면 쉬운 것이다. 고대 사람들이 전기, TV, 휴대폰, 미사일 등을 본다면 신기해 신으로 받들 것이다. 이는 **전자(전자기력)를 조작하여 이룬 현대의 성과**이다. 흡수엔진은 **강력의 시스템(글루볼)을 조작하여 실용화될 것이다.**

② 과학적 원리에 근거한 검증(흡수엔진의 원리에 융합된 지식들) 내용이 반복되므로 아래 '7. 증명(검증)'에서 서술한다.

## 7. 증명(검증)

이제 본 이론이 타당한지를 **다양하게 크로스 체크하며** 검증하여보자. 이는 1) 현상적인 증거에 의한 검증, 2) 과학적 원리에 근거한 검증, 3) 검증 방법론적 검증으로 구분해 검증하자. 흡수엔진 원리에 의하면, 후술하는 UFO의 비행 현상과 과학원리가 **모순 없이 설명-증명된다.**

### 1) 현상적 증거에 의한 검증(phenomenal evidence)

현상적 증거로 어떤 사실을 추론한 예를 들면, 약 2200년 전 그리스 에라토스테네스는 '위도가 높을수록 막대의 그림자가 길다는 등의 사실에서 지구가 둥글다'고 추정했고, 지구의 둘레까지 계산했다. 어떤 현상이든 반드시 모순 없는 과학적 원인과 결과가 있기 마련이다.

### ① UFO의 빠른 속도(**양자 제압** 또는 **진진공 형성**으로 인해서)

터널링한 강력(글루볼)이 공간양자를 제압-포획-합성함으로써 관성저항이 발생하지 않아 관성저항이 없기 때문이다. 흡수엔진이 에너지를 흡수할 때의 작용반작용으로 비행하므로 비행체와 공간양자 간에 얽힌 **'맞섬(관성저항)'이 사라진다.** 엔진 냉헬륨의 핵력이 공간양자를 끌어당겨 합성하므로 진진공이 형성되며, **오히려** 냉양자와 공간양자가 **'서로 당기며'** 얽힌 **'인력의 작용반작용'**만 있으므로 나타난 현상이다.

**진진공은 상대성원리에 해당되지 않는 자리이다.** 진진공은 '핵이 상대성이론의 상대 요소인 공간양자(시공간의 실체, 측지 텐서)를 삼켜 제거한 자리'로 우리우주의 일부가 사라진 자리이다. 따라서 관성저항이 없는 진진공 안에 들어서서 비행하므로 초광속과 사실상 순간이동이라할 정도의 비행이 가능하다(너무 빨라 눈이나 레이더로 감지 불가하다).

② 출발 시 깃털처럼 가볍게(**양자 제압** 또는 **진진공 형성**으로 인해)

터널링한 글루볼이 공간양자를 제압-포획-합성하므로 힉스장도 비행체와 '**맞서**' 얽히지 않기 때문이다(346쪽 참조). 비행체 냉양자의 강력이 터널링해 자잘한 힉스장 등 양자장을 제압-포획하면, 비행체에 맞서는 관성저항이 없다. 묵직-끈적한 질량감이 없다. 비행체 전방에 **맞섬이 없는** '강력의 음수-인력을 먹는 끈들(강력에 제압당한 끈들)'을 포획하며 비행하는 작용반작용의 효율성이 얼마나 높고 신속하겠는가?

③ 예각비행, 순간정지 등(**양자 제압** 또는 **진진공 형성**으로 인해서)

위의 ① ②에 의해 관성저항이 소멸하므로 순간정지와 예각비행도 가능할 것이다. 특히, 진진공 안에 들어서서 비행하는 경우는 우주가 비행체를 스쳐가는 결과에 이른다(이 말을 단번에 이해한 사람은 소수다).

흡수엔진은 공간의 실체인 인플레된 양자들[$mc^2 \rightarrow$ E]을 다시 회수하는 일이다[$E/c^2 \rightarrow$ m]. 과거의 경험이나 학습에서 축적된 아집적인 뇌의 사고체계보다 엄밀한 수학 논리를 믿자[$E/c^2 \rightarrow$ m]. 그게 옳다. 비행체 전방의 양자들을 회수하느냐고요? 그것은 팔중항과 글루볼, 그리고 쿼크에게 강력 시스템의 구체적인 '**조화 찾아가기**'를 직접 물어보세요(222~223쪽 참조)! 우린 그 속성들을 추동해 활용할 뿐입니다.

"과학이 할 수 있는 최선은 사물을 인지하는 것(그들이 어떻게 상호 관련되는지), 그리고 그걸 기술하고 활용하는 방법을 알아내는 것이다. 우리에게는 언제나, 설명돼야 할 수많은 미지의 사물과 더불어 설명되지 않은 또 다른 '왜, 어떻게'라는 질문이 남겨져 있다(T. 힐)." [69]

★★ [이상 ①~③에서, (UFO가 저속비행 중, 진진공이 형성되지 않더라도) 일단 터널링한 강력에게 '힘을 제압당한 힉스장 등 끈이 힘을 쪽도 못 쓰면' 관성저항이 사라지므로, 끈은 비행체를 끈적하게 붙잡으며 가속에 저항할 수 없다. 따라서 예각비행, 순간정지, 순간소멸이 가능하다. 예컨대, 씨름선수가 상대에게 힘을 제압당해 '넘어지는 순간에' '안 돼, 일어서야지!' 하지만, 이미 그 선수는 힘을 못 쓰는 이치이다. 순간소멸이란 정말 소멸된 것이 아니라, 순간가속이라서 볼 수 없다. 날아가는 포탄이나 총알을 볼 수 없는 이치다. 큰 물체라도 한계속도 이상이면 볼 수 없다. 오해 말자.]

④ 소리 없이 비행하는 현상(흡수엔진으로 인해서)

흡수하는 원리이기 때문이다. 더욱이 월드 시트와 음압, 양자가둠은 흡수의 충격파나 재난 그리고 혼돈 없는 정숙성을 유지시켜줄 것이다.

⑤ 분사 추진하는 흔적이 없는 현상(흡수-합성하는 원리이므로)

공간양자를 포획 시, 작용반작용으로 비행하므로 분사 흔적이 없다.
④번과 ⑤번 항목은 70쪽의 그림과 설명을 참조할 것. 매우 중요!

⑥ 김선규 기자 사진의 후미 진진공 추정 흑체 현상(흡수엔진이므로)

흡수엔진으로 인해 진진공이 비행체 후미에 잠깐 나타난 현상이다. 29쪽【D.7】은 흡수엔진 비행체가 저속으로 비행하므로 비행체 후미에 흐릿하게 나타나는 현상이다(62쪽에 있는 김선규 기자의 사진처럼). UFO가 매질인 공간양자를 먹어 치운 진진공 효과로 인해, UFO 너머의 대기권 먼 곳에서 파랗게 산란된 빛 파동의 진행이 끊기므로 검게 보인다. 【D.7-1】은 초광속 UFO가 공간양자를 모두 흡수-제거했을 때를 예상해 그린 상상도이다. 초광속 비행체는 검은 하트의 진진공 안에 있다.

⑦ 멕시코 상공의 웜홀(원형)과 시가형 UFO 하부의 구름 형성 현상
(자기장 진동으로 구름의 응결 해소, 흡수엔진의 **냉각 효과로 인해**)

웜홀(원형)은 자기장의 진동에 의해 구름의 응결이 풀린 현상이다. 목격자들은 모선 UFO가 <u>구름을 몰고 다니는 모습</u>을 자주 목격했다. 목격자들은 외계인이 자신들을 은폐하려고 그런 것이라고 추정하지만 사실은 그렇지 않다. UFO 엔진이 <u>절대영도(-273.15 ℃)에</u> 근접하므로, **UFO 하부도 함께 냉각되면서 공기 중의 물 분자가 응결되는 현상**이다.


⑧ 흡수엔진의 작동 모습과 에스겔서의 목격 현상(동일 현상) ★★
☞ 먼저, 114쪽 [흡수엔진의 단면도]를 **꼭 잘 봐 둘 것!**

성경 에스겔서에 기록된 UFO 목격 현상을 흡수엔진의 작동 원리에 대비해 과학적으로 설명-증명한다. 이하를 에스겔서에서 재인용한다.

■ 내가 바라보니 북쪽에서 **북풍이 불어오면서** 광채로 둘러싸인 **큰 구름**(필자; 비행체 냉각효과에 의한 현상)과 번쩍이는 불이 밀려드는데, 그 광채 한가운데에는 '**불 속에서**' **빛나는 금붙이 같은 것이 보였다**.

■ 그 생물들 가운데는 불타는 **숯불 같은 것이 있었는데**, 생물들 사이를 왔다 갔다 하는 **횃불의 모습** 같았고, 그 불에서는 **번개도 터져 나왔다**. (필자; 우주선에서 무슨 숯불을 피우고, 횃불을 밝히며 번개가 터졌겠는가? BEC를 이룰 때, 밀도반전에 따른 일시적 에너지 방출로 추정된다. <u>진실한 목격자 에스겔은 당시 문명의 눈높이로 UFO 작동 모습을 황망히 표현했다</u>.)

■ 그 바퀴들의 모습과 생김새는 빛나는 녹주석 같은데, 넷의 형상이 모두 같았으며, 모습과 생김새는 **바퀴 속에 또 바퀴가 돌아가듯 되었다.** (필자; 10쪽에 있는 특허출원서의 도면 【D.16-1999】과 유사한 원리다.)

■ 바퀴 테두리는 모두 높다랗고 보기에 무섭고, 네 테두리 사방에는 **눈**이 가득했다. (필자, **눈**; 266쪽 사진에서, '<u>하부에 반¼덮개가 씌워져 있을 때</u>'의 회전추 모습이다. **수평 유지장치**로 추정된다.)

■ 궁창(필자; 높은 곳의 창문, 즉 조종실) 위에는 청옥처럼 보이는 어좌 형상이 있고, 그 어좌 위에는 사람처럼 보이는 형상이 앉아 있었다.

■ 그것을 보고 나는 **얼굴을 땅에 대고 엎드렸다**. (필자; 에스겔이 근접한 거리에서 UFO와 로봇 등을 목격했다는 것을 시사한다).......

(인용문 끝)

이제 검증을 위해 <u>흡수엔진의</u> **초기 작동모습**을 살펴보자. 레이저의 가간섭성을 이용해 보스응축BEC를 이루는 **냉양자화 과정**을 다시 보자.

[가간섭성: 可干涉性, 결맞음 coherence; 레이저의 에너지는 크고 곧아서, 즉 결맞아 투과간섭능력이 커서 전자처럼 일종의 방어막인 방패(干)를 투과(涉)하여 간섭(干涉)한다. 이에 전자를 바닥상태에서 들뜬 상태로 만든다. 즉 전자가 핵에서 더 먼 곳의 궤도로 들뜬다. 이렇게 에너지를 끌어올리는 것을 펌핑이라 하며, 에너지를 흡수하여 함축한다. 전자의 들뜬 상태는 다시 바닥상태로 회귀하려는 속성이 있다. <u>전자가 들뜬상태의 원자 수가 전자가 바닥상태의 원자 수보다</u>

많아지면, 즉 밀도반전이 발생하면 함축하였던 에너지를 <u>일시에 방출</u>(<u>**번개 터지듯 빛이 터져 나옴**</u>)하면서 들뜬 전자는 바닥상태로 회귀하며 안정된다(양성자⁺ ⇆ 전자⁻ 간에 힘의 균형을 스스로 맞춰 조화를 이룬다).

전자 궤도를 투과한 <u>레이저</u>(광양자)는 결맞고, 고에너지, **고진동**이므로 이 고진동이 쿼크를 고진동시켜 속박자 글루온이 양산돼 글루온의 속박력을 키운다[고에너지 상태의 **광자(빛)**일수록 진동이 극심하다].

**양산된 글루온은** 균형된 핵을 이루기 위해 물질입자를 갈구하면서도, **글루온-강력의 안개효과로** 레이저를 흡수하여 냉원자로 된다. 이것은 **글루온이 양자-에너지를 안개효과로 합성하는 속성이 있음을 증명한다.** 그 결과 전자마저 핵에 잠겨 전자의 배타성이 소실됨으로써 냉헬륨은 거시적으로 양자화 고밀도화 되고, 핵의 조화(교환대칭)는 깨진다. 이제 냉양자는 공간양자와 쉽게 합성할 조건을 얻었다(**레이저 냉각**, BEC)]/

이 BEC와 관련된 부분을 인용문 에제키엘(에스겔)서에서 볼 수 있다. 인용문 중에 "그 (**숯**)불에서는 <u>**번개도 터져 나왔다**</u>"는 부분이 있는데, 이는 BEC를 이루기 위한 <u>에너지 방출</u>(밀도반전)과 관련이 있을 것이다. <u>흡수엔진의 초기 시동을 상정한 흡수엔진의 작동 모습은</u> 다음과 같다.

레이저의 가간섭성을 이용하기 위해 <u>레이저를 벌겋게 조사해 헬륨을</u> **숯불처럼** 달구면(95쪽 또는 책 표지 이미지 참조), 실린더 헬륨에서 밀도반전이 일어나면 마치 **빛이 번개처럼** (114쪽의 흡수창 카보나도를 통해서) **일시에 터져 나오며** 냉각된다. 이게 **흡수엔진 가동 초기의 모습**이다. [엔진이 한창 가동 중에는 BEC를 이루기 위한 레이저의 조사는 없고, 자기장에 의한 글루볼의 터널링 자체만으로 지속적인 극랭이 유지될 것임]

"그 **불**에서는 **번개도 터져 나왔다**"는 부분에선 흡수엔진의 초기 작동 모습(**밀도반전과 BEC가 진행되는 상황**)을 보듯이 머리에 그려진다. '그 (숯)불'은 레이저를 쏘아 헬륨 원자를 냉양자화시킬 때, 레이저도 붉지만 실린더 안의 방열판이 달궈져 퍼져 나오는 반사광으로 추정된다. 우주선에서 무슨 숯불을 피우고 횃불을 밝히겠는가? 진실한 목격자 에스겔이 당시 문명의 눈으로 UFO의 시동 모습을 황망히 묘사했다. **95쪽(책 표지)에서 보다시피**, 실린더 안에서 **흡수창인 카보나도를 통해 밖으로 나오는 레이저의 반사광이 붉을 수밖에 없다**(114쪽 단면도 참조).

또 **엔진의 극랭으로 인해** 습도나 고도, 서행, 정지비행 등에 따라 **비행체 하부에 연무(구름)가 생성**되기도 할 것이다. 에제키엘(에스겔)서 인용문 처음에, "**북풍(냉풍)이 불어오면서** 광채로 둘러싸인 **큰 구름**"이라는 부분이 있다. 갑자기 어디서 북풍이 불어오며, 큰 구름이 지면과 가까운 곳에서 발생하겠는가?! UFO의 흡수엔진은 -273 °C에 근접한 극랭 상태다. 극랭으로 인해 비행체 주변에서 단위 부피당 더 무거워진 기체(구름)가 목격자 주변으로 흘러내리면서 스쳤던 것이다. 목격자와 UFO가 그만큼 가까운 거리였다는 뜻이다. 가까운 거리였기 때문에 UFO 엔진의 차가운 냉기가 연무(구름)를 생성시키며 목격자의 주변에 흘러내리며 퍼졌을 것이다. 차가운 북풍처럼 말이다. 인용문 끝에서 '그것을 보고 나는 **얼굴을 땅에 대고 엎드렸다**'에서도 알 수 있듯 매우 근접 거리에서 진실로 UFO, 로봇, 외계인 등을 동시에 목격한 것이다.

(2000년 전, 인류의 무기는 활 창검 등이 전부라서 외계인의 입장에서는 인간을 경계하지 않았을 것이므로 그토록 가까이서 활동했을 것이다. 추정컨대, 100m 이내 거리였기에 '**얼굴을 땅에 대고 엎드렸을 것**'이다. 상식으로, 100m 이상의 거리면 얼굴을 조아리며 엎드리지 않을 것이다.)

283

에스겔은 UFO의 광경을 그 당시 문명인 자신의 눈높이로 묘사했다. 이를 현대문명의 눈으로 해석하면, 이륙 전에 엔진의 가동을 시작할 때 실린더에서 BEC를 이루느라 책 표지처럼 **'붉은' 레이저를 벌겋게 쏘니까 흡수창 카보나도를 통해 나오는 빛이 숯불이나 금붙이같이 보였을 것이고**, 또한 (원자들의 밀도반전에 따라) **빛이 '번개처럼' 터져 나왔던 것**이다. '불 속에서 빛나는 금붙이...'에서, '불 속'은 **'실린더의 속'**일 것이다.

이런 현상들을 연상하면, UFO의 적나라한 작동원리가 직접 그려진다. **흡수엔진의 작동원리와 에스겔(에제키엘)서의 내용이 정확히 일치**한다. 이는 흡수엔진과 UFO엔진의 구동원리가 동일함을 여실히 증명한다.

⑨ 낙엽 강하식 하강

UFO가 지그재그식 좌우로 운동 폭을 키우며 낙엽 강하식으로 하강하는 경우가 있다. 이는 **'이미 좌우로 흔들리고 있던 UFO'**가 하강함에 따라 **위치에너지가 운동에너지로 변환되며** 좌우로 운동 폭을 키우며 하강하는 현상이다. 흔들리는 종처럼, **'UFO의 무게 지지력점이 UFO 꼭대기에 있기 때문에'** 좌우로 운동 폭을 키우며 낙엽 강하식으로 하강하게 된다. 따라서 **'이미' 흔들리고 있던 UFO가 하강하면**, (종처럼) 지그재그로 좌우 진폭을 '확실히' 키울 수밖에 없다. 즉 UFO는 흡수엔진임을 증명한다.

⑩ 회전체 사이에서 발생하는 연무 현상(수직이착륙, 수평유지를 위해)

UFO 실존의 뚜렷한 증거로 266쪽 【Photo - 5】를 제시한다. 이는 UFO의 **존재론적 가치**가 크다. 설명은 266~267쪽에서 전술했다.

2) 과학적 원리에 근거한 검증(흡수엔진의 원리에 융합된 지식들)

아래는 흡수엔진에 적용된 과학원리들로 수학적 이론적 실험적으로 정립된 사실이므로 흡수엔진 원리는 **사실상 연역법에 의한 입증**이다 필자는 **실험했던 보스노바를 해석하고, 과학원리를 융합시킨 것뿐**이다. 흡수엔진이 작동되지 않으면, 아래 정립된 과학원리가 허당이란 건데, 그런 일은 있을 수 없다. 이 엔진은 원리적으로 작동되지 않을 수 없다.

## [흡수엔진의 구동원리에 융합된 과학원리들 요약]

① 상대성이론(가속운동계); 맞서 얽히는 로렌츠 효과로 초광속 불가함
  ☞ 진진공 효과로 초광속을 이룸(로렌츠 효과 소멸, 김 기자 사진이 증명)

② 양자 거품(공간양자, 암흑물질과 암흑에너지); ☞ 시공간의 실체

③ 질량 에너지 보존의 법칙; [E = mc^2] → [E/c^2 = m] ☞ **[E/c^2 → m]**

④ 음압(밀어내는 중력); 엔진의 정숙성 유지 및
  [실린더 음압 = 파진공의 음압(부의 공력)] ☞ 공간상의 대칭 성립

⑤ 보스아인슈타인 응축과 보스노바; ☞ 실험이자 증명

⑥ 플랑크상수와 양자터널링; ☞ 신기할 것 없는 범우주적 일상사

⑦ 강한 상호작용; ☞ '살아 있는 핵력 상태로' 글루볼 터널링(수학 증명 필)

⑧ 디랙의 바다와 초광속(파인만); ☞ 양자 포획-합성, 진진공, 맞섬 소멸

⑨ 영점운동과 피크노뉴클리얼리액션; ☞ 극랭에선 음의 핵반응이 용이함

⑩ 뉴턴 제3법칙; ☞ 흡수창 카보나도에 의해 인력의 작용반작용이 유효화

⑪ 초전도체와 마이스너 효과; ☞ 전·자기 차폐, 공간양자 차단, 냉원자 가둠

⑫ 원심력과 포논을 이용한 자이로스코프 원리; ☞ 아담스키가 촬영한
  사진에서, 회전추의 뒤쪽에서 발생하는 연무는 명백한 실존론의 근거임

① 상대성이론(가속운동계); 맞서서 초광속 불가 → 진진공으로 극복

상대성이론(가속운동계); 맞서 얽힘. 초광속 불가 등과 관련된 상세 내용은 36쪽 <일상에서 '양값의 힘을 먹는 끈'과 파진공에서 '음값의 힘을 먹는 끈'>을 참조할 것. 반복되는 양이 너무 많아 생략한다.

1999년 7월 4일, 우연이 EBS TV를 보다가 호기심이 발동해 탐색하던 중 아담스키의 사진에서 UFO가 실존한다는 결론에 이르렀고, 연구를 겨우 두 달 동안 집중해 당시 특허를 냈었다. 2가지 핵심 특허 내용 중의 하나는 옳았고(수평유지 및 복원, 팽이-자이로스코프), 다른 하나인 UFO의 구동원리는 오류였다. 그 후 무려 13년 동안 생각해도 UFO의 구동원리가 머리에 떠오르지 않았다. 그러던 중...

"케플러의 면적속도일정 법칙 – 아슈의 중력상수 – 허블의 팽창우주 – 츠비키, 루빈의 안티케플러리안 – 펄머터의 가속팽창... 일련의 사건들을 통해 우주에는 **암흑에너지와 암흑물질**이라는 미지의 양자가 가득하며,......"

2013년 초에, 모든 것을 잊고 마음이 텅 빈 상태로 과학저널에서 위 내용을 '**멍때리듯 무심히**' 읽다가 번개처럼 영감(직관)이 떠올랐다. 13년간을 헤매던 UFO 구동원리의 **실마리가 갑자기 한순간에 풀렸다.**

하여튼, 실마리의 단초(직관, 영감)는 바로 '암흑에너지'에서 얻었다. 암흑에너지?! 에너지!.... 아, 그래! 이 암흑에너지를 비행체의 상대적 에너지원으로 이용하여 흡수하면 인력의 작용반작용이 발생하여 역시 비행할 수 있겠구나! 번개처럼 스치는 직관-영감이 바로 그것이었다. 바보처럼 어이없는 생각이 '예사롭지 않게' 머리를 스쳤다(**무의식의 힘**).

우주에는 암흑에너지와 암흑물질이 96%다. 이들은 아직 그 실체가 규명되지 않았다. 비록 그것이 예측에 불과하더라도, 보손(힘입자)이나 페르미온(물질입자)의 붕괴물이 공간양자일 것이다. 이러한 공간양자를 포획-합성할 때의 작용반작용을 이용하면 '**인력으로**' 비행을 할 수 있다. **공간양자는 나**(비행체)**의 상대적인 에너지원이다!** 이때 비행체 주변에는 자연스럽게 진진공이 형성될 것이고.... 이렇게 직관(영감)은 계속됐다.

이에 상상력과 유연한 사고를 총동원하여 모든 이용 가능한 과학적 지식과 상상력을 융합했다. 필자의 짧은 과학 지식으로 어찌나 생각을 깊이 하고 내적 에너지를 쏟았던지 번아웃 증후군(탈진)으로 음식이 삼켜지질 않아 죽 이외엔 먹을 수가 없었으며, 덕분에 보약도 먹었다. 잠들기 직전 비몽사몽간의 무의식까지 동원됐다(**진진공**). TV, 휴대폰, 미사일 등처럼 알고 나면 별것 아니지만, 알기 전에는 이렇게 어렵다.

문득 칸트의 명언이 생각난다. "인간의 지식은 모두 **직관**으로부터 시작하여 **개념**으로 나아가서 **아이디어**로 끝난다." 이렇게 하여 우리는 가끔 종족이나 동굴의 우상, 극장(권위)의 우상으로부터 벗어날 수 있다. 흔히들 권위를 의심하라고 말하지만, 막상 진보된 주장을 하고 있는 필자로서는 철벽같은 권위의 우상이 두렵기만 하다. 과거 지동설처럼.

② 양자거품 ☞ 공간의 실체인 양자거품을 제거하면 진진공!

③ 질량 에너지 보존 법칙: $[E = mc^2] \rightleftarrows [E/c^2 = m]$ → **$[E/c^2 ➜ m]$**

핵폭탄의 $[mc^2 ➜ E]$ 방향으로 질량이 에너지로 보존되기도 하지만, 흡수엔진처럼 $[E/c^2 ➜ m]$의 방향으로 에너지가 질량으로 보존되기도 할 것이다. 신기할 것 없는 일이다(각각 합당한 조건만 걸어주면 된다).

그러나 [E/c² → m]은 아직 그 거대한 실용화를 이루지 못했다. 이제 흡수엔진으로 실현될 것으로 소망한다. 흡수엔진의 기초는 보스와 아인슈타인이 먼저 이루어 놓은 이론이다. 그리고 종국적으로 파인만, 겔만, 디랙, 코넬, 케털리, 위먼 등을 만났다. 필자는 단지 여러 이론을 분석하고 융합하여 새시대를 실현할 아이디어를 제안한 것뿐이다.

[E = mc²] → [E/c² = m] → [E/c² → m]에서, c²이라는 '광속×광속'은 상대론적 맞섬 때문에 현대 물리학에서 용인하지 않는 속도이다. 그러나 이제는 **대칭성 깨짐과 양자 터널링, 진진공 등을 서술했으므로** c²을 '광속×광속(초광속)'으로 표현해도 미래에는 무리가 없을 것이다. 비행체 질량증가로 초광속은 불가하다고 외쳤으나, 그들이 이룬 식에 <u>c²-초광속을 함축(含蓄)-잠재하고 있었다</u>. 수학은 이처럼 엄밀하다.

초광속 금지는 맥스웰의 전자기력 방정식에 숨은 상대성이론의 선결 조건으로 이해한다. 그러나 강력 c²은 전자기력 c가 아니다. '핵에 살아 잠재된 강력 c²(글루볼)'이 파진공으로 터널링하면, [**'냉양자 쿼크·글루볼 진동-가속 조건부' 강력(속박력)-글루볼의 터널링**], 강력자(볼, 타키온, c², 인력)가 맞섬 없는 파진공으로 발현해 매개하므로 그 힘과 속도가 크고 빨라 양자를 초광속으로 포획하겠다. 근원은 '강력c² > 광속c'이며, **c²은 핵에 잠재된 초광속**이다(182~183쪽).

④ 음압(밀어내는 중력)

중력은 무조건 끌어당긴다는 것으로 오인하는 일반인들이 많다. 그러나 그렇지 않다. 필자는 '밀어내는 중력'을 '음압'과 연계하면서 혼자의 상상력으로 특수한 흡수엔진 실린더 내부의 환경을 유추했다. 그 후 책 엘러건트 유니버스에서 아인슈타인이 음압을 이미 정립해 둔 것을 확인했다. 필자의 상상력이 헛되지 않았음을 알고 반가웠다.

음압은 척력을 유발해 물체 간에 서로 밀어낸다. 중성자나 전자와 같은 일상의 입자 자체의 부피를 키울 수는 없으나, 입자와 입자 간에는 척력(서로 밀어내는 중력)이 있다. 상세한 내용은 후술함(350쪽).

흡수엔진 실린더의 음압은 흡수엔진에서 초유체 헬륨 입자들 간에 서로 조밀하지 않게 해 유동할 공간을 확보시켜주고, 실린더 벽이나 피스톤에서 발산되는 연속적인 음값의 게이지 장으로 양자 흡수 시의 충격을 상쇄시켜주므로 **정숙한 에너지 흡수가 이루어지도록 할 것**이다. 음압은 흡수엔진의 실린더 내부의 환경과 직접적으로 관련이 있어서 흡수엔진의 필수조건이다. 실린더의 음압은 핵이 공간양자를 원만하게 흡수할 조건을 이루어 주는 것 중의 하나이자, **실린더의 음압과 파진공의 음압이 물리적 대칭을 이룬다.** 찾아보기에서 <u>부의 공력</u> 참조

⑤ 보스-아인슈타인 응축과 보스노바(BEC & Bosenova)

헬륨은 극저온, 저압일 때에도 상호작용을 보여 액체인 초유체상을 갖는다. BEC와 보스노바는 흡수엔진의 근간이다.

양자거품을 지속적으로 흡수-합성하면서, 윤팔(潤八; 8중항의 증가)에 의해 본능적인 '하드론되기'도 이룰 것이다. 에너지를 담아 안전하게 보관할 용기(핵)를 스스로 만들어 쓰는 셈이다. 또한 냉양자의 온도가 상승하면, 전자가 되살아나 용기의 뚜껑을 꼭 맞게 닫아 버린다(원자). 그런즉 체르노빌, 후쿠시마 같은 사태는 애초에 발생할 수 없다(180쪽).

⑥ 플랑크상수와 양자 터널링

플랑크상수는 에너지의 최소 단위와 전자기파의 진동수 사이의 비례상수인데, 자기장의 격렬한 진동을 실린더에 공급하여 비례상수를 키워주면 **'양자 하나당'** 에너지(힘, 진동, 냉에너지)가 커진 결과로 양자 터널링을 이룬다. 이는 흡수엔진의 근원적 근간이자, 양자 세계의 깊고도 은밀한 비법이다. 이하 86쪽에서 전술했다. **이는 매우 중요하다!**

⑦ 약한 상호작용(힉스 메커니즘)과 강한 상호작용; 전술했음

⑧ 디랙의 바다와 초광속(진진공이 형성되면 맞섬이 소멸)

**초광속**은 **239~248쪽에서 설명**하였고, **순간이동**은 공간이 사라지면 시간도 사라진다. 307쪽 '시공간'에서 상술한다[공간 소멸 → 시간 소멸]. 지금까지, 초광속과 순간이동은 파인만 등 소수를 제외한 인류가 이해할 수 없는 일이었다. 강조해, UFO의 목격 현상과 과학적 원리들, 디랙 바다의 초광속, 아인슈타인의 시공간 통합 개념에 의한 사실상 순간이동이라 할 정도의 속도 등이 모순 없이 모두 설명된다. 본고에 오류가 있다면 수많은 과정의 어디선가는 모순이 발생할 수밖에 없다.

물론, 광점형이나 분사형 등의 UFO는 본 원리로는 설명이 불가하다. 가설적으로, 이런 엔진은 $^3$He나 물질-반물질의 합성 등을 이용한 엔진으로 추정되므로 흡수엔진과는 별개 문제다(이 경우 지면에서 방사선이 검출되기도 할 것이다). 외계인은 우리보다 수천~수십만 년 앞선 문명일 것이다. 그러나 미시의 세계에서 깊이 심화된 1927년 전후 양자혁명(코펜하겐 해석)을 기준으로 하면, 인류 현대문명은 고작 100년에 불과하므로 미개척지는 무한하다. 기성의 지식은 우리의 사고를 가둔다.

⑨ 영점운동과 피크노뉴클리얼리액션 / 글루볼의 터널링

피크노뉴클리얼리액션; "**비상한**(지극한) **고밀도에서는**, 온도 OK에서 영점운동(−273.15 ℃의 가장 낮은 에너지 상태인 바닥상태의 운동)만으로도 크론(쿨롱) 장벽을 넘은(터널링한) 핵반응이 일어날 수 있다. 이를 '피크노뉴클리얼리액션'이라 한다." [68] 이는 흡수엔진 원리의 이론적인 증명이며, 도면【D.10】은 그 실험이 될 것이 틀림없다.

따라서 극저온인 음극의 피크효과로 형성되는 깔끔한 고밀도(보스노바에서의 '내파')의 조건에서는 '**자기장의 격렬한 진동을 공급해주지 않더라도**' 자체의 영점운동인 진동만으로도 쿨롱장벽(에너지 장벽)을 꿰뚫어(터널링해) 핵반응이 일어날 수 있다는 놀라운 중요성이 있어 추가 삽입한다(2018. 4. 4). 놀라운 귀결이다!

[냉양자는 (센 자기장을 공급해도) 이웃 냉양자끼리 핵반응하지 않는다. 이때 냉양자는 ☯글루온이 극적으로 증가함으로써 속박력이 증가하면서도 깨진 대칭성을 복구하기 위해 ★강력(글루볼)이 터널링하여 공간양자를 포획 -합성할 것이다.
냉양자 상태를 의인화해 묘사하자면, 한 냉양자가 옆의 냉양자에게 '나는 에너지-양자 파편이 부족하니 에너지-양자 파편을 좀 다오!' 하고 말하면, 상대 냉양자가 '나도 형편이 너와 같다. 오히려 너가 내게 에너지를 좀 다오!' 하고 말하는 형국이므로 냉양자끼리는 절대로 핵반응하지 않는다. **반대로**, 핵폭탄은 기폭장치의 운동에너지가 ☢핵의 속박력을 '**상쇄시켜**' 핵합성한다. 따라서 ★의 내용은 확실하다. 그 실험적 증명이 바로 보스노바다.]

위의 음의 극 ☯과 양의 극 ☢은 물리적 환경(힘)이 극단적으로 반대다. ☞ 91~94쪽, 165(163~168)쪽 등 참조. 매우 중요!!

⑩ 뉴턴의 제3법칙(작용과 반작용)

[$E = mc^2$] → (글루볼이 터널링하면) → [$E/c^2$ → m]으로 변환된다. 실린더의 냉양자가 공간양자-에너지를 '광속×광속'의 속도로 <u>흡수해 **작용**</u>하고 [$E/c^2$], 공간양자는 <u>버티며 끌려오므로</u> **반작용**으로 비행체를 당긴다(즉, 냉양자와 공간양자는 **서로 당긴다**). 이때 작용반작용으로 비행하며(즉, 주산물로 **속도**와 **힘**-운동에너지를 얻으며), 실린더에는 부산물로 질량[m]이 쌓인다[$E/c^2$ → m]. 이때 흡수창 카보나도는 냉양자를 가두고, 매개자와 공간양자는 투과시킨다[**작용반작용의 유효화**].

볼이 터널링하면, 눈에 아무것도 보이지 않은 공간에 작용반작용이 일어나게 할 엄청난 힘(에너지)이 공간양자에도 있는가에 대해 궁금할 것이나, <u>실린더의 음압과 파진공의 음압(부의 공력)</u>이 대칭적으로 나타난다는 사실을 상기하자(상대를 당기면, 나도 끌려간다). 또한 물리학(끈이론)에서 양자의 장력과 질량을 충분히 설명하고 있다.

"끈 중력자의 플랑크 **장력은 $10^{39}$톤**, $E=mc^2$을 이용해 플랑크 에너지를 질량으로 환산하면 **양성자 질량의 $10^{19}$배**나 된다(상쇄되기 전). 이 힘과 질량은 양자적 요동에 의한 **음값을 가지며**, 이는 끈 자체의 **진동**에 의한 <u>에너지를 상쇄</u>시키는데, 상쇄되는 양이 거의 플랑크 에너지와 비슷하다. 최저의 에너지 상태로 **진동하는 끈**은 원래 플랑크 에너지 스케일의 에너 <u>지를 가지고 있지만</u>, **진동 대부분이 자체적으로 상쇄돼** 겨우 쿼크 등 입자족 형태로 나타난다. **이는 결코 양자의 에너지-질량이 작다는 뜻이 아니다.**"[13]

☞ 317쪽 참조

필자; 물질입자는 질량이 조금이라도 있을 것이므로 초광속이 불가능하다. 그러나 <u>파진공의 물질입자가 초광속-타키온으로</u> **발현**돼 비행체를 당긴다. **타키온은 극한 진동**으로 불안정하다. **극한 진동은 큰 물리량(힘)으로 대응**된다. 타키온과 비행체는 큰 힘으로 (맞섬 없는 윤팔홀에서) 서로 당긴다(325쪽).

⑪ 초전도체와 마이스너 효과

초전도체의 소재인 실린더에 냉양자의 극랭이 전도되어 초전도체 표면에서 광자가 질량을 얻는 마이스너 효과가 발생함으로써 외부와 완전히 밀폐된다. 자기장을 걸어주면, 이 밀폐 효과가 증강되어 양자, 냉양자 등 모든 힘과 입자는 실린더를 투과할 수 없다[**자기 차폐**].

또한 마이스너 효과는, (효율적으로 자기장을 만들기 위한) 초전도체 케이블 안에서 흐르는 힘의 실체인 전자를 케이블 안에 가둔다. 마이스너 효과는 초전도체 '표면에서' 발생해 밀폐된다. [**전기 차폐**]

즉, 실린더와 케이블은 내외부 간에 전·자기 차폐효과를 걸어야 한다. 페르미온 등이 붕괴되어 우주공간에 파편으로 존재하는 공간양자를 가져올 통로는 이제 흡수창 카보나도뿐이다[**작용반작용의 유효화**].

⑫ 원심력과 포논을 이용한 팽이의 원리 [266쪽 ☞ UFO 실존론의 근거]

이는 원심력과 포논을 이용해 수평유지 및 복원력을 갖춤으로써, 행성에서 안정된 비행과 수직이착륙에 활용될 것이다. 그러므로 이 원리는 <u>흡수엔진의 구동원리가 아니라</u>, **수평유지 및 수평복원 장치**다. 쉬운 예를 들자면, 팽이 밑의 꽁지에 로켓을 부착했다고 이해하자. (1999년 9월에 필자가 특허 출원했던 원리다. 가치가 작아 곧 공개했다. 분석을 의뢰했던 그 기관에서 '자이로스코프의 원리를 이용한 수직이착륙 장치'란 이름으로 특허를 냈다. 2014년 6월 미국에서 LDSD 실험을 했다.)

특히, 이는 **UFO 실존론 차원에서 그 의미가 크다.** UFO가 실존해야 본고가 더욱 타당성을 갖기 때문이다. 이하 전술했다.

### 3) 검증 방법론적 검증(증거의 신뢰성과 입증력에 대하여)

연역법과 귀납법에서, 연역법은 입증력이 역시 확실하고, 귀납법은 납득은 가더라도 어딘가 불안한 구석이 있는 논법이다. 수학이나 과학원리처럼 명확한 사실과 논리에서 출발한 연역법은 결론도 명확하고 입증력도 그만큼 확실하다.

그러나 통계나 현상적 증거와 같은 귀납법은 납득은 가지만 어딘가 불안하다. 1억 명 중에서 한 명의 돌연변이가 나올 수도 있기 때문이다. 달에 비친 지구의 그림자가 원이고, 돛대가 맨 나중에 사라지며, 높은 위도의 막대 그림자가 더 길다는 현상이 '지구가 둥글다'는 것을 증명하는 분명한 사실이었으나, 옛날에는 이 사실이 하도 이상하고 신기해 어딘가 불안하고.... '정말 그런가?' 하는 의구심이 들었을 것이다. 당시로서는 '육지와 바다가 둥글다'는 주장이 너무나도 황당하게 들렸기 때문이다.

[지구는 너무 가까워서, (직경이 지구의 11배인) 목성은 너무 멀어서, 소립자는 너무 작아서 볼 수 없었다. 암흑물질, 공간양자, 글루볼 등은 지금도 못 본다. 모두 '보이지 않아서'의 문제 때문에 우리는 탐구한다.]

UFO형 비행원리의 이론도 마찬가지다. 목격자들이 증언한 현상을 모순 없이 설명해도 '과연 그럴까? 현대 물리학에서 초광속을 절대로 허용하지 않는데... 그게 가능할까?' 할 것이다. 많은 물증을 제시하고 체계적인 논리로 설명해도 하룻밤 자고 나면 각자의 사고체계로 재해석해 버린다. 인간의 뇌는 철저하게 자기중심적이다.

필자가 구상한 원리가 옳은 방향으로 접근하는 것은 틀림없다. 전술한 현상적 입증 10가지뿐만 아니라, 과학적 원리의 입증에서도 12가지 원리들을 크로스 체크하면서도 아무 모순이 없다(총 22가지).

귀납법은 증거가 많을수록 입증력이 높아진다(실은, 달에 비친 지구 그림자가 원이라는 하나만으로도 '지구가 둥글다'는 분명한 입증이다). 연역법은 '2) 과학적 원리에 근거한 검증(흡수엔진에 융합된 지식들)' 처럼 과학적 수학적 사실에 근거한 증명이므로 입증력도 확고하다.

모든 진실은 세 과정을 거친다. 첫째, 조롱당한다. 둘째, 심한 반대에 부딪친다. 셋째, 자명한 진실로 받아들여진다. 모든 사람은 그 자신의 이해 정도와 인식의 한계 내에서만 세상을 바라볼 뿐이다. – 쇼펜하우어

【양자 탐색의 이야기 – 쉬어 가는 여담의 이야기】

러더퍼드가 원자핵을 발견했을 때처럼 입자를 쏘아 튕겨 나오면서 발생하는 물리적 반응을 분석하는 탄성 실험이나, 매우 작은 탐색입자를 큰 입자에 쏘아 넣어 그 물리적 반응을 분석하는 비탄성 산란 실험 등 양자 탐색의 방법은 다양할 것이다. 이것으로 모든 것이 명확히 정리되면 연역적 방법으로 문제는 간단히 해결될 것이다. 그러나 원자 등을 깨부숴 양자들을 구체적으로 들여다봐도 모든 실체를 다 볼 수 없고, 그 기능과 역할 등 속성을 모두 알 수는 없다.

즉 소립자가 붕괴되면 그 후로는 공간양자의 크기가 너무 작고 수는 너무 많으며 어딘가로 날아가 버린다…. 따라서 모든 양자의 실체들을 감지하여 탐색하려면 입자충돌기가 은하만큼 커야 한다는 학자도 있다. 양자는 그만큼 극미, 난해하므로 양자 탐색에 한계가 있다는 뜻이다.

그러므로 입자를 깨뜨려 보는 **해체주의가 아니라**, 흡수엔진을 만들어서 우주 공간의 양자를 다시 흡수엔진의 냉양자에 합성해 **물질을 재구성하는 구성주의를 실현해보자**. 이는 양자의 속성을 탐색하는 중요한 도구가 될 수 도 있다. 흡수엔진 그 자체가 물리학의 다양한 실험 도구가 될 것이다. 필자의 이런 접근이 헛되지 않길 소망한다. 탑을 쌓고, 쌓는 법을 전수하자.

8. 비행 시, 입자들과 충돌 극복의 문제

공간의 원소나 먼지가 초광속 비행체와 충돌하면 비행체가 불타며 산산이 부서질 것이다. 이 문제를 어떻게 극복할 것인가? 당장은 저속으로 비행하면 될 것이나, 초광속을 전제하면 이 문제는 난제다.

① 62쪽의 김선규 기자 사진에서 보면, 외장의 하얀 반사체가 회전하고 있는 느낌이 든다. UFO의 외부에 카보나도 회전체를 설치하고, 고속 회전시키면 회전력에 의해 입자들을 강하게 튕겨낼 수도 있겠다.

② 회전하는 물체는 힘이 커지며, 힘을 집중시켜 전달하므로 강력, 섬세, 예리하게 전달한다. 냉동육이 회전 칼에 의해서 깔끔히 썰리는 것도 이 같은 이유다(냉동육을 충돌-저항하는 입자에 비유한 것임). /

한편, (씨름 선수가 상대 선수에게 **힘을 제압당해 넘어지는 '순간에는'** 힘을 전혀 쓸 수 없듯이) 터널링한 강력에게 힉스장 등 양자장이 제압당한 상태에선 **힉스장도 원자를 끈적하게 붙잡는 힘을 쓸 수 없다**. 따라서 비행체와 충돌한 원자 등의 충격은 미약하거나 없을 것이다.

왜냐면, 파진공 안의 원자 등 **완전체는 이미 '자신의' 핵력**(속박력)**으로 자신의 핵 시스템을 옥죄므로** 터널링한 강력파와는 상호작용하지 못할 뿐더러, / (넘어지는 '순간의' 씨름 선수처럼 **터널링한 강력파에게 '이미' 포획-제압당한**) **힉스장**은 원자와 상호작용할 수 없기 때문이다.

즉, 파진공의 힉스장 등 양자장은 터널링한 강력파에게 포획되지만, 원자는 강력파에게 포획되지 않는다. 따라서 강력파에게 힉스장 등이 포획되므로 **힉스장 등과 '엮임이 단절된' 파진공 안의 원자**는 비행체와 충돌 시, **저항 없이** 튕겨 나갈 것이다. 이 효과에 위 ① ②의 효과를 더하면, 비행체와 원자가 충돌 시 비행체가 부서지지 않을 것이다(예측).

## 9. 요약 및 핵심정리

### 9.1) UFO의 비행(구동)원리 요약

① 양자화된 초유체 헬륨에(**BEC**),

② 자기장의 진동(냉에너지)을 가해 **플랑크상수**를 크게 공급하면,

③ 냉헬륨의 글루볼이 커진 플랑크상수 [$h$ = E/f]로부터 에너지를 잠시 빌려 삼켜 **터널링**을 이룸으로써(**보스노바**),

④ 실린더의 냉헬륨이 비행체 전방의 공간양자를 포획-제거하면 비행체의 주변에는 자연스럽게 **진진공**이 형성된다(찢어진 공간). 김선규 기자 사진이 증명한다. 진진공 형성은 초광속의 절대 조건이다.

⑤ 공간양자가 실린더 안의 냉양자 상태의 헬륨으로 흡수-합성되며 **작용-반작용**이 발생하고, 그 결과 비행체는 별을 향해 내달릴 것이다. 이때 흡수엔진은 주산물로 **속도와 힘**(운동·전기)을 얻으며(**180, 365쪽**), 실린더의 냉양자에는 부산물로 질량이 증가한다[E/c$^2$ ➔ m].

**비행체가 자신의 주변에 참된 진공**(힉스 입자 등등 모든 공간양자가 완전히 제거된 진진공)**을 형성시켜**, 그 안에 들어서서 **비행하는 원리다. 그러므로 비행체 가속 시, 파진공 안에 있는 힉스장 등이 제거되므로, 진진공 안에서는 딩밀처럼 끈적한 관성저항이 사라진다**(이는 정설이다).

비교 설명하여, 로켓은 힉스 입자 등 공간양자의 '맞섬-얽힘-저항'에 의해서 가속할수록 비행체 질량이 누적적 기하급수적으로 증가하지만, 흡수엔진은 위 원리에 의해 끈적한 관성저항이 사라진 진진공 안에서 가속하므로 비행체 자체에는 질량증가가 없으며, 단지 실린더의 냉양자의 질량만 증가한다. 그런즉 순간정지, 예각비행, 초광속을 이룬다.

## 9.2) 과학원리의 핵심정리

흡수엔진으로 새로운 패러다임을 제시할 수 있는 핵심적 과학원리를 정리하면 다음의 일곱 가지이다.

① 보스-아인슈타인 응축 [**다발적(多發的) 조건 획득**]

원자를 냉원자로 만들어 전자를 하드론에 잠기게 하여 전자라는 울타리가 잠겨 배타성이 사라지면서 ★**거시적으로 양자화**, **고밀도화**되고, ★**마이스너 효과**로 공간양자를 차폐하고 냉양자를 가둔다. 핵의 조화상태인 ★**대칭성이 깨짐**으로써 [$E/c^2 \rightarrow m$]의 원리가 유발될 수 있는 조건을 얻어 초광속을 이룰 수 있다. 여러 **조건을 다발적으로 획득**한다.

② 보스노바 [**자기장으로 글루볼 터널링의 실행력 부여**]

자기장[$E \propto B^2$]에 차인 냉양자의 쿼크들은 <u>글루온을 더욱 생산</u>하고, 또한 (핵을 구성하는 오리지널 입자가 아니라서 결합력이 약한) 글루볼은 페르미온 파편을 포획하기 위해 자기장으로 커진 플랑크상수[$E = h f$]를 삼켜 공간으로 **양자(글루볼) 터널링**을 이룬다(불확정성 원리에 기반함).

(조화진동자의 대칭성 복구를 위한 본성으로) 글루볼이 터널링하면, 냉헬륨은 공간양자와 상호작용함으로써 **양자 합성을 이룰 수 있다는 것**. 자기장으로 글루볼이 터널링할 실행력을 부여해 보스노바가 유발된다.

③ 하드론되기 [자연의 신비, **스팔레론적 균형-조화찾아가기**]

위 ①과 ②에 의해서 냉양자와 공간양자의 합성으로 핵의 에너지가 증가해 들뜨고 불안정해지면, 냉헬륨 핵은 힘의 조화-균형 향하여 자신을 복제해 분가한다(핵의 소립자가 들뜬 10중항이 <u>8중항 둘</u>로 분가). 흡수엔진은 스팔레론적 **하드론되기의 본능을 이용한다는 것**. [스팔레론; 빅뱅 직후, 힘의 **균형(조화, 안정)을 이룰 때까지** 핵자가 양자를 포획하는 것]

④ 흡수-합성 선행의 원리 [**공간양자를 포획하는 것이 맞섬보다 선행**]
강력의 음값 $c^2$은 광속 c보다 절대적으로 빠를뿐더러, 냉원자 핵에
**잠재된 $c^2$이 초광속 타키온으로 풀려 '맞섬 없는 인력으로'** 양자를 포획.

⑤ 마이스너 효과(냉양자 가둠, 공간양자 유입 차단), 음압, 월드 시트:
정숙한 양자 합성을 이루게 해준다. [**정숙하고 안정된 엔진**]

⑥ 카보나도의 활용 [**작용반작용의 유효화**]
카보나도는 최소의 크기를 갖고 있는 글루볼 등 매개입자와 공간양
자를 투과시키고, 팔중항에 의해 쿼크(물질입자)가 얽혀 뭉친 페르미
축퇴(縮退)의 굵은 핵을 구성한 냉**'원자'를 실린더에 가둠으로써**, 공간
양자를 포획-합성할 때 비행체와 공간양자의 작용-반작용이 유용화됨.
특히, 실린더 내부 냉원자에서 강력의 터널링으로 형성된 음값-**음압**이
비행체 전방에 형성된 파진공의 '부負의 공력空力인 **음압**'과 **대칭**된다.

⑦ 초광속의 절대 조건 [**진진공 형성**]
비행체와 맞서며 비행체의 질량을 증가시키는 공간양자를 흡수엔
진으로 모두 포획-**제거**함으로써 **진진공(眞眞空)**이 형성되어 강력 $c^2$에
의해 **초광속**을 이룰 수 있다. 잠재되어 있던 초광속 $c^2$의 발현(發顯)!

<중요한 참고 사항>
**저속비행 시**, (**진진공이 형성되지 않더라도**) 일단 터널링한 강력(볼)에게
**'힘을 제압당한 힉스장 등의 끈이 힘을 쪽도 못 쓰면'** 관성저항이 사라진다.
따라서 예각비행, 순간정지 등이 가능하다. 비유; 씨름 선수가 상대에게
힘을 제압당해 **'넘어지는 순간에는'** 그 선수가 힘을 못 쓰는 이치다. 마치
쏠배감펭이 전방의 물(시공간)까지 흡입하는 이치다. 346~349쪽 참조

&lt;핵심정리 요약&gt;

① 보스-아인슈타인 응축 BEC: 냉각효과로부터 [**다발적 조건 획득**]

② 보스노바: 자기장으로 양자터널링 [**실행력 부여 → 글루볼 터널링**]

③ 하드론되기: 조화찾아가기의 속성을 이용 [**양자 합성**]

④ 흡수-합성 선행 원리: 글루볼 터널효과 [**냉원자 핵에 잠재된 $c^2$의 초광속 입자 타키온으로 풀려 '맞섬 없는 인력으로' 공간양자를 포획**]

⑤ 마이스너 효과(냉양자 가둠, 공간양자 유입 차단), 음압, 월드 시트: 정숙한 양자 합성을 이루게 해준다. [**정숙하고 안정된 엔진**]

⑥ 카보나도의 활용: 냉'원자'만을 가둠으로써 [**작용-반작용을 유효화**]. 공간에서 대칭이 성립됨 [실린더 내부의 **음압** = 파진공의 **음압**]. 즉 흡수엔진이 가동되면, 실린더의 음압 힘이 파진공에서 음압을 짊어지는 힘인 '부負의 공력空力'과 **대칭적으로 나타난다는 것**

⑦ 진진공: 맞섬이 없으므로 초광속($c^2$)의 속도 가능

⑧ 이들 ① ~ ⑦이 동시적으로 융합하며 **초광속의 조건들**을 이룬다.

## ※ 핵심 논점

요지의 핵심 논점은 BEC와 자기장을 이용한 **양자 글루볼의 터널링 유발 여부**에 달려있다(**글루볼의 터널링: 이미 수학적으로 증명 완료!** / 또 **실증인 보스노바 실험도 이미 완료!**). 플랑크상수에 의한 양자 터널링은 과학적 기반이 확고할뿐더러, 엔진에 융합된 과학원리들은 **정립된 사실들**이다. 또 여러 증명에서 그 원리를 명백하게 입증하고 있다. 초광속의 발현은 글루볼 터널링에 따른 '**(맞섬이 없는) 그 순간이 지속되는 동안뿐**'이다! ☞ **이것이 평소에 $c^2$을 상수처럼 쓰는 이유다.**

## Ⅲ. 결론

우리가 인식 가능한 만물은 마치 수면에서 출렁이는 파도와 같다. 파도의 본질은 깊고 깊은 물인 것처럼, 만물의 본질은 넓은 공간에서 춤추고 씰룩이는 공간양자 파편들(암흑 에너지와 암흑 물질: 96%)이다. 바람에 파도가 일렁이므로 파도(전자, 행성, 항성 등 일상 물질 4~5%)만을 인지할 수 있다. 따라서 양자를 조작하면 많은 걸 얻을 수 있다.

에스겔서에 쓰인 UFO 엔진의 작동원리 현상이나 아담스키 UFO의 회전 삿갓에서 발생한 연무에 의해 UFO의 실존이 명백하고, 외계의 지적 생명체가 거주 가능한 행성은 왕복 8.5광년 이상의 거리에 있다. UFO가 지구까지 올 때, **초광속을 방해하는 것이 공간양자**(에너지)**라면** 오히려 공간양자를 **비행체의 상대적 에너지원으로 역이용하는** 엔진은 존재할 것이다. 초광속을 이루려면 대칭성 깨짐과 강력의 잠재 속도 $c^2$, $c^2$을 우주공간으로 매개해 주는 글루볼의 터널링은 필수조건이다.

비행체의 흡수엔진이 공간양자를 먹어 치우는 속도(환율)는 $c^2$이므로 우조공간을 가득 채우고 있는 **'인플레 된 공간 양자거품의 속도-힘을 충분히 제압하여 포획-흡수-합성함으로써'** 진진공을 이룰 것이다.

자잘한 양자 파편으로 존재하는 공간양자든, 아니면 양자 파편들이 뭉친 거시의 비행체로 존재하든 간에 이들에게서 일어나는 '맞섬'의 근본 원인은 비행체와 공간양자의 '맞섬'에 따른 **파동 얽힘 때문**이다. 그러므로 초광속을 이루려면, 일반상대성이론의 장방정식에서 말하는 측지 텐서인 **공간양자들은 반드시 흡수-제거되어야 한다는 결론**에 이른다. 즉 공간을 찢고, 그 찢어진 틈새(진진공)를 따라 비행해야 한다.

이를 깊이 통찰해 보면, 흡수엔진에서 근본적으로 활용해야 할 양자 세계의 원리는 마찬가지로 자잘한 '양자 얽힘'에서 비롯된다. 즉 공간양자들을 흡수-제거할 수 있는 방법은 양자 글루볼의 터널링과 팔중도의 **음값이라는 '양자 얽힘'에 있다**. 이 얽힘이라는 가능성이 비행체와 공간양자 간에 맞섬 없는 **타임머신**을 우리에게 선물할 것이다.

양자적 '얽힘'을 역이용할 수 있게 하는 음값이라는 핵심은 색**동**역학에서 색(글루온)이 색(쿼크)들 사이를 $10^{-24}$초마다 힘을 매개하는(초당 1조×100억 번을 뛰어다니는) 동적인 상호작용이다. 즉, 자기장으로 쿼크와 글루볼을 가속함으로써 (균형과 안정을 추구하는) 하드론되기를 '**추동해**' 글루볼이 터널링해 공간양자를 포획-합성하는 속성에 있다.

공간양자는 쿼크처럼 분수 전하인데, 글루볼은 분수 전하들을 포획-합성해(**섞어**) 속박하는 특별한 매개 능력의 속성이 있다(222쪽 참조). [$E/c^2$ → m]을 생각하면, 음의 극에서 냉양자 합성 시, 전혀 '**붕괴 없는**' 매개자 글루볼의 터널링이 추상된다. 심오하고 은밀한 자연의 비법이다.

흡수엔진에선 음의 역장에서 발생하는 상호 간의 인력을 활용하는 것이므로, 엔진-냉헬륨과 공간양자가 서로 마주 보고 $c^2$으로 달리되, 서로 간에 '**맞섬이 없이**' 일방통행식으로 달려와 공간양자가 냉헬륨 핵에 흡수-합성을 이루어 일원화되므로 힘의 낭비가 전혀 없다. **진진공 안에서, 그것도 핵력으로! 깃털처럼 가볍게, 글루볼처럼 빠르게!**

이 공간적 시스템 흡수엔진을 활용하면 우주 영토와 자원을 무한히 획득할 수 있다. 또 무한히 발전(發電)할 수 있으므로 석유 자원 등을 위해 민망한 일을 하지 않아도 되며, **온난화와 환경을 개선**할 수 있다.

핵심적 근원 원리이고, 명백한 사실이므로 딱 한 가지만 명심하자.

① 핵폭발은 핵끼리 반응 후, '여분의 에너지를 핵 밖으로 방출'하는 것이다[$mc^2 \rightarrow$ E]. 그 결과 **핵이 다시 교환대칭**(조화와 균형)**을 찾는다!**

② 반면, 흡수엔진의 보스노바는 '부족한 에너지를 흡수-합성'하는 것이다[$E/c^2 \rightarrow$ m]. 그 결과 **핵이 다시 교환대칭**(조화와 균형)**을 찾는다!**

① ② 모두 '**교환대칭 깨짐을 복구하는 조화찾아가기**'에서 유발된다. 초우월적 강력으로 '**조화**'를 지키는 것이 핵 시스템의 **절대 본성**이니까!!

핵심 원리('**냉양자 쿼크·글루볼 진동-가속 조건부**' **강력의 터널링**)의 진위(眞僞)는 물리학자 등 독자 여러분의 통찰과 양심에 맡깁니다. **//**

무엇이든 만들려면 두 가지가 있어야 한다. 하나는 조합을 만들어내는 것이고, 다른 하나는 원하는 것과 이전 사람들이 전해주었던 엄청난 정보들 속에서 중요한 것이 무엇인지를 선택하고 인지하는 것이다.                    - 자크 아다마르

※ 이하 'Ⅳ. 책(엘러건트 유니버스 등) 대비 해설'은, 전술한 내용을 확인(증명)하는 **흡수엔진의 수학적 과학적 근거들**이라서 중복이 많으나, 중요 보충도 많으니 정독하세요(특히. 323~327쪽 등).

# The elegant universe &
# The fabric of the cosmos
## (우아한 우주 & 우주의 구조)

UFO(흡수엔진) 구동원리를 탐구하며, 엘러건트 유니버스와 우주의 구조(저자; 브라이언 그린, 옮긴이; 박병철, 승산) 등의 책을 구독했다. 로젠 플리서와 브라이언 그린은 끈이론에서 양자의 수학적 도형인 칼라비-야우 도형을 변형시킨 오비폴딩 orbifolding을 이용해 거울대칭 mirror symmetry을 찾아냄으로써 수학적으로 난해하여 멈추었던 연구를 간단하게 계속할 수 있는 길을 열었다. 브라이언 그린은 뛰어난 물리학자 중 한 명으로 초끈이론에서 크게 공헌했다. 책 '우아한 우주'는 물리학 서적임에도 불구하고 베스트셀러에 근접하였으며(2등), 현대 물리학의 개요를 수학적 서술 없이 일상적 언어로 잘 서술했다.

필자에게 위 책들은 '시인을 위한 양자물리학, 대칭과 아름다운 우주, 보이지 않은 세계, 블록으로 설명하는 입자물리학' 등과 더불어 매우 유용했다. 이 책을 보완하고 완성하는 과정에서 가능하면 위 책들에서 많이 인용했다. 이는 본고의 내용을 충실히 하고, '**신뢰성**'을 얻기 위해서였다. 이 책의 저자들은 현대 물리학의 리더들이다. 특히 레더먼은 노벨상을 수상했고, 크리스토퍼 T. 힐은 페르미 국립연구소 이론물리학부 부장이었다. 이 책들은 필자에게 구원의 동아줄이었다.

필자가 구상한 흡수엔진 원리가 100% 완벽하다는 보장은 없지만, 이 책들로부터 더 확신을 얻게 되었다. 그리고 이 책들을 보고 나서 흡수엔진을 구상한 것은 아니었다. 그 전에 이미 상상력과 무의식의 힘까지 동원해 기본원리의 구상을 끝내고 정리까지 하였었다. 여기에, <u>위 책들은 본고의 요지를 매끄럽게 리드해 주고, 그 과학 원리들을 명쾌하게 제시해 주었다.</u> 이에 긴요한 내용을 많이 인용해 완성했다. 필자의 서술이 옳다면, 그 공은 '중지(衆智)를 모을 수 있게 해준' 위 책의 저자들에게 있습니다. 필자는 물리학을 전공한 바가 없으므로 물리학의 대중화를 위해 힘써주신 분들께 진심으로 감사드립니다.

위의 책들을 통해 흡수엔진 이론이 일종의 검증을 받았다는 측면이 있습니다. 그리고 그 결과 더욱 확신을 얻게 되었습니다. 공간양자를 전제로 하는 흡수엔진의 원리는 끈이론과 가장 부합하는 측면이 강했습니다. 끈은 공간양자를 지칭하므로 원리적으로 가장 부합할 수밖에 없습니다. 그래서 '엘러건트 유니버스, 우주의 구조' 책 내용과 필자가 구상한 엔진을 대비하면서 융합된 과학원리를 부연적으로 설명합니다.

초끈이론은 양자를 수학적으로 다루는 분야며, 워낙 미세한 극미의 세계라서 아직 그 실체를 하나도 연결해 검증하지 못한 관계로 인해, 본 이론에서 대비 설명하며 오류가 있을 수 있으므로 독자들은 이점 유의하십시오. 또 과학적 사실에 근거해 혼신을 다해서 쓴 책이지만, 필자는 물리학자가 아닌 평범한 시민임을 염두에 두고 읽으십시오.

인용문은 가능하면 짧게, 또 간단명료하게 인용했습니다. 산만성과 이해의 불편성을 줄이기 위해서입니다. **상자 안의 인용문**은 짧지만, 내용을 이미 검증했거나 학계에서 정설로 인정받은 내용이므로 절대 신뢰해도 됩니다. 저자는 저명한 끈이론 학자 브라이언 그린입니다.

대비 해설의 방법은,
**<u>상자 안에다 먼저 위 책 내용의 일부를 인용하고,</u>**
**<u>상자 밖에다 '흡수엔진 원리'를 대비하여 해설</u>**하는 식으로 서술합니다.
상자 밖의 해설은 필자의 사견(私見)입니다.
상자 안 인용문의 중요도에 따라 ★표를 달아 놓았습니다.
별표 4개(★★★★)가 표시된 곳은 반드시 읽으셔야 합니다.

특히, 냉양자와 공간양자가 **'서로 당김으로써'** (이론상 <u>초광속이 불가한</u>) **'물질'** 입자가 초광속의 타키온으로 **발현**(發顯)되는 원리를 설명합니다. 수학적으로 핵력을 탐구하는 식에 등장하는 타키온에 대한 해석인데, <u>이는 곧 흡수엔진의 원리였습니다(323~쪽)</u>. 수학은 신통(神通)합니다!


외웠느냐? 그러면 따라 할 수 있다.
잊었느냐? 그러면 창조할 수 있다.

지성의 참된 모습은 지식이 아니라 상상력에서 드러난다.
정규교육 속에서도 호기심이 살아남는다는 것은
일종의 기적과도 같다.

— 아인슈타인

# [The elegant universe]
# [엘러건트 유니버스 - 우아한 우주]

<시공간-時空間>    [11]    ★★★★ 매우 중요!

아인슈타인은 특수상대성이론에서 시간이 신축적이라는 것을 증명하였다. 그리고 일반상대성이론에서는 질량(중력)에 의해서 공간마저 신축적이고 왜곡된다는 것을 증명하였다....... 그리고 **시간과 공간은 별개의 것이 아니라 시공간(時·空間)으로서 통합된다**는 것을 밝혔다.

움직이는 물체가 운동(속도)하면서 공간을 향해 에너지를 소비하면, 그만큼 시간축이 짧아져(에너지가 적게 할당되어) 시간이 느리게 간다. 물론 그 반대도 성립한다. 따라서 물체가 정지하면 에너지가 몽땅 시간축으로 할당돼 시간만이 간다. 이때 우리는 가만히 앉아 있어도 시간축을 따라 늙어간다. 또 광속으로 운동(속도)하면 시간이 정지한다. 따라서 100억 광년 떨어진 별'**빛**'도 늙지 않고 지구에 도착한다 (필자; 특수상대성이론, 빛은 광속이므로 **시간이 정지해** 불로영생한다).

[필자; 빛이 멀수록 더 희미해 보이는 것은 <u>입자이자 파동인</u> 빛에너지가 약해진 적색편이와 도플러 효과 때문이다. 그러나 반대로, 파동함수로 '푸리에의 합'을 산출하여 빛(전자기파동)이나 소리의 파동을 모으면 수학적으로 온전히 모아진다. 따라서 전자기'**파동**'인 빛은 영원히 늙지 않는다. 그러나 몸의 세포는 돌이킬 수 없다. "푸리에의 합이란, 많은 파동이 포개져 새로운 파동을 형성하는 과정을 다루는 수학기법이다. 파동들이 포개져서 국소화되면 거대한 덩어리(mass)일 수 있다."[67] 흡수엔진은 공간양자(양자는 입자이자 파동임)를 포획해 실린더에 모음으로써 물질(**m**)을 생산하는 것이므로 흡수엔진 가동은 '프리에 합 이론'을 실증하는 것이다(E/c$^2$ ➔ **m**).]

여기서 분명히 말하는 것은,

시간과 공간은 별개의 독립적인 것이 아니라 **'통합된 개념'**이라는 것이다. 따라서 어떤 **하나의 사실이 공간 속에서 성립되면 시간상에서도 성립**된다(필자; 즉 공간이 소멸하면, 시간도 소멸한다).

공간이 없으면 시간도 없고, 시간이 없으면 공간도 없다. 빅뱅 이전은 암흑 자체였다. 우리 우주라는 공간은 빅뱅 후에 생겼다. 응축되어 있던 에너지와 물질을 빅뱅으로 방출해 우주공간을 키웠다. 그러므로 온갖 물질과 에너지가 양자 형태로 우주의 공간을 가득 채우고 있다. 암흑물질과 암흑에너지가 아닌 일상의 물질과 에너지(항성, 행성, 가스, 먼지, 원소, 전자 등 감각이나 이성으로 인식 가능한 것들)는 약 4~5%에 불과하다. 나머지 약 95%는 공간양자(암흑물질 23%, 암흑에너지 73%)이다. 암흑은 '실체를 모른다'는 뜻인데, 공간양자 중 일부로 간주하자.

흡수엔진은 공간양자를 포획-흡수하는 원리다(**공간의 실체는 양자다**). 중첩을 이룰 수 없는 페르미온형의 공간양자를 흡수-제거하면 공간도 사라진다(디랙의 바다). 따라서 공간양자를 $c^2$의 속도로 흡수함으로써 **공간이 사라지면 시간도 없어지는 것이므로** 이것은 '순간이동'을 향해 가는 것이다. 논리적 모순이 전혀 없다. 사실이 분명 그러할 것이다. 여기서 순간이동이란, 짧은 시간에 우주적 거리를 이동한다는 뜻이다. 이는 안개효과로 인해 점근적 자유가 더욱 강화되는 과정 중에 **터널링하는** 강력에서 제시되는 속도가 $c^2$이지만, 흡수엔진의 가동 과정과 이룸의 시간이 필요하기 때문이다. 비행체가 초광속을 이루는 것은 분명하지만 말이다. 현존하는 로켓에 비하면 '사실상 순간이동'이라 하면 적절하겠다. 우주공간을 벗어난, 즉 상대성이론을 벗어난 진진공 안에 들어서서 비행하므로 그렇다. 실험만이 유일한 확인 수단이다. **그리고 저속으로 비행하면, 일상에서의 쓰임은 아무런 문제가 없다.**

[순간이동이란, 순간에 공간 경과 없이 이동한다는 의미가 아니라, 단시간에 우주적 거리를 이동한다는 뜻이다. 그러나 **진진공의 입장에서 보면, (시時·공간이 제거된 '진진공 안에서' 비행하므로) 공간 통과 없이 이동한다**는 뜻이다. 우주에선 '나'가 기준인데, '나'가 시공간 그 자체가 제거된 진진공 안에 있으면, 독립된 절대 자리에 있어서 '대립적 가속이 없는, 우리우주가 아닌 곳에 들어선' 이치다. 양자나 물체들이 가득 찬 우주에 익숙한 우리는 선뜻 이해하기 힘들다. 이는 우리우주의 일상적 경험으로 얻게 되는 직관의 맹점에서 비롯된다. 이때는 '신생아의 눈'이라야 한다.]

**'태초에 하나였던 그 자리인 것으로 인해, 출발한 자리가 도착한 자리다'**
이 문장의 속뜻을 이해했다면 사고(思考)를 제대로 하고 있는 것이다. 즉, 비행에 저항하는 공간양자를 모두 제거하여 공간과 함께 시간도 소멸되면(시간이 '0'으로 되면), 속도는 무한대이므로 한 걸음을 움직여도 무한의 거리를 간다(수학적으로 분명한 사실이다). 그러나 실제는 흡수엔진의 강력 $c^2$ 작동 '과정'이 있으므로 시간은 소요될 것이다. 로켓에 비하면 단시간에 우주적 거리를 간다고 표현하면 적절하겠다.

[$E/c^2$ ➜ m]을 실행하는 행위자는 강력의 터널링이므로, 강력($c^2$, 냉헬륨 핵반응)이 우주공간에 자잘하고 고르게 박산되어 있는 전자기력 등(물질 파편, 광자, 힉스 보손 등의 양자)을 포획해 먹어 치운 셈이다. 그 결과 모든 공간양자가 냉양자에게로 흡수-제거당함으로써 형성된 진진공의 형상은 상대성이론이 소멸된 전무(全無)의 검은 자리이다.

필자는 이 상황을 '**c²의 힘(속도)으로 극적으로 가속하며 비행한다. 이는 사실상 순간이동이다**'고 표현한다. 이는 $c^2$ 때문에 가능한 일이다. 따라서 모든 공간양자를 흡수-제거함으로써 끈적하게 저항하는 힉스입자도 제거되므로 진진공 안에서는 관성질량(관성저항)이 없어 순간 정지, 예각비행이 자연스러울 것이다. 비행체 가속 시, 진진공은 끈적한 질량(저항)감을 주는 힉스장이 소멸되기 때문이다(관성저항 소멸).

**시공간 일부를 실린더의 냉원자 안으로 합성시킨 후**, 양자마저 없는 텅 빈 진진공 안에 들어서서 비행한다. 진진공에 들어서서 비행 시, 진진공은 가만히 제자리에 있는데, 공간이 흡수엔진의 실린더에 공간의 실체인 공간양자(즉, **시공간 그 자체**)를 넣어주며 진진공을 스쳐 지나간 것과 같다(우주공간에는 운동의 기준점이 없다. 그래서 아인슈타인은 기준점을 '시공간 그 자체'라 했다). 진진공은 텅 빈 절대의 자리기 때문이다. 우주의 공간은 만물 간에 상대적인 개념으로 존재하지만, 태초(빅뱅) 이전의 자리-진진공은 '**상대**' 개념이 없는 절대 자리이다. '**상대**'성이론은 시공간이론인데, 진진공은 시공간이 소멸된 전무의 자리기 때문이다. 내가 탄 비행체의 실린더에는 응축된 냉양자가 있고, 비행체 주변에 형성된 진진공은 우리 우주가 아닌 텅 빈 절대 자리고, 진진공 밖엔 우리 우주가 있다. 따라서 **진진공이 우리우주와 비행체를 차단해서 비행체는 우리 우주와는 별개로 독립되어 존재하므로 서로 맞서 얽히지 않는다**. 비행체는 일상에서 말하는 '**공간**' 그 자체가 없는 자리에 들어서서 비행하는 결과가 되므로 '비행하고 있다, 움직이고 있다'는 말을 할 수 없는 자리다(상대적 대립 관계 소멸). 그냥 절대의 자리다. 우주공간이 비행체를 스쳐 지나가는 셈이다. **굳이 상대론으로 따지자면, 상대론에서 기준점으로 삼고 있는 '시공간 그 자체'를 흡수엔진이 꿀꺽**

**삼켜 소멸시킴으로써 '기준점'이 사라진 것이다. 운동 시, 만물의 기준인 '나'가 진진공이란 외투를 입고 사라진 셈이다.** 따라서 우주가 진진공을 스쳐 지나간다고 해도 모순이 없다. 그래야만 초광속을 이룰 수 있다.

[아인슈타인-힐베르트 액션에 의하면, 질량체는 공간양자와 서로 **'엮여'** 있으며(상호작용하고 있으며), 천체 질량의 크기에 따라 시공간의 휘어짐이 결정되듯이 **공간양자가 제거된 진진공에서는 뉴턴 제1법칙인 관성의 법칙이 사라질 수밖에 없다.** 이는 UFO의 순간정지와 아인슈타인-힐베르트 액션을 동시에 역설(逆說)한다. '엮임이 없는' 진진공 안에서는 어떤 힘도 존재가 불가하기 때문이다. 진진공을 경험한 적이 없는 인류는 이에 얼른 동의하기 어려울 것이다. 갈릴레이가 관성을 처음 주장할 때의 처지다.]

개념이 잡히나요? 아직 그 개념이 안 잡히면, '진진공 속에 있으면 그런다'고 스스로 되뇜으로써 기존의 경험과 학습에 의한 사고 체계를 깨뜨려서 직관의 맹점을 극복하여 통찰하시길……
뇌에 찰거머리처럼 달라붙은 상대론의 시공간를 떨쳐내시길……
일반상대성이론은 **질량체**(태양 등 천체)와 **시공간**(측지 텐서)을 다룬다.
흡수엔진은 질량체라는 **'원자들 안에 들어 있는'** 강력 시스템의 글루볼($c^2$)이 핵의 속박력을 꿰뚫고 나와서, **시공간**(공간, 공간양자들)**의 c를 꿀꺽 삼켜 제거**하는 원리임을 연상하시길(c는 광속으로 전자기파, 빛, 양자 장 등 공간양자를 상징)……

비행체와 맞서며 **초광속을 불가능하게 하는 (시공간의 실체인) 공간양자**를 강력으로 꿀꺽 삼킬 때 발생하는 작용반작용으로 비행한다.

진진공의 특성을 충분히 서술하는 터이므로, 질량 에너지 등가의 식

[E/c² = m]에서 'c²'을 그대로 표현하는 것이 합당하리라 생각한다. 비행체는 '광속×광속'의 속도와 힘으로 가속한다. 이는 우주공간에서 바라보고 있는 관찰자가 UFO를 보고 하는 말이다(물론 볼 수 없지만).

UFO(흡수엔진, 진진공)의 입장에서 표현하면, '나는 가만히 있는데, 팽창된 우주가 왔다 갔다 한다'고 표현해야 마땅하다. 바로 이 관점이 진진공과 UFO(타임머신)의 관점이다. 이 개념을 확철하게 이해하자.

원리적으로, 냉헬륨의 강력-핵력이 핵 스스로의 속박력을 꿰뚫어(찢어), 거시세계의 공간에 존재하는 공간양자를 포획해 합성하는 결과로 거시(우주)의 공간이 함께 찢어지는 것이다. 이는 거시에 팽창되어 있던 에너지가 흡수엔진 실린더 미시의 찢어진 냉양자에 흡수-합성되는 것으로 물리적인 대칭('=')을 이루므로 아무런 문제가 없다[E/c² '=' m].

다만 '무슨 수로 공간양자를 포획-제거하느냐? 즉, 무슨 수로 공간을 찢느냐?' 이것이 문제다. 찢는 법은 여러 번 반복하면서 전술하였다.

옛날에 지구가 네모난 줄 알았는데, '지구가 둥글다'고 하니 황당해 하였다. 그러나 마젤란이 목숨 바쳐 지구를 일주함으로써 논쟁이 깔끔하게 끝났다(에라토스테네스를 기준으로 하면, 약 1750년이나 걸렸다).

필자의 서술에 이의를 제기하면, 할 말은 이것뿐이다. '그래도 지구는 돈다! 이 말을 한 그때나 지금이나 진리는 불변하므로 UFO는 또 온다!' 또한 본고에 이의를 제기하려면 보스노바를 과학적으로 설명해야 하고, 전술한 증명(에스겔서의 목격담 등)도 과학적으로 설명할 수 있어야 한다. 그리고 제시한 【D.10】 [흡수엔진 단면도]를 실험하면, 논쟁은 끝난다.

## <양자터널링> - 불가사의한 양자역학 [12] ★★★★ 매우 중요!

불확정성의 원리는 양자 터널링을 가능하게 한다. 터널링 문제를 <u>소립자</u>(필자; 원자를 구성하는 쿼크 등의 입자. 188쪽 참조) 영역으로 축소시키면, <u>조그만 '볼'의 **파동함수(확률파동)** 중의 **일부가** 벽을 뚫고 지나간다(투과한다)는 것을 <u>수학적으로 증명할 수 있다</u>. 양자역학에서는 한 입자가 에너지를 **잠시 빌려서** 하이젠베르크의 불확정성의 원리에 명시된 시간 내에 다시 되돌리는 걸 허락하고 있다. 그곳(필자: 실린더의 안)의 플랑크상수 $h$가 매우 크다면 말이다.

**플랑크상수 $h$가 매우 크다면, 양자터널링 효과는 하나도 신기할 것 없는 일상사로 간주될 것이다. ★★** '양자 터널링의 근원인 **불확정성의 원리는 양자역학의 핵심**'을 보여주는 **범우주적 진리** 이다.

[필자; 양자는 **항상 전후좌우상하에서 에너지를 쉼 없이 주고받으므로** 위치와 속도가 불확정하다(불확정성의 원리).

따라서 양자 글루볼의 주변에 플랑크상수 $h$, 즉 자기장의 <u>진동인</u> **냉에너지 [E = $h$f]**가 크다면 양자 글루볼은 이 냉에너지(진동)를 빌려 삼켜 강력의 에너지 장벽을 꿰뚫고 나가서('<u>강력한 속박력을 매개하는</u>' 글루볼이 파진공으로 전개되어) 공간양자를 포획-흡수-합성-**속박**할 수 있다는 뜻이다. ☞ **흡수엔진에서의 양자 터널링!**]

양자역학에서, 입자의 앞길을 막고 있는 에너지 장벽이 높을수록 양자 터널링의 초단기 에너지 대여 시스템이 가동될 확률이 작아진다.

그러나 배타성이 소실된 고밀도의 초유체 헬륨에 문턱진동수 이상의 자기장을 공급해 플랑크상수를 충분히 크게 키우면 두말할 것도 없이 글루볼이 플랑크상수를 삼켜 에너지 대여 시스템을 가동함으로써 양자 글루'볼'의 터널효과가 발생할 것이다(86~88쪽 참조).

[참고; 강력하게 짜여 일원화된 SU(3) 시스템으로 원자를 구성하고 있는 기존의 쿼크 글루온 파이온에 비해 (새로 증가한) 색동動자만의 글루온은 (새로 짝지을) 물질입자 파편-쿼크의 부재로 인해 글루온은 독립적으로 존재가 불가하다. 그러므로 글루온끼리 결합한 물질입자 형태의 글루볼로 존재한다. 글루볼은 임시적으로 중간자와 결합한 상태라서 (핵 오리지널 구성 입자인 쿼크-글루온-중간자로 **일원화된** 시스템이 아니라서) 중간자와의 결합이 약하고 불안정할 수밖에 없다. 따라서 글루볼은 <u>자기장의 진동인 냉에너지 **[E = $hf$]만** 전이 받아도 터널링할 수 있을 것이다. 잠깐!</u> 단순한 이 식 안의 **플랑크상수 $h$를 기억하는가?** 상세 설명은 86쪽에 있다. 결국 조화진동자의 전체 시스템으로서 조화-균형을 이루기 위해 글루볼이 터널링해 물질입자 파편을 우주에서 끌어와 조화-균형을 찾을 것이다. 자연을 설명할 때, **실존이 선행하고 이론이 후행한 것은 당연한 수순이다.**]

이것이 흡수엔진의 핵심원리다. 강력에게 속박되지 않은 물질입자 파편-양자는 실린더 밖에만 있으므로, **자기장의 격렬한 진동 효과로 넘쳐나면서도 차임을 당한 글루볼은 '하드론되기**(조화, 균형, 안정)**의 속성'으로 터널링함으로써** 우주공간으로부터 양자를 포획하여 점근적 자유를 행사할 것이다[E/c$^2$➜ m]. 가속된 냉원자는 조화진동자의 조화를 이루기 위해 다양한 분수전하(양자)를 합성하는 속성이 있는 게 틀림없다. 전자가 양성자와 힘의 균형을 맞추듯, 균형을 맞춘다.

아래는 91쪽에서 서술했지만 플랑크상수를 강조하니, 꼭 기억하자.

"터널링의 문제를 소립자(원자를 구성하는 입자) 영역으로 축소하면, 조그만 (글루)**볼**의 **파동함수 중의 일부가**(확률파동) 에너지 장벽을 뚫고 지나가는 걸 수학적으로 증명할 수 있다."[57] **플랑크상수 $h$만 크다면!**

**플랑크상수 $h$만 크다면**, 즉 자기장의 진동인 냉에너지[$E=hf$]를 삼킨 글루볼 중 일부가 터널링하여 SU(3) 8중항과 공간양자가 '**인력의 양자 얽힘 상태로**' 서로 당긴다. 인용문의 뜻은 공간으로 터널링한 '볼의 파동함수(강력파)의 변화 상태'며, 이는 물질입자 등 공간양자를 끌어당겨 속박하는 힘인 '**강력의 파동이 확장되는 상태를 함축**'한다. (강력'파'가 **파동으로** 비행체 전방의 공간을 휩쓸고 지나가며 **모든** 양자를 당겨 합성할 것이다. 중력'파'가 **파동으로 모든** 물체를 당기듯이)

[양성자 충돌산란 실험 A(글루온×글루온→글루온 4개)가, 다른 충돌산란 실험 B(글루온×글루온→글루온, **힉스입자**)에 '**영향을 주는 산란의 이중성**'을 보더라도 양자는 가변적이며, 힘의 관계로 무한히 얽힌 **가능성의 세계다**.]

※ 글루볼이 강력 8중항(중간자)과 얽혀 연결되지 않고 터널링한다면, 이때의 파동함수는 **터널링을 하는** 볼의 '**파동함수**'로서는 의미가 없다. 파동함수는 양자 계의 진행 상태를 나타내므로 '상태함수'라고 한다. **글루볼은 본질이 '매개입자'이므로** '글루볼이 핵과 얽힌 양자의 계'가 시간에 따라 변화하는 파동의 진행 상태다. 볼의 터널링은 **하드론(핵)과 '양자 얽힘 상태에서'** 강력파가 진행하여 공간양자에게 강력(**속박력**)을 매개해 냉원자가 공간양자를 포획하게 하는 **매개 행위로 보아야 한다**. 글루온의 활동은 핵에 한정되지만, 냉원자로부터 터널링하는 글루볼의 파동함수는 **매개 행위로** (핵과 공간양자 간에) **상호작용을 일으킬 것**이다.

흡수엔진의 원리로 위 인용문의 밑줄 친 ★★ 부분을 재구성하면, 자기장의 격렬한 진동(힘, 냉에너지)을 잘 전이 받을 수 있는 고밀도의 BEC-냉양자에 자기장을 공급하여 플랑크상수를 충분히 키워준다면, 냉헬륨에서 발생하는 양자-글루볼의 터널링 효과는 하나도 신기할 것 없는 일상사로 간주될 것이다. ☜ 평범한 힘의 논리일 뿐이다!

더욱 구체적으로 양자 글루볼의 터널링 모습을 비유해 설명하자면, 핵폭탄의 원자 간 핵합성 시, 여러 개의 원자핵에서 합성이 일어나면, 이때 방출된 열팽창으로 주변이 더 뜨거워지는 양(陽)값의 증강효과로 주변 핵에서 연쇄적 핵반응이 일어나듯이, 이와 반대로, 흡수엔진에선 하나의 냉양자에서 글루볼의 터널링하면 에너지를 흡수-합성함으로써 그 주변이 더욱 극도로 냉각되는 음(陰)값의 증강효과로 주변의 냉양자에서 속박자인 양자 글루볼의 터널링이 연쇄적으로 발생하여 공간의 양자거품을 흡수-합성하는 연쇄 핵반응이 일어나서 순간에 내파하며 쪼그라질 수밖에 없다. 피크노뉴클리얼리액션 핵반응에 근접한 상태다.

보스노바에서 전술했다시피, "자기장을 더 세게 공급해 주자 (일시에) '주변의 에너지가 갑자기 사라지고' 이어 '다시 폭발'하며 2/3가 날아가 버렸다"에서 유추되고 증명된다. ☜ 순간적 음(陰)의 연쇄 핵반응이다!

참고; 우주 에너지 밀도(온도)는 2.7249K(-270.4151 ℃)이며, 우주공간의 온도 편차가 수만 분의 1도에 불과하다(우주 배경복사의 등방성이라 함). 거시적으로 보면 에너지 밀도는 모든 방향에서 균질하며, 희박하다. 따라서 우주 심연으로 깊이 들어갈수록 공간양자(에너지)를 조금만 흡수해도 비행체 주변에 진진공(찢어진 공간)이 형성될 것이므로 장거리 이동 시 유효할 것임

316

<플랑크 장력>   [13]      ★★ 중요!

물질을 계속 쪼개면 결국 약 $10^{-20}$cm 이하의 크기에서는 탐색이 불가하다. 그 이하의 미시세계는 수학적으로 끈을 퉁겨서 이론적으로 탐색한다. 끈의 장력이 클수록 내부 잠재에너지가 크다.......

중력을 전달하는 **중력자라는 끈의 장력(플랑크 장력)이 $10^{39}$톤**이나 되었다. 끈의 강도는 일상적 끈의 강도와 비교조차 할 수 없을 정도로 크다. 이런 끈의 성질로부터 세 가지의 중요 결과가 유도된다.

<플랑크 질량>   [13]      ★★ 중요!

첫째, 이런 엄청난 장력이 가해지는 끈이라면 **길이가 짧을** 수밖에 없다. 자세한 계산을 해보면 플랑크 장력을 견뎌낼 수 있는 끈의 길이가 약 **$10^{-33}$cm(플랑크 길이) 이하**라는 사실을 알 수 있다. (필자; 정확히는 $1.6163 \times 10^{-33}$cm)

둘째, **에너지의 최소단위 값은 '플랑크 에너지'**라 하는 에너지양의 정수배에 해당한다. $E = mc^2$을 이용해 플랑크 에너지를 질량으로 환산하면 **양성자 질량의 $10^{19}$배**에 이른다(**플랑크 질량**). 그런데 세상은 왜 그렇게 가벼운 입자들(양자, 전자, 쿼크, 양성자 등등)로 이루어져 있단 말인가?

그 이유는 놀랍게도 진동과 불확정성원리에 따른 양자적 **요동**에 **의해 이 질량들이 거의 상쇄된다**. 양성자 질량의 189배나 되는 탑쿼크 조차도 진동에너지가 거의 상쇄되고 **$10^{-17}$만 남는다. 끈의 양자적 요동에 의한 에너지는 음(−)의 값을 가진다**. '초정밀 상쇄 과정'이 은밀히 진행되고 있으나 아직 이를 밝혀내지 못하고 있다.

셋째, 수많은 끈들의 진동 패턴은 각기 하나의 입자에 대응돼야 한다. 그렇다면 **자연계에는 무수히 많은 종류의 소립자들이 존재한 다는 뜻일까? 입자목록에 나열된 전자 쿼크 등 17가지**(물질입자와 매개입자의 총합, 74쪽 참조)**의 입자는 극히 일부에 불과한 것인가?**

답은 '**그렇다**'이다. 현재 사용 중인 최대 입자가속기로 양성자 질량의 수천 배에 달하는 질량을 얻을 수 있는데, 이는 플랑크 에너지의 100만×10억 분의 1밖에 되지 않는다. 따라서 끈이론 에서 예견되는 입자들을 실험적으로 확인한다는 건 지금으로선 꿈도 못 꿀 일이다.

빈 공간에 있는 한 중력자라는 끈의 장력(플랑크 장력)은 $10^{39}$톤, 플랑크 질량은 양성자 질량의 $10^{19}$배나 된다. 이는 진동 자체의 대칭 으로 질량이 상쇄됨으로써, 겉으로 드러나지 않은 질량까지 포함한 것이다. 탑쿼크 조차도 진동에너지가 거의 상쇄되고 **$10^{-17}$만 남는다**.

이를 저자의 표현을 빌리면, "어떤 재벌이 당신에게 10억×10억×10억 원을 주면서 정확히 189원만 남기고 나머지는 몽땅 소비하라는 것과 비슷한 상황이다." (예시 설명; 물결의 두 파동이 정확히 **반 박자 다르게 겹치면** 파동-진동이 상쇄되는데, 상쇄되기 전의 에너지량을 비유한 것임)

이는 흡수엔진이 **상대적 에너지원으로 이용하는 공간양자 힘의 크기를 상징**한다. 왜냐면, 파진공에서 발현되어 끌려오는 **타키온(공간양자)의 진동은 '극단적인 진동상태(큰 물리량)'**이기 때문이다. 이는 상대 힘에 대응해 **즉시 힘 먹는 끈(양자)의 특성 때문이다!!** 325(323~327)쪽. **중요!!**

극미 입자에 그만한 힘과 에너지가 있다는 것이 느껴지는가? 눈앞에 있는 것들이다. 끈은 진동수에 따라 엄청난 힘과 에너지로 대응된다.

흡수엔진에선 위 힘의 상호작용이 다음과 같은 원리로 나타날 것이다. 쉬운 이해를 위해 뉴턴의 만유인력으로 비유하여 설명하자면,

지구질량 M과 사과질량 m에 따라 나타나는 인력 F의 힘은,
지구에서 나타나는 힘 **$F1 = M \times a1$**이고($a1$: 지구의 가속도),
사과에서 나타나는 힘 **$F2 = m \times a2$**이다($a2$: 사과의 가속도).

☞ **이때, $F1 = F2$이다!**

즉, 만유인력에 의해 지구와 사과에서 나타나는 두 힘 F의 크기가 같다. $F = G(Mm/r^2)$으로 두 힘이 **대칭($F1 = F2$)**으로 나타난다.

그리고 질량 M, m의 크기에 따라 각각의 가속도 a의 크기만 변한다. 즉, 사과(사과의 가속도 a2)는 지구의 중력가속도 **g**를 **따라** 낙하한다.
$g = G(M/r^2)$  (G: 중력상수, M: 지구질량, r: 지구 반지름 대비 단위 거리)

[설명: 사과는 사과의 질량 m의 크기에 따라 가속 낙하하는 것이 아니라, 지구의 중력가속도 **g**를 **따라** 낙하함($g \fallingdotseq 9.8$ m/s$^2$; 매초 9.8m씩 가속). 사과의 중력가속도는 '$g \times$ (사과 질량/지구 질량)' 배에 불과해서 무시됨. ∴ 사과와 깃털은 자신들의 중력가속도 값이 너무 작아, 사과와 깃털이 낙하할 때 둘은 등속으로 낙하한다. 단, 공기의 저항이 없는 진공일 것.]

'흡수엔진 이론'에서는

공간양자를 지구(F1)로, 흡수엔진을 사과(F2)로 대치시키면 된다.

여기에서 <u>진정으로 중요한 것</u>은 '**F1 = F2**'**의 대칭성**이다!!

모든 힘들이 (복잡한 과정을 거치더라도) 결국 대칭으로 나타난다는 사실이 중요하다. 흡수엔진도 작용반작용의 대칭 원리로 비행한다. 흡수엔진 실린더 내부에서 발생한 <u>음압</u>(점근적 자유의 핵력)이 정확히 '파진공의 <u>부負의 공력空力</u>'과 **대칭**된다.

(부의 공력; 파진공이 짊어진 음압으로 '비행체를 당기는 힘')

사과와 지구가 서로 당기는 힘의 크기가 [F1 = F2]으로 나타나듯,

[실린더의 **터널링한 살아 있는 핵력** = 파진공의 **부의 공력**(負의 空力)],

[실린더의 **음압 =** 파진공의 **음압**]으로 **인력**(음수)의 대칭이다(서로 당김). 인력에 의한 작용반작용도 대칭(**=**)으로 나타날 수밖에 없다(52쪽 참조).

즉, 지구와 사과가 중력자에 의해 중력가속도 **g**를 **따라** '서로 당기듯', 비행체와 공간양자는 <u>터널링한 핵력 $c^2$으로 인해</u> **'서로 당기는'** 원리다.

파진공에서 끌려오는 **공간양자(타키온)는** 핵력을 먹어 **'극단적인 진동의 큰 물리량'** 상태다. 일상에서는 진동이 거의 상쇄되어 감지할 수 없다. [같은 크기의 두 물결 파동이 반 박자 다르게 겹치면, 힘이 상쇄돼 수평을 이룬다. ☞ 힘은 곧 '파동 – 진동 – 요동'이다. 흡수엔진 원리에서, 공간양자는 타키온으로 **극한 진동**(**극한 불안정**, **큰 힘**)**으로 발현되어 비행체를 당기며** 끌려온다. 타키온의 극한 진동 = 극한 불안정 = 큰 힘(인력). 325쪽 참조]

플랑크 장력($10^{39}$톤)과 플랑크 질량(양성자의 $10^{19}$배)의 물리량 크기는 **흡수엔진에서 작용-반작용으로 나타나는 힘의 크기를 시사하고 있다.**

<힘들의 특성> [58]　　　★★★★ 매우 중요!

　강력 약력 전자기력의 힘은 빅뱅 직후에 하나의 힘으로 통합돼 있다가 $10^{-39}$초를 지나며 절대온도가 $10^{28}$ °K 이하로 떨어져 강력이 분리돼 나타났다. 또 온도가 $10^{15}$ °K 이하로 내려가면서 전자기력과 약력이 별개의 힘으로 분리되었다. 이 세 힘의 특성을 보자.

　**전자기력**인 전기장(전자의 힘)은 그 주변의 공간에서 수시로 나타났다가 사라지는 입자-반입자 쌍의 '안개(양자적 요동)' 때문에 전기장의 영향력이 가려진다(**안개효과**). 안개가 등대 불빛을 희미하게 만드는 것처럼, 전자의 힘도 이러한 공간 양자의 요동(안개)에 가려서 강도가 줄어든다. 근접한 거리에서 전기력이 커지는 이유는 단순히 전자에 가까이 접근해서가 아니라, 전자와 관찰자 사이의 안개가 얇아졌기 때문이다. 이는 '모든 하전입자는 거리가 가까울수록 (양자가 적어져) 강한 전기력을 행사한다'는 말로 요약된다.

　**강력과 약력은 이와 반대다.** 강력과 약력은 **입자-반입자의 안개**(양자적 요동과 쌍생성 쌍소멸)**가 힘을 약하게 만든 게 아니라, 오히려 힘을 강하게 만든다.** 따라서 입자(쿼크) 간의 간격이 멀 때 강력의 크기를 측정하면, 그 사이의 입자-반입자 안개효과에 의한 힘의 **증폭효과**가 그만큼 크게 나타나기 때문에 힘의 세기가 오히려 커진다.

[필자: 이것이 점근적 자유의 근원으로 '**양자-안개가 강력에 어우러지는 안개효과**'다. 그러나 강력 약력은 핵의 근거리에서만 작용하므로 우리가 느낄 수 없다(흡수엔진 원리는 강력을 **원거리로** 터널링시켜 공간양자를 포획할 때의 작용반작용을 이용하므로 안개효과로 강력이 충실해진다).

가까울수록 끌어당겨 속박하는 힘이 작아지는 것이 **점근적 자유**다. 따라서 강력의 매개자인 **글루볼**이 터널링하여 페르미온 양자 안개가 가득 찬 우주공간으로 강력을 매개한다고 가정하면, **양자적 증폭효과 (안개효과)에 의해** 강력은 충실해질 것이다. 공간의 양자에 강력을 매개할 때, (핵의 안이든 밖이든 공간이기는 마찬가지라서) 공간양자의 거리가 멀수록 안개효과로 강력은 강해져 타임머신의 엔진이 된다.

기존의 강력에 더해 **힉스 입자, 중력자, 전자 파편 등등** 공간양자라는 안개가 강력과 어우러지며 합성되는 **증폭효과(안개효과)가 발생하는 과정인 글루볼의 터널링이므로** 냉헬륨과 공간양자 간에 '**서로 당기는**' '**충실한**' 작용-반작용의 $c^2$(타키온)을 이룰 것이다. 따라서 먼 거리의 공간양자들을 포획할수록 공간에 있는 더 많은 양자 안개가 **강력에 어우러져(합성)** 더욱 충실한 핵력(인력)이 발휘될 것이다. 이는 점근적 자유로 베타함수 (-)부호가 뜻하는 핵력-속박력-인력-당김-음수이다.

강력의 이런 특성에 더해, 실린더 안에서 '냉양자의 대칭성이 깨지면 대칭성을 복구하려고 핵 시스템이 공간양자를 당길 때 '**맞섬 없는**' 윤팔-홀(파진공과 진진공)이 형성됨으로써 초광속의 발현을 강요한다.

강력은 고무줄처럼 안으로 끌어당기는 속박력(인력)이 살아 있을 때만 **정말 살아 있는 강력**이다. 강력은 '**안개효과를 겸비한**' 속박력이므로 강력이 터널링해 '파동'함수로 전개되면 진진공이 형성될 수밖에 없다.

터널링한 강력의 안개효과로 (양자의 하나인) **중력자도 포획-제거되면**, 즉 흡수엔진이 진진공을 형성하면 **중력도 제거된 상태에 놓인다**(가설). 문제는 SU(3)에만 의존하여 '핵력은 핵 안에서만 활동한다'고 고착된 생각이다. 사변의 진위 판정은 실험인데, 보스노바가 이미 실증한다.

### <끈이론 속의 초대칭 이론>  [14]    ★★★★ 매우 중요!

 (핵 내부 질서가 밝혀지던) 1960년대에 등장한 '**보존형 끈이론**'은 흥미진진한 이론이 분명하지만 근본적 요소가 누락되었다는 느낌을 지울 수 없었다. 이는 <u>두 가지 문제</u>를 필연적으로 야기시켰다.

[두 가지 문제]          ★ 보손; 매개입자. 페르미온; 물질입자
① **보손의 짝끈**인 **페르미온 끈**을 필히 **요구**. 즉 페르미온 끈이 빠진 것과
② **초광속 '물질'입자**, 즉 **타키온**이라는 유령입자가 '**식에**' **등장**하는 것.

 1971년대에 라몽, 슈바르츠, 느뵈에 의해서 새로운 버전의 끈이론이 탄생하게 된다. 그런데 더욱 놀라운 것은, 새로운 끈이론 속의 **보손형 끈은 페르미온형 끈과 항상 짝을 이루어 등장한다**는 점이다. 매개입자인 보손형 끈은 자신과 스핀(회전)값이 1/2만큼 차이가 나는 물질입자(페르미온)형 짝을 갖고 있다. 즉 개개의 <u>보존형</u>(필자: 글루온) **진동** 패턴에는 페르미온형(필자: 쿼크) **진동** 패턴이 **하나씩 대응**된다.

[필자; 188쪽의 물질입자 쿼크와 매개입자 글루온 간의 교환대칭에서, 핵 시스템이 교환대칭을 이루어 '조화'진동자를 이루려는 힘들의 상호작용에 따른 수학적 요구일 것이다.  * 타키온 용어 설명; 167쪽 타키온 tachyon이란, <u>**질량의 제곱이 음수**</u>인 가설적 **초광속 '물질'입자**다.

★ 질량의 제곱이 '**음수**'; 핵력이 공간양자를 당기는 '**인력**'을 의미함
★ 질량입자는 초광속 불가(**맞섬 없는 윤팔홀에서만 초광속이 가능**하다.)]

200여 년 전, 스위스의 수학자 오일러가 발견한 오일러 베타함수를 응용해 ★강력(핵력, 강한 상호작용)의 행동 양태를 탐색하고자 출발한 끈이론은 20세기 후반에 비약적으로 발전했다. 그리고 그 과정에서 보손(매개입자)의 '대칭 짝'인 페르미온(물질입자)이 필연적으로 등장하고, '질량의 제곱'이 음수(인력)인 초광속 물질입자 타키온이 등장한다. 이는 '유'질량 입자가 인력으로 초광속을 이룬다는 뜻이다. 이는 냉양자와 공간양자가 '맞서지 않는 파진공 안의 인력으로'만 가능하며(일방통행식), 실린더의 냉원자(핵, $c^2$)가 $c^2$으로 공간양자를 당기므로(음수) 대칭원리로 공간양자도 음수이자, 타키온(초광속)으로 발현된다(發顯: 피어 드러남).

"양자장론에서, 타키온의 존재는 진공이 마치 언덕 꼭대기에 놓인 바위처럼 불안정하다는 걸 함축한다. 이때 타키온은 '고삐풀림 모드'다. 즉 바위가 언덕 꼭대기에서 굴러떨어지고(타키온의 불안정한 진동을 비유), 진공 전체가 안정을 잃은 것을 나타낸다(필자; '파'진공 상태이므로). 결국 바위가 '언덕 밑바닥(필자; 최소 위치에너지, 핵에 속박상태)'에 도달하면, $-m^2c^4$항(타키온)은 ➜ 평범한 양의 항 $(m')^2c^4$으로 바뀌고, 타키온 모드는 평범한 입자(필자; 타키온이 핵에 속박상태)로 바뀐다." [65]

핵의 구성입자(글루온, 쿼크 등)가 양자-파편으로 더욱더 붕괴하면, 거시공간에 있는 자유 공간양자이다.
이 자유 공간양자가 터널링한 글루볼의 강력파($c^2$)를 만나 엮임으로써 ★'포획당하는 순간에' 비로소 타키온으로 발현(發顯)되어 초광속으로 냉양자를 향해 빨려가는 파진공 안의 타키온 $-m^2c^4$항이다(182쪽).

그러나 '타키온이 핵 시스템의 **구성원으로 합성되면, 고삐당김 모드**로 돌아가 평범한 양의 항 $(m')^2c^4$ 입자로 바뀐다'고 해석하여 예측한다. [해석이 옳다면, 자유 공간양자를 **고삐풀림 모드**, 타키온을 **고삐당김 모드**, 핵에 합성된 평범한 입자를 **속박 모드**라 함이 옳다.

언어 혼선의 이유; 학자들이 흡수엔진의 원리를 도입하여 <u>윤팔홀로 공간상 시스템으로 구상하지 않고</u>, **단편적 핵력만을 탐구해서인 듯하다.**]

파진공 안에서 빨려가는 타키온 $-m^2c^4$항(끈)은 강력파로부터 신호를 받고 **진공을 깨쳐**(破) 냉양자에게 달려가는 극단적인 파진공 상태라서 **'극한 진동'으로 불안정하다.** 핵($c^2$)이 당기는 **강력의 힘을 먹은 끈**이므로.

☞ 불안정(진동); 진동은 에너지, 힘, 질량과 같다(318, 353쪽 참조).

양자장론에서, **타키온의 존재 양태는 진공이 마치 언덕 꼭대기에 놓인 바위처럼 (파)진공 전체가 불안정하다는 걸 함축한다**('파'진공 '破'眞空). 타키온의 극한 진동은 '살아 있는 강력'을 먹은 끈이기 때문임(**강력-음수-인력**).

이때 초광속의 <u>매개자 글루볼</u>과 끌려오는 공간양자도 타키온으로 발현될 수밖에 없다. 둘 모두 **음수(인력)**이자 **물질입자**인 초광속 입자다. 즉 강력 파동인 매개자 글루볼이 <u>파진공으로</u> 전개돼 초광속을 매개하므로 <u>파진공에서</u> 끌려오는 공간양자도 초광속 입자로 발현될 수밖에 없다. **'질량의 제곱**(타키온의 실체)'이 **음수**(당기는 인력)이기 때문이다. 그러므로 에너지 E와 물질 m의 환율인 $c^2$이 초광속으로 발현된다[E/$c^2$ ➔ m].

(잠재되어 있던) $c^2$이 초광속으로 피어 드러난다. 특수상대성이론에서 평소에 $c^2$을 상수처럼 쓰지만, 흡수엔진에서는 '냉원자의 핵 안에 살아 <u>잠재된</u>' **핵 시스템**($c^2$, 초광속의 글루볼 타키온)과 **공간**(공간양자 타키온)의 상호작용이므로 수학으로 도출된 $c^2$을 '광속×광속'으로 풀어 꺼내 쓰자.

$c^2$을 있는 그대로 해석해 '핵 안의 글루볼을 풀어 꺼내어' 쓸 때(터널링),
(잠재돼 있던) $c^2$이 초광속으로 피어 드러날 것이다(182, 353~354쪽). /

물질입자는 질량이 조금이라도 있을 것이므로 초광속이 불가능하다.
따라서 학자 다수는 타키온(초광속의 **물질입자**)의 존재를 믿기 어렵다.
초광속에 대한 학자의 거부감을 빤히 알면서도 타키온을 설명한 것은
**타키온만이 '맞섬이 없는' 유일한 초광속의 '물질' 입자**이기 때문이다.
찢어진 공간도 없이 타임머신을 만들 수 있을까? 즉, 진진공이 없는
기성 원리(**아래 1. 2**)로 맞서는 시공간을 '초광속으로' 꿰뚫을 수 있을까?

각 이론에서 다루는 관계의 대상들을 살펴보자. (특상 = 특수상대성이론)
1. 특상은 거시공간에서 **속도, 거리, 시간**의 관계를 다루고(초광속 불가),
2. 일상-장방정식은 **질량체**(중력)와 **시공간**의 관계를 다루고(시공간 왜곡),
3. 흡수엔진은 '핵에서' 살아 속박하는 **핵 시스템**($c^2$, 잠재된 초광속)과
**시공간**(공간양자)의 상호작용을 다룬다. (일상 = 일반상대성이론)

거시공간에서 다루는 관계의 대상이 각각 다름에도 불구하고,
3번에서 '글루볼의 **터널링으로** (맞섬이 **순간적으로만**) 풀린' 초광속 $c^2$을
1, 2번의 거시공간(초광속 불가)에 대입하면, 비논리고 아무것도 아니다.

해서, 흡수엔진에선 3번 **핵 시스템**(강력, $c^2$)과 **공간양자**의 상호작용만을
다루자. **핵**(강력, 미시공간)이 **공간양자**(타키온, 거시공간)을 삼킬 때의
작용반작용을 이용하므로 거시공간이 포함된 1, 2번은 소멸된다(진진공).
핵-강력이 상대(공간양자, 시공간)를 흡수-합성하여 **제거**해 버린 효과다.

즉, 3번은 이렇게 말할 수 있다. '시공간(**時**·空間)은 나의 먹이일 뿐이다!

또한 특수상대성이론의 핵심인 $[E = mc^2] \rightleftharpoons [E/c^2 = m]$의 변환은 $[mc^2 \rightarrow E,$ 색즉시공$] \rightleftharpoons [E/c^2 \rightarrow m,$ 공즉시색$]$이므로 만물은 순환한다./

인용문의 **"두 가지 문제:** (수학으로 핵자들의 상호작용을 탐구하는 과정에서) ① **보손의 짝끈**인 **페르미온 끈**을 필히 **요구**. 즉 페르미온 끈이 빠진 것과 ② **초광속 '물질'입자**, 즉 **타키온**이라는 유령입자가 **'식에' 등장**하는 것" [14] 이 문장이 의미를 다음과 같이 해석한다.

①´ **보손**(매개입자)**의 짝끈**인 **페르미온**(물질입자) 끈을 필히 **요구**하는 이유;

☞ **강력은** (핵 시스템 계 界에서 매개입자와 물질입자 간에) **'조화'진동자**의 조화(교환대칭, 안정)를 이루려면, 색동-힘의 균형을 필요로 하는데, 초창기 끈이론은 '조화'진동자(핵) 시스템에서 물질입자가 빠졌으므로 조화진동자가 힘의 균형 상태를 이룰 수 없었다.

따라서 '조화'진동자로서 조화롭고 균형 잡힌 힘의 역학관계에 따라 자연스럽게 물질입자 끈-양자를 (수학 논리가) 요구한 것이다.

**흡수엔진에서도 물질입자가 결핍되니**, 냉원자의 요구로 물질입자가 **끌려온다.** (느껴지는 것이 없는가?)

**188쪽과 114~119쪽의 도면 및 설명을 읽고, 소립자 간 상호작용을 체득하면서 이를 깊이 살피자**(중요)!

②´ **질량의 제곱**이 '음수(인력)'인 **초광속 물질입자 타키온**의 등장 이유;

☞ 핵($c^2$; 초광속)과 자유 공간양자가 $c^2$의 **'음값으로 서로 당기는'** 순간에 자유 공간양자가 초광속 입자 타키온으로 **발현** 發顯된다(해석, 예측). 즉, 핵(**$\underline{c^2}$**)과 타키온(**초광속**) 간에 '서로 당기는' 힘의 논리에 맞다.

### <초끈이론의 현실>  [16]

끈이론은 인류가 감지할 수 없는 극미의 물질을 수학적으로 탐구하는 분야며, 중력을 포함한 만물 이론이다. 그러나 수만 개의 칼라비-야우 도형에서 우리가 느낄 수 있는 유형은 단 하나도 인식할 수 없다. 즉 실체가 없다. 아이로니컬하게도 매우 훌륭한 이론이 **실험으로 진위 여부를 확인할 수 있는 결과**를 단 하나도 생산해내지 못했다. 선물은 받았는데, 사용설명서가 없어서 묶어두는 꼴이다.

[칼라비-야우 도형; 수학적으로 유도해 그려보는 양자 도형.]
[필자; 끈이론의 사용설명서는 이 책과 【D.10】일 것이다. 114쪽]

### <초끈이론에 대한 비난들>  [17]

글래쇼 등은 "전통적인 물리학은 이론과 실험의 변증법적 순환을 거치면서 발전했다. 그러나 끈이론은 우아하고 유일하며 아름답게 정의된 진리만을 추구하고 있다. 끈이론은 마술과도 같은 일치성, 기적 같은 상쇄, 그리고 전혀 무관해 보이는 수학으로 점철돼 있다. 과연 이런 것들만으로 (초대칭)끈이론이 설득력을 가질 수 있을까? 수학과 미학이 실험적 증거들(필자; 2011년 퇴역한 테바트론이나 현재 운용 중인 LHC 충돌실험 등에서 검출한 입자들)보다 중요하단 말인가? 끈이론의 수학이 너무 생소하고 어려워 언제쯤 판가름이 날지 예측할 수 없다는 점이다." 한마디로, 관측이 불가한 초미세 영역에서 검증 불가능한 가정을 늘어놓고 시간 낭비하는 사람들이라는 것이다.

### <초끈이론의 실험적 증거들>  [18]

끈이론은 현실과 부합한 단 하나의 칼라비-야우 공간도 못 내놓았고 실험적 결과도 전무하다. 특정 칼라비-야우 공간을 선택하고, 그리고 그 결과가 실험과 '대충' 맞아떨어진다면, 끈이론 학자들은 너무나 흥분하여 숨조차 제대로 쉬지 못할 것이다.......

위 이야기들에는 곡절이 있는 듯하다. 끈이론 학자들이 '입자물리학자들은 겨우 표준모형의 입자족 17개(74쪽)의 입자만을 찾아 놓고 모든 물리학을 다 이룬 양한다. 초끈이론은 만물의 무수한 입자 등을 수학적으로 탐색한다(만물 이론).....'고 하며, 입자물리학자의 자존심을 건드린 듯하다. 초끈이론의 특성상 충분히 있을 법한 얘기다. 그러자 심기가 뒤집힌 입자물리학자들이 어이없어하며 '당신들은 그 잘난 수학으로 무엇을 구했는가? 구한 실체를 내놔 봐라. 끈이론에 따른 모래알만 한 증거라도 있는가?'하며, 위 글레쇼와 같은 험악한 비난을 한 것이다. 가는 주먹에 날아오는 홍두깨인 셈이다. 일이 이렇게 되자 끈이론 학자들의 입장에선 속칭 쪽팔리지만 할 말이 없게 됐다. 지켜보는 관중들은 '어떻게 돌아가고 있는 거야?'하면서 어리둥절하고...... 이는 과거의 물리학계에서 일어났을 법한 일을 필자가 혼자서 추정해보는 것이다.

그렇다고 그렇게 비난하였던 사람들도 답을 줄 수는 없을 것 같다. 텔아비브 대학 쉬무엘은 '계산에 의하면 강입자가속기가 우주 전체의 크기와 비슷해야 개개의 끈(양자들)을 모두 관측할 수 있다'는 것이다. 양자 파편들까지 모두 실증한다는 건 표준, 실험, 끈이론 학자 등 모두 한계에 다다른 느낌이다. 입자족과 힉스 메커니즘을 제시함으로써 굵은 기둥들을 구성시켜 집을 짓기는 하였으나 그 기둥(입자족)을 이루는 더 자잘한 양자가 구체적으로 어떻게 되어 있는지는 모호하다. 물리적 사변의 진위를 심화 분석할 수 있는 도구가 흡수엔진의 실험일 수 있다.

<끈이론의 실험 가능성들> [19]

특정한 칼라비-야우 도형을 선택하면, 먼 곳까지 힘이 전달되는 전혀 새로운 형태의 힘이 필연적으로 도입된다. 만일 이런 이론이 **실험으로 발견된다면**, 끈이론에 의해 새로운 물리학이 탄생하게 된다.

필자는 위 인용문을 읽으며 은연중에 다음과 같은 생각이 들었다. 인용문을 흡수엔진의 작동과 연관해 이해하면, 아래의 표와 같이 대응된다. 이 대응의 사실 여부는 추후에 판명나겠으나, 위 인용문 [19]의 내용과 흡수엔진의 논리가 매우 흡사하여 여기에 비교하여 서술한다.

| 인용문의 구절 | 흡수 엔진의 작동상황 |
|---|---|
| 어떤 특정한 칼라비-야우도형을 선택하면, → | 흡수엔진의 글루볼 터널링 반응으로부터 **선택(상호작용)**을 일으킨 공간양자들(칼-야 도형)은 |
| 먼 곳까지 힘이 전달되는 → | '흡수엔진 ⇆ 공간양자'으로 힘이 전달되는, (파진공에선 '**서로 당기는**' 강력의 역장이 '**멀리 전개될**' 것이다.) |
| 전혀 새로운 형태의 힘이 → | **(작용) F1**<br>전혀 새로운 형태인 초광속의 힘으로 포획-합성하는 인력의 힘이 = 터널링한 음수의 힘이(보스노바), 강력-속박력(인력)의 **작용에 따라** |
| 필연적으로 도입된다. → | **(반작용) F2**<br>냉양자와 상호작용하면서 음수(인력) 힘을 먹은 공간양자의 **반작용**(인력)도 필연적으로 도입된다.<br>☞ **[F1 = F2], 서로 당기는 대칭!** |

330

이게 사실이면, 수학의 중요성과 신통(神通)을 독자의 상상에 맡긴다.

사과와 지구가 서로 당기는 힘의 크기가 [F1 = F2]으로 나타나듯,

[실린더의 **터널링한 살아 있는 핵력** = 파진공의 **부의 공력**(負의 空力)],

[실린더의 **음압** = 파진공의 **음압**]으로 **인력**(음수)의 대칭이다(서로 당김).

인력에 의한 작용반작용도 대칭(**=**)으로 나타날 수밖에 없다(52쪽 참조).

흡수엔진의 작동원리는 입자물리학, 조화진동자(핵물리학), 끈이론, 냉원자, 뉴턴의 작용반작용, 양자역학의 불확정성과 양자 터널링, 양자 등이 모두 어우러져 비행하는 원리이므로 물리학의 분리가 아닌 융합이다. 흡수엔진 작동으로 진진공이 드러난다는 것은 '**거시공간과 엔진의 실린더에서 물리적 원리들이 모두 어우러졌다**'는 것을 뜻한다.

뭉뚱그려져 있는 우주를 설명하는 물리학이 어찌 둘 셋이 되는가? 그건 장님이 코끼리의 다리, 코, 몸통을 각각 만지고 있는 형국이다. 어떤 물리학자가 강연에서 '나는 끈이론에서 많은 아이디어와 영감을 얻는다'라고 말한 것을 들었다. 그 물리학자는 지혜가 깊은 분이라고 생각한다. 초끈이론은 첩보원, 탐지병과 같은 역할을 하니까…….

필자는 물리학 전공자가 아니므로 지엽적 오류가 있을 수 있으나, **핵심 원리**(글루볼 가속 조건부, 강력-속박력의 터널링)**는 틀림없을 것이다**. 이는 모순 없는 현상적 과학적 증거가 20여 가지 존재하기 때문이다. **UFO에서 나타난 여러 현상들이 과학적으로 모두 일치하며, 흡수엔진에 융합된 원리들은 이미 이론적 실험적으로 정립된 사실들이기 때문**이다.

<공간 찢기의 희미한 가능성> : 플럽변환 flop transition [20]

**★★ 중요!**

초단거리 영역에서 일어나는 '양자적 요동'이 알려진 후, 찢어진 공간은 물리학에서 거의 상식적으로 통용되어 왔다.

플럽변환이란, 칼라비-야우 도형에 구멍을 뚫고, 이것을 수학적으로 꿰매 놓으면 다른 도형과 일치하는 것을 말한다. 그렇다면, 아인슈타인의 생각과 달리 우주는 찢어졌다 다시 붙을 수 있는 것일까? 에스핀월 등은 공간을 찢는 플럽변환을 거울대칭에 있는 도형에 적용해도 물리적으로 아무런 하자가 없다는 것을 발견했다. 이를 수학적으로 플럽변환이 실제로 일어날 수 있음을 계산했다. 1991년 말경, 끈이론 학자 몇 명은 '(칼라비-야우 도형의) **공간이 정말로 찢어질 수 있다**'는 심증을 갖고 있었다.

[칼라비-야우 도형; 수학적으로 유도해 그려보는 양자 도형.]

위의 글을 읽고 필자는 다음과 같은 생각을 하였다.

칼라비-야우 도형(양자) 속으로, 구(더 작은 양자)가 들어가는 플럽변환을,
→ 한 사람이 오두막에 들어가는 것에 비유한다면,

큰 구성체인 냉헬륨에 구(공간양자)가 들어간다는 플럽변환은,
→ 한 사람이 궁궐에 들어간다고 비유할 수 있겠다.

(이때 '**냉양자는 이미 거시적으로 양자화되어 있다**'는 점에 유의하자.)

이렇듯 파진공에 존재하던 양자들이 <u>냉헬륨의 찢어진 미세공간으로</u> <u>흡수-합성당하면</u>, 흡수엔진 흡입부 주변부터는 진진공이 형성되면서 **거시공간도 함께 쭈-욱 찢어지며 비행할 것이다.** 핵에 잠재되어 있던 초광속 $c^2$을 터널링시켜(풀어내어) **공간양자를 강력히 포획-흡수-합성 함으로써** 거시공간을 쭈--욱 찢으며 윤팔홀(파진공 + 진진공)을 만들며 비행한다. 따라서 비행체는 진진공 안에 들어서서 비행하게 된다.

즉, 실린더 안의 **<u>냉양자 헬륨의 하드론 막</u>**(에너지 장벽)**이 찢어지면서** 공간양자를 포획-합성하고, **동시에 대칭적으로 거시공간도 찢어진다.** 파진공에서 빨려간 물리량이 냉원자 질량증가로 보존되는 과정에서, 실린더의 **핵력-속박력(인력)**과 파진공의 '**<u>부의 공력(인력)</u>'은 대칭으로** '<u>서로 당기며</u>', 진진공(찢어진 공간)이 잠깐 발생한 후 곧 닫힌다.
(부의 공력; 파진공이 짊어진 음압으로 '비행체를 당기는 힘')

파진공은 공간이 '**찢어지면서 오는**' **진행형의 공간 자리**인 반면에, 진진공은 엔진이 시공간을 '**찢으며 가는**' **진행형이 완료**되어 파진공의 공간양자가 흡수엔진 실린더의 냉헬륨으로 흡수-합성-**제거**됨으로써, <u>참(**진**)</u>으로 완전히 찢어져 텅 비어 버린 자리(**진공**)이다. 진진공 眞眞空!

이 원리를 이해하기 이전에, 물리학도 출신이 "초광속으로 지구에 오는 UFO는 공간을 찢으며 비행해야 한다"고 하는 말을 이해할 수 없었다.

눈이나 카메라 등은 빛을 감응하여 상을 잡는데, 29쪽의 【D.7-1】은 초광속의 상상도이다. 이 경우, 초광속 $c^2$으로 진진공을 형성시키므로 무엇으로도 상을 잡을 수 없다. 62쪽의 흐릿한 진진공의 실물 사진은 **적절한 저속이라서 기적적 순간에 잡은 상이다.** 바로 29쪽 【D.7】이다.

<플럽변환의 수학적 검증> [21]　　★★ 중요!

　브라이언 그린, 에스핀월, 모리슨 이 세 명은 플럽변환에 대해 수학적 검증을 실시하였다. **찢어지기 전후, 그리고 거울대칭 짝을 찾아 각각 그 물리적 성질을 유추해 일치하면 공간 찢기의 실존을 확인하는 셈이다**... 수학적 실행 결과 (플럽변환에 따른 거울대칭이) 정확히 일치했다. 즉, (미시)공간을 찢는 플럽변환이 끈이론에서 실제로 일어날 수 있다는 것을 입증한 것이다.

　이처럼 물리의 세계가 서로 합쳐지기도 분해되기도 하는 것은 자연스러운 일인 것이다. 다만 수학적으로 양자의 미시세계를 탐구함으로써, 그 변환의 상호 관계에 의해서 대칭적으로 미-거시영역이 동시에 찢어진다. 이때 냉양자가 공간양자를 포획-흡수-합성-**제거**한다는 것, 즉 **거시공간을 (대칭으로) 동시에 찢을 수 있다**는 점이 흡수엔진에서 중요한 의미를 갖는다.

　물리학에서 보존 법칙이나 대칭이 이루어지면 이를 합당하게 여겨 학자들의 마음이 편해지며, 이런 법칙들은 물리학을 멀리 가게 한다. 엔진 실린더 내부와 파진공의 물리량은 대칭으로 나타날 수밖에 없다.

　특히 무엇보다 유의할 점은 초유체 상태의 냉헬륨은 이미 거시적으로 양자화되었다는 것이다. **초유체 '냉양자' 헬륨이 플럽변환에 대한 순응을 거부하지 않을 것으로 예견할 수 있기 때문**이다. 물론 이는 음값의 힘, 즉 점근적 자유의 힘을 매개하는 글루볼이 터널링하여 공간의 자잘한 양자 파편들을 냉헬륨으로 인도(引導)해 합성함으로써 가능할 것이다.

## <플럽변환의 위튼식 해결법>  [22]     **★★ 중요!**

위튼은 (플럽변환으로 양자끼리 합성되며) **미시공간이 찢어질 때**, 점 입자 이론과 끈이론 사이의 차이점에 중점을 뒀다. 미시공간이 찢어질 때, 끈이론에서는 아래 ① ②의 운동이 모두 가능하지만, 점 이론에서는 아래의 ①의 운동만 가능하다는 것이다.

① 끈은 찢어진 공간 **근처를** 지나갈 수 있다.

② 끈은 (월드 시트에 의해서) 찢어진 공간을 **에워싼 형태로** 운동할 수도 있다.

[필자: 월드 시트 World-sheet; 끈이론에서는 점입자와 달리 최소한의 양자 크기를 인정해 확장성을 부여하며, 이 크기의 존재로 인해 운동 시 끈의 궤적 때문에 시간차가 발생한다(특수상대성 이론). 1차원의 끈이 쓸고 가며 형성되는 2차원 곡면을 뜻한다. 양자의 시간차 운동 양태]

끈이론이 아닌 점 입자 이론은 ①번만 가능하다. [필자: 점 입자의 이론으로는 더 이상의 논리 전개가 곤란하다는 뜻으로 이해하자. 이는 끈이론에서는 **양자는 '유한한 크기가 있다'는** 확장성과 대비된다.]

②의 경우, 찢어지는 공간으로부터 야기되는 물리적 혼돈을 막아준다. 이것은 끈의 월드 시트가 공간의 변형으로부터 야기되는 **모든 재난을 가려주는 장벽 역할을 할 것**이다.......

이는 파인만의 '경로합 이론'에서 그 근거를 찾을 수 있는데, 한 물체는 그것이 파동이든 입자든 한 곳에서 다른 곳으로 이동 시, 모든 경로를 동시에 쓸고 지나간다는 게 그 근거다. [필자: 양자는 입자이자 파동임(이중성). 광(입)자, 영의 실험-간섭무늬, 파동(상태)함수]

1993년 1월, 위튼과 다른 팀 브라이언 그린, 에스핀윌, 모리슨은 두 편의 논문을 각각 인터넷에 동시에 공개했다. 두 편의 논문은 동일한 현상을 전혀 다른 관점에서 서술한 것으로, **공간의 찢어짐 현상이 이론적으로 가능하다**는 사실을 증명한 최초의 논문이었다.

[필자; 이해의 편의를 위해 노트 형식으로 정리해 서술했다. 위튼은 현재의 최고 끈이론 학자이며, 그의 논문이 최다로 인용된다고 한다.]

핵폭발은 무지막지하게 에너지를 한순간에 방출하여 대혼돈이 발생하지만, 에너지를 흡수(삽입)하는 플럽변환에서는 포획-흡수의 진행과정이 **정숙하게** 진행되는 특성을 보여주고 있다. 우주의 공간에서 양자 간에 합성이 이루어질 때, **월드 시트에 의해서 정숙성이 유지**될 것을 예견한 것으로 해석이 가능하다.

단, 흡수엔진에서는 공간양자를 흡수-합성할 때 발생하는 강력-핵력 $c^2$의 힘이 너무나 강대하고 대규모적이라서 충격파가 발생할 것이나, 이는 **음압**과 실린더의 양자 가둠에 의해 그 정숙성이 유지될 것이다.

위 논문이 중요한 이유는, 냉양자가 다른 양자를 삼킬 때 정숙성이 유지되는 것도 중요하지만, **미시공간의 찢어짐 현상이 이론적으로 가능함을 증명한 사실이 더욱 중요하다**. 다시 말해, 미시에서 핵융합(핵과 핵의 융합)을 이루듯, 더 작고 작은 극미에서 양자 합성인 **(냉)양자와 양자 간의 합성이 가능함을 증명했다는 것이 더욱 중요하다.**
이는 흡수엔진의 구동원리로 연결되기 때문에 중요하다.
흡수엔진의 구동원리는 (냉)**양자**와 (공간)**양자** 간의 합성이다.

<공간이 찢어질 때, 입자의 **질량(에너지)은 갑자기 변하지 않는다**.> [23]

브라이언 그린, 에스핀월, 모리슨, 위튼은 칼라비-야우 공간이 다른 칼라비-야우 공간으로 변형할 때, 끈의 패턴에 따른 **'입자족의 명단이 변하지 않는다'**는 사실을 알아냈다. 칼라비-야우 공간이 찢어지면서 실제로 영향을 받는 것은 입자의 **'질량'**, 즉 끈의 진동 패턴에 의해 결정되는 **'에너지'**이다.

(필자; 양자 유입으로 냉헬륨의 핵이 다른 원소 핵으로 변하지 않고, **'일단은'** 양자가 냉헬륨 핵에 **'섞여 들뜨며'** 질량-에너지가 **증가할 것**이다. 에너지를 **계속** 흡수-합성하면 냉헬륨은 분가할 것임. 125, 222~223쪽)

그들은 칼라비-야우 공간이 변하며 '에너지의 양이 **연속적으로 증가 또는 감소한다**'는 것을 논문에서 증명했다.......

그러나 무엇보다도 중요한 사실은 '미시공간이 찢어질 때에도 (필자; 냉양자가 공간양자·에너지를 포획-흡수-합성할 때), 그 입자의 **질량-에너지는 갑작스럽게 변하지 않는다**'는 것이다.

인용문은 마치 작동 중인 엔진의 냉원자가 들뜨는 10중항의 모습을 설명하는 듯하다. 에너지가 유입되더라도 **'입자족의 명단이 변하지 않으므로'** 냉헬륨 소립자들이 점점 10중항으로 들뜨며 불안정해지다가 결국 안정한 냉헬륨 8중항 핵 둘로 분가할 것이다(125, 222~223쪽).

냉양자의 **질량(에너지)**가 갑자기 변하지 않고, **'연속적으로 균질하게'** 합성되므로 **작용반작용의 속도와 힘을 목적에 따라 활용하기에 적합하다.** 흡수 주체가 양자가 아니라 많은 물리량의 핵 시스템인 냉'원자'지만, 이미 '양자화된 냉원자'이므로 무리가 없다(냉원자 = 냉양자 = 초유체).

<미시-거시에서의 공간 찢김 (1)> [24]　★★★★ 매우 중요!

　시공간이 찢어진 결과는 어떤 현상이 나타날까? 끈이론에서는 주로 극미의 감겨진 여분의 6차원공간(미시)에서 일어나는 찢어짐 현상을 다루었다. 그럼 우리가 살고 있는 3차원 공간(거시공간)에서도 찢어짐 현상이 나타날 수 있는가? 대답은 거의 'yes'이다.

　**좁은 공간에 감겨 있든 넓디넓은 스케일에 걸쳐 방대하게 팽창돼 펼쳐져 있든 간에, 공간은 어디까지나 공간일 뿐이다.** 따라서 어느 차원에 감겨 있고, 어느 차원에서 광대하게 팽창돼 펼쳐있는지를 따지는 것은 의미가 없다. 즉, 결론으로 얻어진 **공간 찢김 현상은 '다양한 곳에 응용이 가능'**하다.

[필자; 좁은 공간에 감겨 있는 핵(미시공간)도 양자로 가득 찼으므로 맞서는 공간이기는 마찬가지다. 즉 핵 내부도 찢어진 공간이 아니다. 그러하므로 (**미시공간인 핵막-속박력과 거시공간을 동시에 찢어서**) 핵에 잠재돼 있는 초광속 $c^2$을 꺼내 쓸 방법은 냉양자에 자기장의 격렬한 진동을 공급해 글루볼을 터널링시키는 방법뿐이다. 182쪽]

　플럽변환은 미시세계에서 양자의 수학적 도형인 칼라비-야우 공간이 찢기는 - 에너지 양자가 이합집산하는 - 현상을 수학적으로 그려 보는 것이다. 양자가 찢어지며 더 작은 양자를 지속적으로 삼킨다면, 물리량이 더 증가한 양자가 만들어질 것이다(플럽변환).

　그런데 흡수엔진의 원리는 냉헬륨의 미시 공간차원이 찢어지면서, 거시공간에 있는 양자를 실린더의 냉헬륨으로 흡수-제거시킨 결과로,

방대하게 팽창되어 있는 4차원(**시간 포함**)의 거시공간(공간양자)을 흡수-합성하여 소멸시킴으로써 거시공간을 찢을 때의 작용반작용으로 비행하는 것이다. 시공간(**時**·空間)을 흡수-합성-제거하며 비행하는 원리이다.

왜냐하면, **거시공간의 '실체'인 공간양자**(양자거품, 디랙의 바다)가 흡수엔진의 냉양자에게 **흡수-합성-소멸되기 때문에 '공간과 통합된 시간'도 동시에 사라지기 때문**이다. 즉 양자화된 냉헬륨이 더 작은 공간양자를 삼키는(포획-합성하는, 감아 넣는) 원리이다. 인용문의 플럽변환에서나 흡수엔진에서나 모두 **양자가 양자를 삼키는 원리**다. 그 규모만 다르다.

미시공간에서 핵막-속박력을 **찢고(터널링)**,
거시공간도 **동시에 찢어짐으로써(진진공)**,
**'공간 찢김 현상을 응용하여'** 창조해야 할 것이 흡수엔진(타임머신)이다.

강조하여, 흡수엔진은 **우주에 방대하게 팽창되어 있는 공간양자들을 흡수-합성하는 것이며[E/c² → m]**, 이것은 방대하게 팽창된 거시공간을 찢고 그 찢어진 틈새(진진공)를 따라 비행하는 원리다. 이는 냉양자의 대칭성 깨짐과 양자 터널링, 진진공, 작용반작용 등을 공간상에서 융합시킴으로써 활용하는 것이다. 이는 이미 학문적 실증적으로 있는 과학적인 사실들을 융합하는 일이므로 그 실현은 시간문제일 뿐이다. 하지만 쇼펜하우어의 말처럼, **사람들은 그 자신의 이해 정도와 인식의 한계 내에서만 세상을 바라볼 뿐**이므로 실현은 느리게 진행될 듯하며, 이해하더라도 딴생각을 할 수도 있을 듯하다(결과물이 매우 크므로). 그러나 이 원리가 도둑고양이처럼 조용하고 은밀히 퍼져나가지 않고, 세상에 널리 알려지면 이 엔진의 실현은 신속할 것이다(**발등에 떨어진 불인 무한한 발전**發電·**에너지와 온난화가 해결될 테니까**. 180쪽 참조).

<미시-거시에서의 공간 찢김 (2)> [25]　　★★ 중요!

　위상이 변하는 공간 찢김 현상은 과거, 현재, 미래에 발생 가능한가? 답은 'yes'이다.

　빅뱅 직후에는 수차례의 엄청난 <u>위상 변화</u>를 겪었고,…… 물론 현재도 느리게 진행 중이나 너무 느려서 우리가 관측하기 힘들다. **이 느리고 희귀한 현상이 입자들이 안정된 이유이다.** (필자; 세상이 평온하여 안정하게 살 수 있고, 또 우리가 존재할 수 있는 이유이다.)

[위상 변화; 물리적 상태의 변화. 우리 우주가 빅뱅으로 탄생하는 순간, 극도의 고온 고압이 급락하면서 짧은 시간에 몇 단계의 중요한 물리적 합성, 동결, 변화를 겪으며 강력, 약력, 전자기력, 힉스장 등이 탄생했다.]

　공간의 찢김은 일상적인 일이다. 다만 지금은 너무 느려서 오히려 우리가 희귀한 현상으로 받아들이고 있을 뿐이다. 위의 문장 중에, '이 느리고 희귀한 현상이 입자들이 안정된 이유이다'는 문장의 뜻을 다음과 같이 재해석하면, 바로 흡수엔진의 원리로 대체된다.

　**'양자화된 초유체 헬륨의 주변에 플랑크상수$h$ 극대화와 같은** 환경을 조성해 주면 불안정이 더 불안정해지고, 이때 플랑크상수 $h$로부터 힘-냉에너지[$E = hf$]를 빌려 삼킨 **글루볼이 터널링하면,** (느리고 희귀한 현상이 아닌) **빠르고 강력한 공간 찢기를 이룰 수 있다'**로 대체된다.

　이는 BEC와 자기장으로 글루온 쿼크 등 핵 SU(3) 8중항의 대칭이 깨져 불안정한 상태에서, 자기장으로 플랑크상수를 더욱 크게 공급해 쿼크와 글루볼을 더욱 가속해 진동시키면, 핵의 시스템이 조화(안정과 균형, 대칭)를 찾으려는 역학적 힘의 작용에 따른 자연스러운 일이다.

이는 물리적 위상(상태) 변화가 에너지, 온도, 압력, 균형 등에 의해 변화를 겪게 되는데, 자연의 본성이 '스스로 그러하다'는 뜻이 있으며, **자연의 더 깊은 내막은 모른다고 할지라도 그 유용성은 우리의 것이다.** 이는 물리 법칙이 우주 어디에서나 불변하다는 깊은 뜻이 담겨 있다.

자연의 법칙은 우주 태초부터 지금, 미래에도 불변이므로 우리는 물리법칙을 안정적으로 활용할 수 있으며, 예측 가능한 물리법칙에 의존해 문명을 발전 유지할 수 있다. 흡수엔진을 지속적 안정적으로 활용할 수 있는 것도 예측 가능한 물리법칙의 일관성에 있을 것이다. 자연을 탐구하고 활용하는 법을 알아내는 것이 과학의 주된 목적이다. 더 깊은 미시세계가 끝도 없이 우리에게 '왜?'를 시험할지라도......

---

### <코니폴드 변환> - 확신을 갖고 시공간 찢기 [26]

끈이론 방정식을 연구하면서 3차원 구형이 시간 경과에 따라서 지극히 작은 부피로 수축되어 갈 수도 있음을 알아내었다....... 그 결과 우주는 산산이 분해되어 당장 종말을 맞게 된다.

그러나 1995년 스트로밍거는 이 논리가 잘못되었음을 선언하여 학자들의 찜찜하고 불안한 마음을 해소시켜줬다. 몇 단계 계산을 통해, 같은 차원의 끈(막)이 같은 차원의 구형을 **감싸며 쓸고 갈 수 있다.** 따라서 만물이 와해되는 혼돈스러운 결과는 나타나지 않는다.

---

스트로밍거의 논문 덕분에 여분의 차원을 좁은 영역 속에 감아 넣은 과제가 다시 제대로 된 진도를 나갈 수 있게 되었다. 그러나 브라이언 그린은 '이것만이 전부가 아니다'는 강한 심증을 갖고 연구를 거듭······· 칼라비-야우 공간 내부에 들어 있는 3차원구형이 점으로 수축되었다가 다시 부풀려진 구형은 2차원이었다. 즉 3차원 구형이 찢어졌다가 2차원 구형으로 자라나는데, 환원체가 비치볼로 변형된 것이다. 물론 이 과정에서 물리적 재앙(혼돈)은 결코 일어나지 않았다.

이처럼 **코니폴드 변환을 거듭하며 질량이 점점 작아져 소립자와 광자, 블랙홀로 연결된다.**

[코니폴드 변환 Conifold transition; 미시공간 찢기에 의한 변환으로 스스로 찢어지고 복구되며 진화를 겪는 <u>칼라비-야우 공간(양자)의 모델임</u>. 찢어지는 조건은 플럽 변환보다 엄격하며, 끈이론에서 이룬 정설이다.]

우주에 가득 찬 **양자들이 정숙을 이루는 모습**을 잘 보여주고 있다. 우리 눈앞에서 양자적 요동이 난리법석이라도 우리가 고요와 안정을 느끼는 이유를 **요동의 양자적 평균**(양자들이 주고받는 에너지의 평균)과 더불어 잘 설명하고 있다. 또 미시 입자가 **찢어지며 더욱 붕괴돼 가는** 모습을 설명하고 있다. 양자 세계는 직접적으로 들여다볼 수 없어서 수학적으로 들여다본다. 끈이론 학자들이 수학과 씨름하는 이유이다.

UFO가 정숙히 비행하는 것도 이같이 양자의 물리 세계를 바탕으로 제작된 엔진이라 생각한다. 양자는 위처럼 점점 붕괴하기도 하지만, 흡수엔진에서처럼 냉양자의 물리량을 점점 키워나가는 것이기도 하다.

<시공간과 양자(끈)>   [27]   **★★★ 중요!**

　중력장엔 시공간의 휘어진 상태가 그대로 내포되어 있기 때문에 결국 **시공간의 구조는 특정 형태의 진동을 겪고 있는 수많은 끈들과 동일하게 취급할 수 있다.**
장(場, fforce field, 힘이 형성된 공간)의 개념으로 설명하면, 비슷한 형태로 진동하고 있는 수많은 양자가 **조화 상태**를 이루고 있다.

[필자; 시공간의 실체는 공간양자(끈)들이 **에너지를 주고받는** 상호작용으로 요동하며 춤추는 양지거품 상태이다.
78쪽 '플랑크상수와 양자 터널링'에서 설명하였듯이 양자는 불확정한 상태로 에너지를 주고받으며, 가능성을 안고 쉼 없이 진동하며 힘의 균형을 이루어 조화로운 상태에 있다. 역장의 크기에 따라 양자가 위축되므로 시공간이 왜곡되며 역장들과 상호작용하는 양자거품이다. 따라서 빛은 역장으로 위축-왜곡된 '양자의 **밀도를 따라**' 휘어 진행함]

　개개의 끈은 시공간의 자잘한 **파편**에 불과하며, **이들이 합쳐져 적당한 패턴의 진동**(필자; 양자들 간에 에너지를 주고받는 과정에서의 진동 상태)**을 유지해야만 시공간의 개념이 비로소 탄생**한다.

　시간과 공간은 우주를 이루는 근본적 물리량이 아니라, 원초적 **우주 상태를 편리하게 표현하기 위한 수단에 불과함**을 깊이 이해할 수 있을 것이다(필자; 시공간의 실체는 공간양자이기 때문이다. 따라서 **양자거품을 흡수-제거하면, 시간도 공간도 없는 진진공이다**).

이처럼 공간에서 입자나 파동을 주고받을 수 있는 힘이 등장하면, 그 주변의 끈(양자)들은 그 힘에 반응하여 특정한 영향(진동-위축-왜곡-합성 등)을 받게 된다. 그 결과로 시공간이 유지되며 왜곡된다고 밖에 볼 수 없다(공간양자가 공간의 실체니까).

중력은 중력장의 범위에 있는 끈들에게 반응을 불러일으켜 단지 그 진동이 더 격렬해지고 위축되는 정도에 그치지만, 흡수엔진은 비행에 저항이 되는 끈을 핵력으로 흡수-합성해 핵에 감아 넣음으로써 이때 발생하는 **힘이 인력으로 드러나 작용반작용이 유발**될 것이다. 그 결과 비행체의 주변에 **진진공(眞眞空)**이 형성되어 초광속 비행이 가능하다.

이처럼 냉양자 글루볼이 터널링하면 '(속박력-인력이) 살아 전개되는' 강력파에 의해서, **냉양자는 글루볼을 우주의 공간양자들과 주고받으며 영향력 관계(터널링한 핵력과 엮인 속박-인력의 관계)가 형성될 것**이다.

따라서 흡수엔진은 <u>'에너지를 길구하는 원리'가 반드시 포함돼 있어야 한다</u>는 결론이 유추된다. 흡수엔진의 구동원리는 세세히 전술했다. **/**


시간과 공간이라는 건 공간양자들이 <u>주변의 역장(중력장이나 주변의 자잘한 양자장의 힘)</u>에 알맞게 상호작용해 진동하면서, **각각의 양자들이 주변의 여러 힘에 맞게 에너지를 주고받으며 힘의 균형을 이루는 과정에서 공간이 형성되는 것이고, 이 공간 속에 시간이 통합된 것**이다.

[특수상대성 이론에 의하면 공간과 시간은 가변적이다. 구체적으로 말해, 광속에 근접하게 가속된 정육면체(공간)는 납작해지고 시간은 느려진다. 즉 시간과 공간은 통합된 개념으로서의 시공간이며, 양자들의 소산물이다.]

그러므로 디랙의 바다에 **가득 찬** 양자는 자신의 주변에 있는 역장들과 합당하게 쉼 없이 상호작용하며 진동하는 '양자거품의 바다'라는 <u>편리한 '시공간의 개념'</u>이 비로소 탄생한 것이다. 다시 말해, 시공간이라는 것은 양자들이 진동하며 양자적 평균을 이룬 상태. 그러므로 **시·공간**은 이를 편리하게 표현한 **양자의 종속적 개념이다**.

따라서 우주 진공을 이루는 근본적 물리량인 공간양자들을 제거하면 (즉, **시공간을 구성하고 있는** 물질 파편과 보손 파편의 양자들을 제거하면), 공간양자의 종속 개념인 **시간과 공간이 사라진 진진공**이다. **/**


우리가 할 일은 공간양자가 냉헬륨에 흡수되도록 조건을 만들어 주는 것이다. 이는 이미 레이저와 자기장을 이용해 그 실현(BEC & Bosenova, 양자 터널링)을 이룬 바 있다. 이제 우리는 이러한 여러 과학적 성과물들을 재조합하고 융합시켜 목적하는 흡수엔진을 만들자. 끈(양자)을 조작하여 창조할 엔진이 곧 타임머신 Time machine이다.

미시공간과 거시공간을 동시에 찢어서, 거시공간(파진공)에 있는 물리량이 끌려와 미시공간(냉헬륨)으로 합성되면, 작용반작용이 발생하여 물리적 대칭을 이루는 것이고, 비행체의 주변에는 진진공이 형성된다. 그 결과 흡수엔진(Time machine)은 초광속으로 우주 심연의 별을 향해 내달릴 것이다. 또한 이 엔진을 이용하면 에너지와 온난화, 환경 문제를 해소할 수 있다. 이게 이 책을 쓴 목적이다.

# [The fabric of the cosmos]
## [우주의 구조]

<힉스 장: 자발적 대칭성 깨짐, 질량의 근원>  [28]

**★★★★ 매우 중요!**

빅뱅 직후 $10^{-11}$초 만에 $10^{15}$도에서 대칭성이 붕괴되어, 0이 아닌 값으로 동결된 장이 힉스장이다. '가장 텅 빈' 공간이란 진공상태를 뜻하므로 우주 진공에도 **힉스장이 균일하게 퍼져 있는 상태**를 말한다. 빅뱅 직후 $10^{15}$도 이상의 고온에선 힉스의 바다도 증발된 상태였다. 이렇게 **힉스장이 없는 상태에서 가속하는 입자는 아무런 저항도 받지 않기 때문에 질량도 0으로 사라진다**(필자: 관성질량, 즉 관성저항이 '0'). 우주공간에 힉스장이 가득 차 있으므로 물체를 이룬 우리, 즉 쿼크나 전자 등은 힉스장과 상호작용을 할 것이다. 따라서 물체(쿼크나 전자, 망치질, 팔 등등)의 속도를 바꿀 때 힘을 가해야 하는 이유는 **힉스장이 물체의 운동 상태가 변하는 것을 방해하기 때문**이다(관성저항·관성질량).

　**질량이란 가속운동 시 그 변화에 저항하는 정도**를 나타내는 척도다. 그런데, 가속운동에 저항하는 속성(근원)은 대체 어디에서 비롯된 것일까? 즉, **관성의 근원은 무엇인가?**.......

　정지상태의 기준점: <u>주장자(기준점)</u>은 뉴턴(**절대공간**) - 마흐(**별 등 물체**) - 아인슈타인(특수상대성이론에서는 → **절대적 시공간**/ 일반상대성이론에서는 → **시공간 그 자체**)에 걸쳐서 각자 나름으로 기준점을 정했으나, **'물체는 왜 가속운동에 저항하는가?'**라는 질문에는 마땅히 답을 못한다.

그런데, 힉스장은 이 근본적 질문에 나름대로 해답을 제시한다. 일상 물질(원자, 쿼크, 전자 등 → 우리의 팔)을 흔들면 저항을 느낀다. 즉, 이 세상에 (0이 아닌 값으로 동결된) 힉스장으로 가득 차 있다면, 쿼크와 전자는 힉스장과 무언가의 상호작용을 교환하고 있을 것이다. 이 상호작용의 결과, '**가속할 때만**' 당밀 속의 탁구공과 같이 끈적한 저항이 나타난다. 대다수의 물리학자는 **힉스장이 없다면, 모든 입자는 관성질량이 없을 것이라고 굳게 믿고 있다**(☞ 이게 **진진공 상태다**. 필자).

[필자; 가속하면 끈적하게 저항하는 힘이 관성질량(관성저항)이다. 차를 가속하면 몸이 뒤로 젖혀지고, 정지하면 몸이 앞으로 쏠린 현상이다. 망치질할 때처럼 '**가속이나 정지할 때**' 끈적하게 저항하는 힘이다. 그런즉 **힉스장이 없는 공간에서 급가속이나 급정지하는 물체들은 저항이 없으므로 관성질량도 0이 되어 (UFO처럼) 순간가속 순간정지한다**. 일상 공간에서, 모든 질량체들은 (당밀 속의 탁구공처럼) 힉스장과 끈적하게 엉키므로 **움직임에 저항하려는 힘도 그만큼 커서** 깃털과 볼링공은 등속 낙하한다. 단, 공기의 저항요인은 없어야 한다. 달에서는 모든 물체가 등속 낙하함]

빅뱅 직후 $10^{-11}$초 만에 $10^{15}$도에서 대칭성이 붕괴되면서, 0이 아닌 값으로 동결된 장, 즉 대칭성이 지속되지 못하고 깨진 장이 힉스장이다. 대칭성이 유지되면 상호작용이 일어나지 않는다. 대칭성이 있으면 너와 내가 가진 것, 힘, 전하량 등 모든 것이 같은데 무엇을 주고받고 교환할 것이 있겠는가? 또 교환한다고 해도 무슨 의미가 있는가?

그런데 대칭성이 깨지면 질량이나 스핀, 전하량 등의 절댓값이 서로 다르다. 전자는 스핀이 1/2인 입자로서 페르미온(물질입자)이다. 따라서 물질입자나 물체는 힉스장과 항상 긴장 관계, 즉 양자적 진동과 함께 미완성의 관계에 놓인다. 이 미완성의 관계에서 보손으로 존재하는 것이 힉스 입자(무無질량의 골드스톤)이다. 글루온이 물질인 쿼크를 붙잡듯이 얼어붙은 강의 표면 아래에서, 아직 얼지 않은 물이 흐르는 것처럼……. 그 결과 물질인 팔을 흔들면, 힉스장이라는 역장(力場)이 끈적한 질량감으로 붙잡으며 우리에게 관성저항을 준다.

힉스입자는 스핀이 0인 스칼라 입자이므로 방향성이 없고 전하량도 0이다. 입자 중에서 스칼라 입자는 힉스 보손(힉스 입자)이 유일하며, 힉스 <u>**보손**</u>은 모든 입자와 질량에 따라 비례적으로 상호작용하고 있다. 이것이 의미하는 것은 '스칼라 장이므로 방향성이 없다.' 방향성이 모두 상쇄되어 드러나지 않는다고 해야 더 정확한 표현일 것이다. 즉 중력이 당기는 방향을 우리가 늘 감지할 수 있는 것과 대조적으로, 모든 공간에 퍼져 있는 힉스장은 전후좌우상하 모든 방향에서 당기는 인력으로 작용하므로 그 힘의 상쇄되어 우리가 감지할 수 없다. 물속의 부성(浮性) 중력으로 인하여 중력을 느낄 수 없듯이, 좌우에서 같은 크기 힘으로 당기면 그대로 있다. 이게 방향성이 없는 스칼라 장이다.

따라서 스칼라 장은 주변의 어떤 '가속'이 없으면 제자리에서 상쇄-균형 상태로 진동하다가도, 어떤 '가속'이 걸리면 상쇄-균형이 깨진다. 이때 스칼라 장은 이 불균형에 상호작용해 '어딜 가!'하면서 끈적하게 붙잡는다(스칼라 장도 어디까지나 '<u>상호작용을 하는</u>' 역장力場이므로). 사람들은 힉스장을 흔히 '**미완성 상태로 얼어붙은 장**'으로 표현한다.

따라서 힉스 장이나 기타 양자 장이 없는 상태에서 가속하는 입자나 비행체는 저항이 전혀 없기 때문에 관성질량(저항)도 0으로 사라진다.

**가속 시 관성저항**(차 가속 시, 몸이 뒤로 젖혀지는 힘)**이 발생하지 않으면, 정지 시 관성저항**(차 정지 시, 몸이 앞으로 쏠리는 힘)**도 발생하지 않는다.** 이는 UFO의 예각비행, 순간소멸, 순간정지를 설명한다(진진공 효과). [진진공; 진진공은 끈적한 관성저항(질량)이 없는 공간이므로 순간정지, 예각비행, 순간소멸(볼 수 없을 정도의 순간적인 빠른 가속)이 가능하다.]

한편, 동일 물체를 큰 힘으로 가속할 때, **그만큼** 강하게 저항한다. 이처럼 힉스장 자체가 **큰 힘에는 즉시 크게 작용한다**는 점을 인식하자. 따라서 냉원자에서 튀어나온 강력이 힉스장을 <u>당기면</u>, 힉스장도 냉원자 (비행체)를 '**같은 크기의 힘으로**' '<u>서로 당기는</u>' 작용반작용의 대칭이다.

LHC(거대 강입자 충돌기)에서 양성자 충돌 시 글루온끼리 충돌하는 경우가 있는데, **글루온이 충돌할 때 힉스 입자가 가장 많이 발견된다.** 이것을 역으로 이해하면, 핵 시스템의 대칭성이 깨지고 흡수엔진이 작동 시, 강력 글루볼이 터널링해 공간양자를 흡수하면, **힉스입자도 실린더 냉헬륨의 글루온으로 흡수-합성된다는 것을 암시한다.** 그러므로 **힉스장이 없는 진진공에서 가속하는 비행체는 아무 저항도 없을 것이므로 관성저항**(관성질량)**이 'O'이다.**

(※ 힉스장과 글루온은 물질을 붙잡아 속박하는 음값인 인력의 힘이다. 힉스입자는 보손이므로 포획되면 극한의 중첩을 이룰 것이다. LHC에서 '<u>글루온-힉스입자 산란의 이중성(315쪽)</u>'을 보더라도 글루온 등 양자는 가변적이며 입자 간에 무한히 얽힌다. 눈으로 모든 걸 볼 수는 없어도)

흡수엔진은 <u>힉스메커니즘을 모델 삼아</u>, 냉양자에 자기장을 걸어서 강력의 매개입자 글로볼이 터널링해 외향화하도록 유도하면 핵력으로 공간양자를 포획-합성한다. 이것은 강력자 글루볼의 터널링 효과이고, 식 [E/c² ➔ m]은 '**강력의 메커니즘 과정 machanism process**'이다.

---

### <밀어내는 중력>  [30]    ★★★★ 매우 중요!

아인슈타인은 일반상대성이론을 발표할 때, 중력이 질량과 에너지에만 좌우되는 것이 아니라 물체가 받는 **압력**에도 좌우된다는 것을 수학적으로 증명하였다. 아인슈타인의 중력 방정식에서 우주상수의 물리적 의미를 이해하려면, 이 사실을 반드시 알고 있어야 한다.

압력이 왜 중력에 영향을 미치는가?

용수철, 축구공처럼 <u>밖으로 작용하는 압력을 양압</u>이라 한다. 반대로 '**안으로 작용하는 압력은 음압**'이다. 물체에 작용하는 양압은 중력을 크게 만드는 효과가 있고, 음압은 중력을 작게 하는 효과가 있다. 양압은 질량을 증가시킨다. 따라서 중력에 의해 '인력'을 강하게 만든다. 이와 반대로 음압은 중력을 약하게 만드는 효과가 있다.

그런데 중력이 약해졌다는 것은 무언가 반대 방향의 힘이 작용해 <u>기존의 중력을 '상쇄'시켰다</u>는 것을 뜻하므로, 결국 **음압은 음의 중력**, 즉 '**물체들 간에 밀어내는 중력**'을 만들어 낸다는 결론을 내릴 수 있다! **음압은 그 지역 '안에서', 밀어내는 중력장**(필자: 척력장)**을 만들어 낸다**.

일반상대성이론은 이 같은 놀라운 사실을 알아냄으로써 '중력은 항상 인력으로 작용한다'는 역사 깊은 믿음에 종지부를 찍었다. 큰 음압이 작용하면 뉴턴이 기절초풍한다. 중력이 척력으로 작용하기 시작한다!

---

음압이 충분히 크면, '밀어내는' 중력이 당기는 중력을 압도해 물체들 사이의 간격을 가능한 **멀리 벌려 놓은 쪽으로 힘이 작용한다**. 그리고 바로 이 시점에서 우주상수가 본격적으로 개입된다. 일반'**상대성**'이론의 방정식에서 **우주상수가 의미하는 것은 우주 공간은 에너지로 가득 차 있으며, 이 에너지는 음압을 행사하고 있다**.

[필자의 사견; 우리 우주의 밖에는 어떠한 압력도 없을 것이므로 **우리 우주 밖의 공압(空壓)은 우리 우주에게 음압으로 작용할 것이다**. 우주 밖의 공압이 **우리 우주 전체를 빨아당겨 팽창시키는 셈이다. 압력의 '상대적' 개념이다**. 결국, 암흑에너지는 우주를 팽창시키고, 암흑물질은 우주를 수축시킨다. 암흑물질(중력-인력)과 암흑에너지(밀어내는 중력-척력), 허블 상수에 따라 우주의 팽창과 붕괴는 결정된다고 한다(현재; 가속 팽창). 훗날, 우주는 빅뱅 전의 점으로 붕괴한다는 성주괴공 成住壞空, 반대인 빅립 설 등.....]

또한, 현재 **우주 공간에는 질량과** (필자; **암흑물질**)**에 의한 인력보다**, **거대 공간에 누적된 음압에 의한 척력이 더 강하기 때문에 전체적으로 밖으로 밀어내는 척력이 작용하고 있다. 음압은 누적된다**. 이것에 의해 우주는 팽창한다. 이것이 우주상수가 가져온 놀라운 결과이다.

[필자; 중력 방정식의 우주상수는 우주 팽창, 암흑에너지 등과 관련된 큰 의미를 갖는 수였으나 그 당시 아인슈타인 자신도 팽창우주를 몰랐으므로 정적 우주에 맞춰 우주상수를 임의로 조정했으나, 훗날 실수를 인정하고 '**정적인 우주로 만들기 위한 우주상수의 임의 조정**'을 철회했다. 허블의 천체 관측으로 팽창하는 우주로 밝혀졌기 때문이다. 엄밀한 수학!]

그러나 양성자나 전자 등 일상적 입자의 압력은 항상 바깥쪽으로 작용한다. 그래서 우주상수는 어떤 입자를 도입해도 설명되지 않는다.

흡수엔진의 실린더에는 거대한 음압이 형성되어 있다.

이는 초유체 상태의 헬륨이나 루비듐 입자들이 서로 조밀하지 않게 하여 원만한 에너지 흡수가 이루어지도록 할 것이다. 즉, 양자 상태인 초유체 원자들 간에 척력이 유발되어 냉양자 간에 분산화를 증가시켜 일정하게 거리를 갖게 하고 재료의 비밀집적 유동화, 분산화, 안정화 역할을 할 것이다. (위 인용문, **그 지역 '안에서'** → **실린더 '안에서'**)


음압을 가해주면, 실린더 벽이나 피스톤에서 발산되는 **음압 파동이 연속되는 게이지 장으로 흡수 충격의 양압 파동을 마구 상쇄-소멸시키는** 모습과 헬륨 냉원자도 (터널링한 살아 있는 핵력으로) 에너지를 쪼그려 합성하는 상황을 연상하자. 그 결과 실린더의 음압은 월드시트, 양자 가둠과 함께 **'공간양자 흡수가 정숙하게 일어나도록'** 할 것이다. 거대한 음압 하에서, 냉헬륨이 공간양자를 합성할 때 나타나는 흡수 충격파가 보스노바처럼 '다시 폭발(겉보기 폭발)'과 같이 나타나겠는가?! **/**


또한 흡수엔진 실린더의 냉양자에서 '<u>터널링한 살아 있는 핵력</u>'이 파진공에서 발생한 '<u>부의 공력</u>'과 대칭으로 나타날 것이다.

(부의 공력; 파진공이 짙어진 음압으로 '비행체를 당기는 힘')

사과와 지구가 서로 당기는 힘의 크기가 [F1 = F2]으로 나타나듯,

[실린더의 **터널링한 살아 있는 핵력** = 파진공의 **부의 공력**(負의 空力)],

[실린더의 **음압** = 파진공의 **음압**]으로 **인력**(음수)의 대칭이다(서로 당김). 인력에 의한 작용반작용도 대칭(=)으로 나타날 수밖에 없다(52쪽 참조).

이게 음수인 핵력-속박력-인력으로 인해 발생한 작용반작용의 원리다.

<끈이론이 말하는 입자의 특성> [31]    ★★★★ 매우 중요!

[$E = mc^2$]에서, **질량과 에너지의 환율은 항상 $c^2$이다**. 우리의 생존 여부는 여기에 달려 있다고 해도 과언이 아니다. 모든 생명의 원천인 태양열과 빛은 초당 430만 톤의 물질이 에너지로 전환되며 발생하고 있기 때문이다. 그렇지만 이 관계식은 '**반대 방향으로**' 작동할 수도 **있다.** 즉, **에너지가 질량으로 바뀔 수도 있다**[필자, $E/c^2 = m$]. 그리고 끈이론에서 아인슈타인의 이 관계식은 바로 이 방향으로 적용된다.

[필자; 에너지가 질량으로 변환되는 방향의 식이 [$E/c^2$ ➜ m]인데, 변환 **환율은 항상 $c^2$이다.** 냉원자의 강력 $c^2$이 방향을 바꾸려면, **강력의 매개입자 글루볼이 매개의 방향을 핵 밖으로 바꾸는 방법뿐이다.** 즉, 강력한 속박 시스템인 핵력 매개자 글루볼의 터널링뿐이다. 핵 시스템을 내재한 냉원자와 공간양자 간의 상호작용은 매개입자의 개입-매개가 필수다. 따라서 초광속 $c^2$($c×c$)을 매개할 수 있는 것은 '강력의 매개입자 글루볼'뿐이다. ☞ **바로 식 [$E/c^2 = m$]이 흡수엔진-타임머신의 원리를 함축한다! ★**]


끈이론에서 입자(끈, 양자)의 질량이란, '**진동하는**' 끈의 에너지에 해당한다. 진동이 강하고 격렬할수록 **에너지는 커지고**, 큰 에너지는 아인슈타인의 관계식을 통해 **큰 질량**으로 대응된다.

  끈(양자)의 강도는 끈 길이의 제곱에 반비례한다. 즉 **끈의 길이가 짧아질수록 강도는 제곱으로 강해진다.**
[필자; 끈이 짧아진다는 건 끈이 힘을 먹으면 더 **진동·위축**된다는 의미다. 양자 에너지가 커질수록 진동이 격렬하며, 길이는 위축되고, 강도는 제곱으로 강해지는 것이 쉬운 이해의 순서다. ☞ 위축되면 **밀도는 높아짐!**]

$[E = mc^2] \rightarrow [mc^2 \twoheadrightarrow E]$에서, 질량이 에너지로 변환될 때의 환율은 항상(상수) $c^2$이므로 에너지가 질량으로 바뀔 때의 환율 역시 항상 $c^2$인 $[E/c^2 \twoheadrightarrow m]$이다. ☞ 이는 흡수엔진의 핵심원리를 깔끔히 함축한다.

(핵의 안이든 밖이든 '양자로 가득 차 **맞서 얽히는 공간**'이긴 마찬가지라서 **핵 안의 공간도 윤팔홀이 아니다.** 즉 핵은 힘 교환으로 쿼크를 속박하면서도 입자들이 '일원화되는' 구조라서 핵 안의 입자도 초광속은 불가능하다.)

따라서 **핵 안의 $c^2$은** (얽힘 때문에) **'잠재된' 초광속으로 보아야 하며,** 또 일상의 공간상에서 핵폭발 시에도 양자들 간에 **서로 맞서기 때문에** 양자나 입자는 즉시 광속~이하로 방출(방사)된다. 182, 244~248쪽 참조

그렇지만 흡수엔진의 냉양자가 공간양자들을 포획하는 파진공에서는 **'맞섬이 없이 서로 당기는'** 인력의 작용반작용이므로 **핵에 '잠재돼 있던'** 초광속 $c^2$(글루볼)이 파진공으로 전개되어 **초광속 입자 타키온으로 발현** 될 것이다(167~168, 182쪽 참조).  ※ 발현(發顯); 피어 드러남

**잠재된 $c^2$이 터널링한 글루볼(강력파)로 초광속 파동**(입자)으로 풀리며, 글루볼(타키온)이 강력을 매개해 냉양자가 공간양자를 포획할 때, 공간양자도 초광속-타키온으로 끌려온다($c^2$으로 '서로' 당기므로). 즉, 초광속의 발현은 글루볼 터널링에 따른 **'(맞섬이 없는) 그 순간이 지속되는 동안뿐'**이다!

　　　☞ 이것이 평소에 $c^2$을 상수처럼 쓰는 이유다.

아래는 흡수엔진 원리와는 무관하므로 지나쳐도 된다(호기심).

**시공간 왜곡의 근원**; **힘**(천체, 암흑물질 등에 의한 힘)과 **양자위축**

"고리(양자)의 운동량이 점점 커질수록 파장의 크기와 운동량 간의 **양자 반비례 관계에 따라 양자는 점점 더 작은 시공간을 차지한다.**"[50] **힘 먹어** 진동할수록 에너지·질량이 커지고, 끈의 **길이는 짧게 위축된다.**

태양의 중력장은 역제곱 $1/r^2$로 전개된다(r; 거리). 그러므로 **태양에서 가까울수록 중력을 크게 먹은 공간양자가 더 위축되어** 양자 하나가 차지하는 공간이 좁아지므로 단위 부피당 양자의 밀도가 높아진다(양자 조밀화). 따라서 빛은 고밀도 쪽(태양 근접 쪽)으로 굴절해 휘어 진행(시공간 왜곡). 빛은 질량이 없어서 중력장 등 역장과 상호작용하지 않고 직진한다. 다만, 빛은 파동이므로 **'매질(공간양자)의 밀도를 따라'** 굴절하며 진행할 뿐이다.

한편, **암흑물질이** (은하 중심에 블랙홀을 두고) **공전 중이므로**, 암흑물질에 의해 은하 가장자리의 별이 예상보다 빠르게 공전 중임이 루빈 등에 의해 증명됐다(비유; 강물 위의 배가 물을 따라 절로 흐르듯, Ⅰa형 초신성으로 빨려가는 가스의 '스파이럴 궤적'은 별의 중력과 암흑물질의 공전력이 합성되어 휘어진 공간(스파이럴 모양)을 그대로 우리에게 보여준다(사견).

따라서 (필자의 위 사견을 가미한) **시공간 왜곡의 근원적 실체는**
① **질량체**(천체, 가속, 암흑물질 등의 중력이나 **힘**)의 분포로부터
② **시공간**(측지 텐서)가이 엮여 상호작용한다(**공간양자의 위축·팽창**).

<끈의 장력, 질량, 에너지>　[32]

슈워츠와 셰이크가 끈이론으로 중력자(끈)를 설명하기 위해 끈의 길이를 왕창 줄였을 때에 계산한 **끈의 장력은 자그마치 $10^{39}$톤**이나 되었다.

플랑크 길이($10^{-33}$cm) 정도의 끈이 이 정도의 장력을 행사하려면, 우리가 상상할 수 없을 정도의 마루와 골의 진동수를 가져야 한다. 그런데 ★<u>**진동수**, 즉 끈의 마루와 골이 많아질수록 **에너지가 커지고**이는 다시 $E=mc^2$을 통해 엄청난 **질량에 대응**</u>된다(질량에너지 등가).

그러나 끈이론으로 예견되는 입자의 질량이 너무나 커서 '물리법칙을 통일하는데 유리한 점을 갖고 있긴 하지만 실제의 우주와는 상관없는 하나의 수학적 모델에 지나지 않는다'는 비난을 받았다.

$E = mc^2$을 통해서 질량은 에너지에 대응된다는 것은 분명하므로 입자물리학과 끈이론의 불명확성(단절성)을 흡수엔진의 작동을 통해 해결할 수도 있겠다는 생각을 해본다. 바로 식 [$E/c^2$➜ m]의 실현 과정을 통해 입자물리학과 끈이론의 <u>단절성이 해결될 수도 있을 것이다.</u> 필자는 관객이다. 입자물리학과 (초)끈이론 중에 어느 쪽이 정답일까? 끈이론의 계산이 수학적 모델에 지나지 않는다고 하더라도 (초)끈이론의 중요성-위상이 낮아진 것은 아니겠으나, 흥미로운 것은 사실이다.

인용문 ★밑줄을 흡수엔진으로 설명함; 냉양자와 공간양자가 서로 당길 때, 공간양자가 냉양자(비행체)를 '**큰 힘으로**' 당길 것을 뜻한다. '**<u>타키온의 진동이 극심하다</u>**'는 속뜻은 냉양자와 공간양자가 큰 에너지-힘**으로 서로 당기기 때문**이다(∵ **진동 = 에너지**). 타키온; 323~327쪽 참조

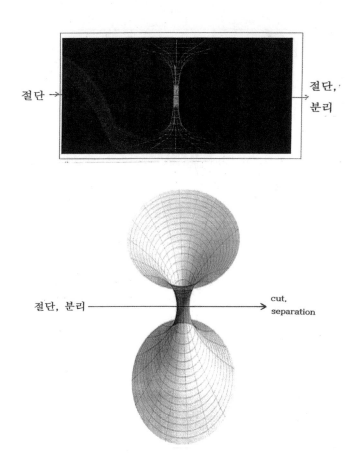

절단 → 　　　　　　　　　　　　　　　 절단,
　　　　　　　　　　　　　　　　　　　 분리

절단, 분리 ————————————→ 　cut,
　　　　　　　　　　　　　　　　 separation

## 【웜홀 Worm-hole ＆ 윤팔홀 Yunpal-hole】

웜홀은 블랙홀(모든 것을 빨아들임)과 화이트홀(모든 것을 내놓음)의 방향이 일치하면 초광속을 이룰 수 있다는 가설이다. 그러나 블랙홀은 존재하지만 화이트홀은 존재할 수 없어 기각됐다. 그림처럼 중간을 절단하고 절단면에 흡수엔진을 놓으면, 흡수엔진 전방에 **파진공**이 발생하고 '**비행체 주변에 진진공이 형성됨으로써**' 비행체는 타임-머신 Time-machine이 돼 별을 향해 내달릴 것이다. [E/c² ➔ m]을 이룰 때의 작용반작용만이 **초광속**이 가능한 '공간상의 시스템 윤팔홀'이다.

357

<웜홀, Worm hole> [33]

　웜-홀과 타임머신을 만들어 초광속과 순간이동을 할 수 있다는 것
에 관해 단언을 내리기에는 양자역학과 중력에 대한 우리의 이해가
턱없이 부족하다. 물론, **초끈이론이 최종적인 답을 줄 수도 있다.**

　물리학자들은 정확한 정보가 없는 상태에서 직관적으로 과거로의
시간여행이 불가능하다는 데 대체로 동의하지만, 미래에 어떤 혁명적
변화가 초래될지는 아무도 알 수 없다[웜홀; 1960년대에 휠러 등이 칭함].

　우주에 웜홀(벌레 구멍)은 없다! 웜홀은 (사과의 벌레 구멍처럼)
특이 공간의 존재를 가정한 우주 공간의 구멍이다. 블랙홀은 모든 걸
빨아들이고, 화이트홀은 모든 걸 내어놓아 두 홀의 방향이 일치하면
다리처럼 연결된다는 논리이다. 아인슈타인과 로젠의 발상이라서
'아인슈타인-로젠의 다리'라 한다.

[비유 설명; 급류의 위의 배는 물살을 거스른 **저항이 없어** 빠르게 흐르듯,
두 홀의 방향이 일치하는 영역에 들어선 비행체는 저항이 없을 것이므로
'**빠르게 흐르면 시간이 느려진다'는 특수상대성**에서 비롯된 발상에 불과하다].

　블랙홀은 존재하지만, 화이트홀은 없으므로 웜홀론은 기각되었다.
또 흡수엔진은 가고자 하는 **목적지를 자유자재로 설정할 수 있겠으나,**
웜홀론은 목적지를 임의적으로 갈 수 없다. 즉 웜홀론은 터무니없다.

기타 "회전하는 실린더론(스토쿰, 일반상대성이론에 기반함)과 이종異種
물질론(필자; 깁손, 한 번의 빅뱅으로 탄생한 우주라서 이종물질은 없음)"
[42] 등 웜홀을 형성하는 방법론이 있으나 실현 가능성이 전혀 없다.
권위 있는 학자가 한마디 하면, 일반인은 훅 간다. 권위의 우상(베이컨)!

358

웜홀의 상상도를 정확히 수평 절단하고, 절단된 웜홀의 끝에 흡수엔진을 놓으면 그곳엔 웜-홀이 아니라, 윤팔-홀(Yunpal-hole)이 있을 것이다. 파진공, 진진공, 그리고 흡수엔진을 아우른 '**공간적으로 융합된 시스템인 윤팔-홀**(Yunpal-hole)'만이 시간여행선 Time machine을 지구인에게 선물할 것이다.

광속 c = 약 30만 Km/초 ≒ 1초에 지구를 **7.5 바퀴** 도는 속도이고,
흡수엔진의 속도 = 터널링한 강력의 속도(환율) = $c^2$ ≒ 30만$^2$ Km/초
= 1초에 지구를 약 **224만 바퀴** 도는 속도이다.

강력의 속도 $c^2$을 단순한 형식논리로 잠깐 살펴보자.
[E = mc$^2$, F = ma]에서, 에너지 E는 곧 힘 F이므로
[E = F = mc$^2$ = ma], [ma = mc$^2$] ÷ m
☞ [**a = c$^2$**]  [a; 가속도(단위시간당 속도의 변화율), c; 광속, m; 질량]

$c^2$은 (F = ma)에서 <u>가속도 a에 해당하는</u> '**자리**'이다. 그러므로 식 [E/c$^2$→ m]에서, 질량 m을 이루는 만큼의 에너지에 따라 $c^2$을 향해 **가속**함을 뜻한다. 힘 F의 크기는 곧 가속도 a의 크기에 비례하므로 흡수엔진에서의 가속도 a의 크기는 <u>c$^2$</u>(질량과 에너지의 환율)이다.

'가속하는 힘의 종류'가 **중력**(☞ 질량, 만유인력)에 의한 것이냐[F=ma], 아니면 **강력**(☞ 흡수-합성하는 강력의 터널링)에 의한 것이냐[E/c$^2$→m]만 다를 뿐이다. 이 두 힘은 모두 인력이며, 힘의 종류만 다르다.
[글루볼이 터널링한 순간, (E = mc$^2$)이 (E/c$^2$ → m)으로 변환되고, $c^2$(광속×광속)으로 에너지를 포획할 때의 작용반작용으로 비행한다.] /

전술했다시피, 통상적인 속도개념이 아닌 '시간과 공간이 통합된 개념'에 의해서 '광속은 현재'이다. [광속 = 현재]

[광속 c = **시간과 공간이 통합되고 할당되는 개념에 의해** = 현재]

그리고 $c^2$ > c, 즉 초광속이므로, 과거와 미래를 동시에 볼 수 있는 흡수엔진이 곧 타임머신이다. 초광속 $c^2$으로 미래로 가서 망원경으로 과거에서 달려오는 광자를 모아 과거를 보면 되니까. 지구 입장에서 설명하면, 미래로 미리 가서 지구의 과거를 볼 수 있다.

[내가 지구 A에서 $c^2$의 속도로 가서 B지점에 도착하면, B에 있는 빛이 아직 지구에 도착하지 않았으므로 B의 현재는 지구의 미래가 된다. 즉 B에 있는 빛이 한참 더 가야 비로소 B가 지구의 현재가 된다. 다시 말해, 지구 A의 사람들은 한참 후에 B에서 달려온 빛(**광속**)을 보고, 그때서야 B의 위치에 있는 물체가 '<u>**현재**</u>에 보인다!'고 외친다. (미래로 간 경우임)

이제 지구에서 $c^2$의 속도로 미래 B에 가서, 지구에서 오는 빛을 망원경으로 모으면, 과거에 출발한 빛이 이제야 도착하고 있다! 지구의 과거를 보고 있다. 케네디를 저격한 사람은 누구일까? (과거로 간 경우이다.)

결국 타임머신을 타면 미래와 과거를 동시에 본다. 즉 **광속이 나의 현재!**]

☞ 이것이 **시간여행선**(Time-machine)의 개념이다.

일상에서 사용하는 시간은 해나 달의 운행 주기에 맞추어 우리가 편리하게 나누어 사용하는 것일 뿐이며, 우주의 진정한 시간은 광속이다. 광속으로 스쳐 가는 것이 곧 시간이며, [시간=광속=<u>빛</u>으로 디자인된 것이 우리 우주다. 그러므로 타임머신의 기준은 초광속이며, 초광속은 **우주 밖의 모습이 되어서 검은 진진공으로 나타난다.** 62쪽의 사진처럼 초광속이 아닌 경우에는 비행체의 강력한 양자 포획에 따라 (비행체 후미에) 진진공이 스치듯 잠깐 나타났다 곧바로 닫힌다). **/**

흡수엔진에서의 쌍둥이 효과는 어떨까?

쌍둥이 중에서, 광속에 가깝게 가속 중인 비행체에 승선한 동생은 '가속 효과'에 의해 천천히 늙는다는 것을 **쌍둥이 동생 효과**라 하자. '가속 효과'에 의해 쌍둥이 역설(동생이 보았을 때, 형도 움직이고 있는 것으로 관측되므로 형제가 똑같이 천천히 늙는다는 것)은 해결된다. '가속'하는 동생만 시간이 느려진다[가속은 중력과 구분 불가한 등가며, 강한 중력장에서 (역으로) 나오는 빛은 적색편이 되어 시간이 느려진다].

그런데! 흡수엔진에서는 '가속'을 하더라도 특수상대성이론에 의한 쌍둥이 동생 효과가 결코 발생할 수 없다. **진진공이라는 '외투' 때문에** '쌍둥이 동생 효과'는 발생하지 않는다. 비행체가 마치 진진공이라는 외투를 입고 비행하는 형국이므로, **진진공이 우리우주와 비행체 사이를 단절시켜 버리므로** 특수상대성이론은 적용되지 않는다. 비행체에 승선하지 않는 형이, 동생 손목의 광자 시계나 비행선 등을 절대로 볼 수 없기 때문이다. 진진공(양자거품이 제거된 공간) 때문에 특수상대성이 사라진 결과이다. **진진공은 승선한 동생의 가속효과**[상대론적 효과인 로렌츠 인자 $\gamma = 1/\sqrt{1 - v^2/c^2}$]**가 소멸된 절대의 자리다.** 이는 강력이 강력하게 모든 양자를 포획-흡수-제거함으로써 검은 진진공이 형제의 사이를 분리하므로, 동질(同質)의 두 우주가 독립적으로 존재한다. 그러므로 형과 동생의 우주는 동질이고, 형과 동생의 장기(심장 등등), 시간 등은 각자 정확히 동일하게 작동하며 동일하게 느낄 것이다. 이것은 근본적으로 두 우주를 구성하는 전자 광자 등 **양자의 속성이 동일하기 때문이다. 즉, 비행체와 탑승자들은 우리 우주와 같은 속성의 양자와 원자들로 구성된 존재들이기 때문**이다. 즉 별개인 두 우주에서 동질의 속성을 가진 양자 원자 등이 제 할 일을 하고 있을 뿐이다. **/**

흡수엔진(Time machine)으로 순간이동을 할 수 있는가?

누구도 순간이동의 허실을 단정할 수 없다. 필자 역시 그 실현을 상당히 기대하지만 단정하지는 못한다.

순간이동이란, 짧은 시간에 우주적인 거리를 이동한다는 뜻이다. 1초에 지구를 약 224만 바퀴($c^2$)나 도는 속도를 초과할 수도 있고, 미급할 수도 있는 것이다. 초광속을 이루는 것은 확실하지만 말이다. 빛으로 디자인된 우리 우주의 개념을 벗어나 버렸기 때문에 사실상 예측해 단정하기 불가한 범주이다. 그러나 실제로 순간이동을 한다는 의미는 절대로 아니다. 흡수엔진의 원리상 그렇다. 공간양자를 흡수-합성해 감아 넣는 시간이 필요하기 때문이다. 이는 흡수엔진을 가동하여 안드로메다은하까지 날려 보면 곧 계측될 것이다. 우리가 지금까지 살아오면서 경험했던 로켓 엔진의 비행체 속도에 비교한다면, '사실상 순간이동'이라고 표현하는 것이 적절할 것으로 예상한다. /


흡수엔진으로 당장 초광속을 실현할 수 있는가?

전술한 바와 같이, 비행체가 원소 등 미세 입자들과의 충돌로 인한 비행체 파손의 문제가 해결되었을 때 비로소 초광속은 실현될 수 있을 것이다(이는 296쪽 '비행 시, 입자들과 충돌 극복의 문제'를 참조할 것). 충돌-파손의 문제도 반드시 해결될 것이다. UFO가 지구에 '왔었음'이 이 문제의 해결을 예견시킨다. 이 문제가 해결되기 전까진 저속으로 비행해야 할 것이고, 일상에서의 그 활용은 아무 문제가 없을 것이다. 점심시간에 대척지로 가서 멋진 식사를 하고 돌아올 수 있을 것이다.

핵심 원리['냉양자 쿼크·글루볼 진동-가속 조건부' 강력(속박력)-글루볼의 터널링]에 대한 이해는 아이의 눈을 가진 여러분의 노고에 맡깁니다./

끝으로, 본고를 서술하며 여러 책에서 많이 인용하고 응용했습니다. 공간양자와 미시세계의 수학적 통찰 등은 ①브라이언 그린으로부터 많은 도움을 받았으며, 대칭성과 물리학의 다양한 지식은 레더먼(노벨 물리학상 수상) 및 ②크리스토퍼 T. 힐 등의 저서에서 습득했습니다. 그리고 입자물리학은 여러분들의 저서에서 참고로 인용하였습니다. 이 책들은 사막에서 오아시스를 만난 것처럼 저에게 귀중했습니다. 필자가 글을 서술하며 가능하면 권위 있는 분들의 책에서 인용해 이론적 근거를 명확히 제시함으로써 독자들에게 '신뢰성'을 주어 지구 문명을 더 높일 수 있겠다는 생각에서 그런 것이므로 혜량 바랍니다. 물리학의 대중화를 위해 힘쓴 저자들께 거듭 감사의 말씀을 드립니다.

(겸연쩍지만 한 말씀 드립니다.) 혹시 필자에게 어떠한 조그만 상이라도 주어진다면 위의 ①브라이언 그린과 ②크리스토퍼 T. 힐과 공동으로 수상할 것을 미리 밝혀 둡니다. 필자 혼자서 수상하라고 하면, 염치없는 일이 분명하므로 사양하겠습니다. 필자가 물리학을 이해하고, 흡수엔진의 핵심적 원리들을 찾아내는 데 영감을 얻는 결정적 필요 요소는 모두 이 두 분의 책에서 비롯되었습니다.

수많은 선대 학자와 더불어 중지(衆智)를 모아 **'우리가'** 이 일을 한 셈입니다. 수많은 물리학자의 지난한 노력과 헌신으로 성취한 원리를 일반인인 필자와 같은 사람도 물리학을 이해하고 통찰할 수 있도록 해 (중지를 모아) 책을 출판할 기회를 주신 분들이 위의 분들입니다. 물리학을 일상적 언어로 풀어서 서술한다는 건 '진정으로 경지에 이른' 학자들입니다. 직원 수가 2,000명에 달한 미국 페르미 연구소의 이론물리학부 부장 출신 크리스토퍼 T. 힐은 "물리학은 전문가들의 이익과 재미를 위한 것으로 놔두기에는 너무나 중요하다"고 말합니다. 우리는 그 덕을 크게 본 셈입니다. 이 책의 핵심이 옳더라도, 필자는 보스노바를 해석하고 수많은 학자의 업적을 융합한 것에 불과합니다. 서로 배려할 때 비로소 우주의 인류로서 함께 존재할 수 있습니다.

일반인인 필자로서, 강력의 대칭성 깨짐과 관련된 초광속의 범주는 그 학문적 깊이가 심오하고 아직 실증된 바도 없어 함부로 언급하고 예단하기에 조심스럽고 두려웠습니다. 지엽적 오류가 두려워 정부와 기업, 물리학자에게 함께 연구하자고 제안했으나, 필자는 모두로부터 '정신 나간 사람' 취급만 받았습니다. 그 당시, 흡수엔진의 구체적인 원리는 밝히지 않았습니다. 이는 유쾌하지 않은 추억 때문이었습니다. 또 온난화로 인류가 큰 재난을 겪을 수도 있는데, 이 원리가 특정한 국가나 기업, 개인의 것이 될 수 없다는 것도 뒤늦게 깨달았습니다. 부질없는 과도한 탐욕이요, 하늘의 뜻에 반하는 것 같기도 합니다. 이런 사정으로 지엽적 오류를 각오하고 어쩔 수 없이 출판합니다. 필자가 서술한 내용이 방대하여 <u>미진한 부분은 있을지라도</u>, 핵심인 **'냉양자 쿼크·글루볼 진동−가속 조건부' 강력(속박력)−글루볼의 터널링**은 옳을 것이므로 여러분께서 병아리인 필자를 도와 지엽적 오류나 부족한 것을 보완해 줄탁동시합시다(啐啄同時; 병아리와 어미 닭이 '동시에 껍데기를 쪼아 깨어' 병아리가 세상에 나오는 것. 빠는 소리 줄, 쪼을 탁).

필자 나름으로 입증을 이루기 위하여 최선을 다했으나, 흡수엔진을 구상을 서술하는 과정에서 원리와 통찰에 오류가 있다면 많이 꾸짖고 너그운 시정 바랍니다. 저는 맑은 아이의 웃음을 좋아하는 평범한 이웃이며, 두려움과 근심 어린 마음으로 글을 썼습니다. 감사합니다. /

아래는 비과학적 내용이라 망설이다 씁니다. 세르비아의 영성가 타라빅(1829~1899)은 1·2·3차 세계대전, TV, 컴퓨터, 비행기 등을 예언했는데, 실현된 확률은 해설자에 따라서 90~99%나 되며, 그의 대부인 자하리크 신부가 예언을 대필하여 문구의 뜻이 분명합니다. 감정 결과, 예언록은 (1차 세계대전 발발 전인) 1800년대에 쓴 것이 확실하며, 현재는 세르비아 정부의 내부 문서로 관리 중이라 합니다.

그런데 150년 전에 예언한 그 예언록 중, 본고의 흡수엔진 원리가 다음처럼 나옵니다. 타라빅이 예언하길, "사람들은 **속도**와 **힘**을 주고 모든 것을 강화시켜 줄 **검은 금**(석유)을 건져내기 위해 깊은 우물과 구멍들을 팔 것입니다. 지구는 고통으로 슬프게 울부짖을 것입니다... 이것은 잘못된 것입니다. 그들은 **지구 내부보다 위**(하늘, 공간양자)에 (속도와 힘을 줄) 더 많은 금이 있다는 걸 알아내지 못해 지구를 파는 일이 불필요하다는 것을 알지 못할 것입니다(★ **180쪽 참조**). 사람들은 그들의 악함과 무지로 인해 이러한 사실을 알지 못하게 될 것입니다."

땅에 있는 사람을 기준으로 하면, '**위**'는 하늘(우주공간-공간양자)입니다. 흡수엔진 이론에서 **비행체의 상대적 에너지원은 공간양자**(에너지)이며, 공간양자(에너지)는 진공 대기권을 가릴 것 없이 우주에 가득합니다. 일부 해설가는 '위'를 '지면'으로 자의적으로 해석해 말합니다(예언록 원문에 충실하지 않은 것임). 원문에 충실한 타라빅의 예언을 원하시면, 유튜브에서 '미타르 타라빅 1편. 진[어웨이크닝 티비]'를 검색하세요.

천성적으로 선하며 자연을 사랑하고 연민과 자비로 마음 아플 때, 영혼이 악에 저항하는 원초적 고통을 느끼며 영성이 커진다고 합니다. 참된 정통 영성가는 대가를 바라지 않으며, 삿된 일을 하지 않습니다. 비과학이므로 각자 판단하십시오. 성현의 시대가 오길 소망하며·······

<참고 자료>

[1] Wikipedia, Bose-Einstein condensate,
https://ko.wikipedia.org/wiki/%EB%B3%B4%EC%8A%A4-%EC%95%8
4%EC%9D%B8%EC%8A%88%ED%83%80%EC%9D%B8_%EC%9D%91%E
C%B6%95  (accessed Sep. 7, 2013)
[2] soonhwan-bupchig, fermionic condensate,
http://blog.naver.com/applepop/220570087225  (accessed Jan. 7, 2016)
[3] https://namu.wiki/w/%EA%B0%80%ED%8F%89%20UFO
(accessed August. 26, 2021)
[4] Nationalgeographic channel, super diamond,
Http://www.ngckorea.com
(accessed Mar. 3, 2014)
[5] Lee Jong-pil, Muli Sanchack, Super Conductor,
http://navercast.naver.com/contents.nhn?rid=20&contents_id=196
(accessed Mar. 26, 2014)
[6] Donga-scince, Muli Sanchaeck, Choi Jungon, Higgs Mechanism,
   http://science.dongascience.com

   http://navercast.naver.com/contents.nhn?rid=20&contents_i
   d=12332

   (accessed Sep. 9, 2015)
[7] Leon M. Lederman, Christopher T. Hill., 힉스 보손, 140 (Gbrain 2014)

[8 ] https://blog.naver.com/jajuwayo/50172498442
(accessed Jan. 11, 2021)

[9] https://blog.naver.com/jajuwayo/50172498442
(accessed Jan. 11, 2021)

[10]https://cafe.daum.net/ufoseti/Rj/2352?q=10%BF%F9%202%C0%
CF%20%C6%E4%B7%E7%20%B6%F4%C4%DC%BC%AD%C6%AE&re=1
(accessed Jan. 11, 2014)

[11] Brian Greene, 엘러건트 유니버스, 114 (seongsan, Seoul, korea, 2014)

[12] 상동, 190~192

[13] 상동, 232~235

[14] 상동, 276~277

[15] Barry Mazur, 허수, 26, 59 (seongsan, Seoul, korea, 2015)

[16] Brian Greene, 엘러건트 유니버스, 316 (seongsan, Seoul, korea, 2014)

[17] 상동, 318

[18] 상동, 330

[19] 상동, 335

[20] 상동, 386

[21] 상동, 400

[22] 상동, 402

[23] 상동, 405

[24] 상동, 405

[25] 상동, 406

[26] 상동, 460~470

[27] 상동, 531~533

[28] Brian Greene, 우주의 구조 The Fabric of the cosmos, 359 ~ 371 (seongsan, Seoul, korea, 2015)

[30] 상동, 388~391

[31] 상동, 484~485

[32] 상동, 488

[33] 상동, 632

[34] Leon Max Lederman . Christopher T. Hill, 시인은 위한 양자물리학, 297~318 (seongsan, Seoul, korea, 2013)

[35] 상동, 329

[36] 이강영, 파이온에서 힉스 입자까지(가속기에서 발견된 입자들), 104 (살림, Seoul, korea, 2013)

[37] Brian Greene, 우주의 구조, 363 (seongsan, Seoul, korea, 2015)

[38] 이강영, 보이지 않는 세계, 135 (Humanist, Seoul, korea, 2015)

[39] Brian Greene, 엘러건트 유니버스, 35 (seongsan, Seoul, korea, 2014)

[40] 벤 스틸, 블록으로 설명하는 입자물리학, 112~113 (바다출판사, Seoul, korea, 2019)

[41] 이강영, 보이지 않는 세계, 218 ~ 225 (Humanist, Seoul, korea, 2015)

[42] Brian Greene, 우주의 구조, 621~632 (seongsan, korea, 2015)

[43] 이강영, 보이지 않는 세계, 146 (Humanist, Seoul, korea, 2015)

[44] 위키백과, 글루볼 (accessed May. 29, 2019)

[45] 벤 스틸, 블록으로 설명하는 입자물리학, 130~131 (바다출판사, Seoul, korea, 2019)

[46] Brian Greene, 엘러건트 유니버스, 90 (seongsan, Seoul, korea, 2014)

[47] 상동, 192

[48] 상동, 191, 197

[49] 상동, 241

[50] Leon Max Lederman . Christopher T. Hill, 대칭과 아름다운 우주 symmetry and beautiful universe 327, (seongsan, Seoul, korea, 2013)

[51] 상동, 295 ~ 297

[52] 상동, 330

[53] Leon Max Lederman . Christopher T. Hill, 시인은 위한 양자물리학, 247 (책 128 쪽에서 삭제함 / 원자의 크기)

[54] 삭제함 (20220130)

[55] Leon Max Lederman . Christopher T. Hill, 대칭과 아름다운 우주 symmetry and beautiful universe 325, (seongsan, Seoul, korea, 2013)

[56] 상동. 325

[57] Brian Greene, 엘러건트 유니버스, 190 (seongsan, korea, 2014)

[58] 상동, 270~272

[59] Brian Greene, 우주의 구조 The Fabric of the cosmos, 488 (seongsan, Seoul, korea, 2015)

[60] 이강영, 보이지 않은 세계, 212 (Humanist, Seoul, korea, 2015)

[61] 상동, 216~218

[62] Leon Max Lederman . Christopher T. Hill, 시인은 위한 양자물리학, 84 (seongsan, Seoul, korea, 2013)

[63] Brian Greene, 엘러건트 유니버스, 553 (seongsan, Seoul, korea, 2014)

[64] Leon Max Lederman . Christopher T. Hill, 대칭과 아름다운 우주 symmetry and beautiful universe 297 ~ 298, (seongsan, Seoul, korea, 2013)

[65] Leon Max Lederman . Christopher T. Hill, 시인은 위한 양자물리학, 449 (seongsan, Seoul, korea, 2013) / & 엘러건트 유니버스 276

[67] T. Hill, 시인은 위한 양자물리학, 185

[68]http://terms.naver.com/entry.nhn?docId=1622146&cid=42469&categoryId=42469. & 천문학 작은 사전, 198, (가람기획, Seoul, korea, 2002)

[69] Leon Max Lederman . Christopher T. Hill, 대칭과 아름다운 우주 symmetry and beautiful universe 152, (seongsan, Seoul, korea, 2013)

[70] 상동, 272

[71] 벤 스틸, 블록으로 설명하는 입자물리학, 104~105 (바다출판사, Seoul, korea, 2019)

[72] 상동, 128~129

[73] Leon Max Lederman. Christopher T. Hill, 대칭과 아름다운 우주, 351~353, (seongsan, Seoul, korea, 2013)

[74] 상동, 199~206

# 찾아보기

# UFO의 비행원리

**1판 1쇄 발행** 2023년 8월 04일

**저자** 강윤팔

**편집** 문서아    **마케팅 · 지원** 김혜지

**펴낸곳** (주)하움출판사    **펴낸이** 문현광

**이메일** haum1000@naver.com    **홈페이지** haum.kr
**블로그** blog.naver.com/haum1000    **인스타그램** @haum1007

**ISBN** 979-11-6440-403-2 (03420)

좋은 책을 만들겠습니다.
하움출판사는 독자 여러분의 의견에 항상 귀 기울이고 있습니다.
파본은 구입처에서 교환해 드립니다.

이 책은 저작권법에 따라 보호받는 저작물이므로 무단전재와 무단복제를 금지하며,
이 책 내용의 전부 또는 일부를 이용하려면 반드시 저작권자의 서면동의를 받아야 합니다.